Lutz Dorn · Helmut Grutzeck
Seifollah Jafari

Schweißen und Löten mit Festkörperlasern

Unter Mitarbeit von K.-S. Lee

Springer-Verlag

Berlin Heidelberg New York
London Paris Tokyo
Hong Kong Barcelona Budapest

Prof. Dr.-Ing. Lutz Dorn
Dipl.-Ing. Helmut Grutzeck
Obering. Dr.-Ing. Seifollah Jafari

FB 11
Fügetechnik/Schweißtechnik
TU Berlin, Sekr. EB 5
Straße des 17. Juni 135
1000 Berlin 12

ISBN-13:978-3-642-84788-2   e-ISBN-13:978-3-642-84787-5
DOI: 10.1007/978-3-642-84787-5

Die Deutsche Bibliothek – CIP-Einheitsaufnahme
Schweißen und Löten mit Festkörperlasern / Lutz Dorn ... –
Berlin ; Heidelberg ; New York ; London ; Paris ; Tokyo ;
Hong Kong ; Barcelona ; Budapest : Springer, 1992
  ISBN-13:978-3-642-84788-2

NE: Dorn, Lutz

Satz: Reproduktionsfertige Vorlage der Autoren
Einbandgestaltung: K. Lubina, Schöneiche

68/3020-5 4 3 2 1 0 – Gedruckt auf säurefreiem Papier

Inhaltsverzeichnis

1 Einleitung 1

2 Laserstrahlerzeugung 3

   2.1 Eigenschaften des Laserstrahles 6

   2.1.1 Kohärenz 6

   2.1.2 Gaußsche Optik 7

   2.1.3 Modenstruktur 8

   2.1.4 Zeitlicher Impulsverlauf 10

   2.1.5 Einfluß des Strahlenganges auf die Leistungsdichte 11

   2.1.6 Linsenfehler 14

   2.2 Optische Schalter 14

3 Laserarten 16

   3.1 Festkörperlaser 16

   3.1.1 Rubinlaser 17

   3.1.2 Nd-Laser 18

   3.1.2.1 Thermische Einflüsse beim Nd-Laser 19

   3.1.2.2 Aufbau von Nd-Laseranlagen 19

   3.1.3 Weiterentwicklung der Festkörperlaser 22

   3.1.3.1 Mehrfachresonatoren (Multi-rod-systems) 22

   3.1.3.2 Parallel angeordnete Laserstabsysteme 23

   3.1.3.3 Slablaser 24

   3.1.4 Diodenlaser und andere Festkörperlaser 25

3.2 Gaslaser 26

3.2.1 CO$_2$-Laser 26

3.2.2 CO-Laser 28

3.2.3 Excimerlaser 28

4　Einsatz des Lasers zum Schweißen 30

4.1 Verfahrensmerkmale des Schweißens mit
Festkörperlasern 30

4.2 Vergleich des Laserschweißens mit alternativen
Fügeverfahren 32

4.2.1 Laserschweißen im Vergleich mit anderen
Schweißverfahren 32

4.2.1.1 Widerstandsschweißen 32

4.2.1.2 Ultraschallschweißen 35

4.2.1.3 Thermokompressionsschweißen 38

4.2.1.4 Wolfram-Inertgas-Schweißen(WIG) 40

4.2.1.5 Plasmaschweißen 42

4.2.1.6 Elektronenstrahlschweißen 44

4.2.1.7 Zusammenfassung des Schweißverfahren-
Vergleiches 47

4.2.2 Laserschweißen im Vergleich zur Löt- und
Klebtechnik 49

4.2.2.1 Hart- und Hochtemperaturlöten 49

4.2.2.2 Weichlöten 50

4.2.2.3 Kleben 50

4.3 Anwendungsbeispiele des Laserschweißens 52

4.3.1 Laserpunktschweißen 52

4.3.2 Lasernahtschweißen 52

5　Prozeßverlauf beim Laserschweißen 56

5.1 Verlauf der Absorption beim Laserpulsschweißen 56

5.1.1 Der Stichlocheffekt beim Schweißen mit
Impulslasern 64

5.1.2 Plasmaausbildung bei kontinuierlichen CO_2- und Nd-Lasern 65

5.1.3 Plasmaausbildung bei gepulsten Nd-Lasern 67

6 Einfluß der Prozeßparameter 70

6.1 Leistungsdichte 70

6.2 Impulsfolgefrequenz 71

6.3 Laserimpulsverlaufsteuerung 72

6.4 Einfluß der Modenstruktur 75

6.5 Defokussierung 77

6.6 Werkstoffparameter 78

6.6.1 Die Einfluß der Absorption 78

6.6.2 Wärmeabfuhr 81

6.6.2.1 Wärmestrahlung und -konvektion 82

6.6.2.2 Energien der Phasenübergänge 83

6.6.2.3 Energieabfuhr durch Wärmeleitung 83

6.6.3 Energieausnutzung 86

6.6.4 Temperaturfeld-Berechnung 87

6.7 Einfluß von Schutzgas bzw. Vakuum auf den Laserschweißprozeß 91

6.7.1 Einfluß von Schutzgas 91

6.7.2 Einfluß verminderten Druckes 95

6.8 Nahtschweißen 95

6.8.1 Schweißfehler 97

6.8.2 Dichtschweißen 97

6.8.3 Nahtschweißen mit Hochleistungs-Festkörperlasern 100

6.9 Laserauftragsschweißen 102

6.10 Einfluß der konstruktiven Gestaltung auf das Schweißergebnis 105

6.10.1 Blech und blechähnliche Verbindungen 105

6.10.1.1 Zulässige Stoßtoleranzen beim Punktschweißen von Blechen 109

6.10.2 Draht-Draht- und Draht-Blech-Verbindungen 111

6.10.2.1 Zulässige Toleranzen bei Drahtverbindungen 121

6.11 Zusammenstellung von Strahlparametern zum
     Laserpunkt- und -nahtschweißen 122

6.11.1 Laserschweißen von Blechen bzw. Bändern 125

6.11.2 Laser-Schweißen von Drahtverbindungen 130

7 Metallurgie des Laserschweißens 134

7.1 Erstarrungsprozeß und Gefüge beim Laserstrahl-
    pulsschweißen 134

7.1.1 Wärmezyklus beim Laserschweißen 134

7.1.2 Erstarrung und Gefüge 134

7.2 Schweißfehler - Ursachen und Vermeidung 137

7.2.1 Ursachen von Schweißfehlern 137

7.2.2 Heiß- und Kaltrisse 137

7.2.3 Versprödung und Porosität durch Gas 139

7.2.4 Mikroporosität infolge Phasenumwandlung 140

7.2.5 Verdampfung von Legierungskomponenten 140

7.2.6 Einflüsse von Überzügen auf das
      Aufschmelzverhalten 142

7.3 Laserschweißeignung der Werkstoffe 142

7.3.1 Laserschweißeignung von Metallen 142

7.3.2 Schweißeignung von Metallkombinationen 145

7.3.3 Schweißen von Nichtmetallen 147

7.3.3.1 Kunststoffe 148

7.3.3.2 Keramik und Glas 150

8 Laserlöten 151

8.2 Laserweichlöten 152

8.2.1 Löten von elektronischen Baugruppen 152

8.2.1.1 Herkömmliche Lötverfahren 153

8.2.3 Vor- und Nachteile des Laserlötens von
      elektronischen Bauelementen 164

8.3 Beispiele des Laserweichlötens 166

8.4 Laserhartlöten 168

8.5 Laserhochtemperaturlöten 169

9   Ermittlung der Laserstrahlparameter 170

9.1 Meßsysteme zur Erfassung der Strahlparameter 170

9.1.1 Messung der Leistung 171

9.1.2 Meßmethoden für den Fokusdurchmesser und
     die Energieverteilung 173

10   Qualitätssicherung von Laserschweißverbindungen 177

10.1 Qualitätsplanung 177

10.2 Qualitätssicherungsmaßnahmen vor dem
     Schweißen 178

10.3 Prozeßkontrolle und -regelung 180

10.3.1 Plasmadynamik und Strahlreflexion 180

10.3.2 Schallemission 182

10.4 Qualitätskontrollkarten 184

10.5 Prüfung von Schweißverbindungen 184

10.5.1 Metallographie 185

10.5.1.1 Präparation für metallographische
       Untersuchungen 185

10.5.1.2 Lichtmikroskopie 186

10.5.1.3 Elektronenmikroskopie 188

10.5.1.4 Röntgenographische Untersuchungen 190

10.5.1.5 Elektronenstrahlmikroanalyse (EMS-Analyse) 190

10.5.2 Ultraschallprüfung 191

10.5.3 Visuelle Inspektion 191

10.5.4 Festigkeitsprüfungen 191

10.5.5 Härteprüfung 192

10.5.6 Elektrische und thermische Leitfähigkeitsprüfung 192

11.1 Wirkungsweise von Glasfasern 195

11.2 Justieren von Glasfasern 198

11.3 Verluste in der Faser 200

11.4 Strahlteiler 202

12 Lasersysteme in der Produktion **204**

12.1 Positionier- und Führungssysteme.. 204

12.2 Robotereinsatz beim Schweißen.. 206

13 Strahlenschutz **209**

13.1 Sicherheitsmaßnahmen 209

13.2 Berechnung der zulässigen Bestrahlung................................... 211

14 Zukunfttendenzen **215**

15 Tabellenverzeichnis **216**

16 Literaturverzeichnis **218**

17 Stichwortverzeichnis **240**

1 Einleitung

Ziel jeder Art von Materialbearbeitung ist es, durch Zuführen mechanischer, thermischer oder elektrischer Energie eine bestimmte Form- oder Zustandsänderung am Werkstück herbeizuführen. Bei der spanenden Formgebung begünstigt eine hohe Schärfe der Schneidkante das Bearbeitungsergebnis. Eine stumpfe Schneide erfordert dagegen eine höhere Krafteinwirkung und führt zur Verschlechterung der Oberflächengüte, der Form- und Maßgenauigkeit. Entsprechendes gilt auch für die thermische Materialbearbeitung, z.B. das Schweißen. Je geringer die Leistungsdichte der Energiequelle, wie etwa die der Gasbrennerflamme im Vergleich zum Laserstrahl, desto größer ist die benötigte Energiemenge, da beim Schweißen mehr Werkstoff zu erhitzen und aufzuschmelzen ist, als zum Herstellen einer Verbindung unbedingt notwendig wäre.

Diese Überlegungen regten Versuche an, Energiequellen mit hoher Leistungsdichte (Intensität), wie den Laserstrahl, zum Schweißen heranzuziehen. In letzter Zeit findet der Laser zunehmend Anwendung auf dem Gebiet der Materialbearbeitung. Ein entscheidendes Kriterium für den Einsatz des Lasers ist seine wenig divergente elektromagnetische Strahlung von hoher örtlicher und zeitlicher Kohärenz. Aufgrund dieser Eigenschaften findet er in verschiedensten Gebieten der Technik Verwendung. Für den Laser als Werkzeug in der Materialbearbeitung ist dabei entscheidend, daß er eine kurzwellige Strahlung mit hoher Leistung und guter Fokussierbarkeit aussenden kann.

Als Schweißwerkzeug wurde der Laser zuerst in der Feinwerk- und Elektrotechnik eingesetzt, wobei er sich bei diffizilen Verbindungsaufgaben und hohen Anforderungen an die Schweißqualität als vorteilhaft erwiesen hat /1, 2/. Mit Erhöhung der mittlerer Strahlleistung fand der Laser auch für schweißtechnische Aufgaben in der Automobilindustrie, im Maschinenbau und in anderen Industriebereichen zunehmende Anwendung.

Für den Bereich der Feinwerk-, Elektro- und Elektronikindustrie setzt sich besonders der Festkörperlaser aufgrund technischer und wirtschaftlicher Vorteile durch. Das Einsatzgebiet von Festkörperlasern wurde in den zurückliegenden Jahren durch die mittlere Strahlleistung begrenzt. In jüngster Zeit werden jedoch zunehmend Hochleistungs-Festkörperlaser auf dem Markt angeboten, so daß der Festkörperlaser verstärkt auch in weiteren schweißtechnischen Gebieten, z.B. im Fahrzeugbau, verstärkt eingesetzt werden wird.

Auch im Bereich des Laserlötens haben Festkörperlaser aufgrund kompakter Bauweise und günstiger Energieabsorption Vorteile. So finden Laserlötungen insbesondere bei SMD-Bauelementen (SMD = "Surface mounted devices" d.h. oberflächenmontierte Bauelemente) mit feinem Anschlußraster zunehmend Verwendung. Günstig auf den Lötprozeß wirkt sich dabei die selektive und steuerbare Erwärmung der einzelnen Lötstellen aus.

2 Laserstrahlerzeugung

LASER ist die Abkürzung für die angelsächsische Bezeichnung Light Amplification by Stimulated Emission of Radiation, d.h. Licht-Verstärkung durch induzierte Aussendung von Strahlung.

Um die Wirkungsweise des Lasers zu erklären, sei vom Vorgang der Entstehung des natürlichen Lichtes ausgegangen. Führt man einem Stoff, z.B. einem Metalldraht, Energie zu, so beobachtet man zunächst eine Temperaturerhöhung als Folge der beschleunigten Wärmebewegungen der Atome. Bei verstärkter Energiezufuhr tritt in zunehmendem Maß eine Erscheinung hinzu, die als Glühen wahrgenommen wird.: Die Atome senden elektromagnetische Wellen (Photonen) aus, die teilweise in dem für das menschliche Auge wahrnehmbaren Frequenzbereich liegen, teilweise aber auch im beiderseits anschließenden infraroten bzw. ultravioletten Gebiet. Diese als Anregung bezeichnete Erscheinung beruht darauf, daß Atome durch Energieaufnahme Anregungszustände einnehmen können, von denen sie nach äußerst kurzer Verweilzeit von durchschnittlich 10^{-8} s spontan auf den energieärmeren Grundzustand zurückfallen, wobei die zuvor aufgenommene Energie in Form von elektromagnetischer Strahlung abgegeben wird (spontane Emission) (Bild 1). Zwischen der Strahlungsfrequenz ν und den beiden Niveaus E_1 und E_2 besteht der Zusammenhang:

$$\nu = (E_2-E_1)/h$$

Hierin ist h eine Konstante, das sogenannte Planck'sche Wirkungsquantum, von der Größe $6{,}623 \cdot 10^{-34}$ Js.

Das Licht normaler thermisch angeregter Quellen setzt sich aus spontan emittierter Strahlung sehr vieler Atome zusammen. Die Emissionen erfolgen statistisch, d.h. zwischen den Zeitpunkten und Richtungen der emittierten Photonen besteht kein Zusammenhang (räumlich und zeitlich inkohärente Strahlung).

Die Möglichkeit einer Verstärkung elektromagnetischer Strahlung beruht darauf, daß die Rückkehr der angeregten Atome in den Grundzustand nicht spontan sondern stimuliert durch Anstoß mit Strahlung geeigneter Frequenz ν herbeigeführt und die Energie im gleichen Zeitpunkt abgegeben wird (induzierte Emission). Im Gegensatz zur spontanen Emmision weisen die Photonen der stimulierten Strahlung gleiche Frequenz, Phasenlage und Richtung auf (Bild 1b).

Die Wahrscheinlichkeit für die Energieabgabe durch induzierte Emission eines angeregten Atoms ist genauso groß wie diejenige für die Anregung eines im Grundzustand befindlichen Atoms unter Energieabsorption. Die eingeleitete Strahlung wird durch den ersten Vorgang verstärkt, durch den zweiten geschwächt. Ob der Strahl verstärkt oder geschwächt wird, hängt daher von der Anzahl der Atome im angeregtem Zustand und im Grundzustand ab. Im thermischen Gleichgewicht gilt für die Besetzungszahlen der Energieniveaus N_1 und N_2 nach Stefan-Boltzmann:

$$\frac{N_2}{N_1} = e^{-\frac{E_2 - E_1}{k \cdot T}}$$

Hierin ist k die Boltzmann - Konstante von der Größe $k = 1,38 \cdot 10^{-23} \, J/K$ und T die absolute Temperatur in Kelvin. Üblicherweise befinden sich demnach mehr Atome im Grundzustand als im angeregten Zustand, d.h. einfallende Strahlung regt mehr Atome an als sie angeregte zum Zurückfallen stimuliert; sie wird also geschwächt. Durch starke Energiezufuhr gelingt es immer mehr Atome anzuregen bis zu einer Gleichbesetzung beider Niveaus; in diesem Sättigungszustand tritt zwar keine Strahlungsschwächung mehr ein, aber auch noch keine Verstärkung. Hierzu ist vielmehr eine Inversion, d.h. eine Überbesetzung des angeregten Zustandes gegenüber dem Grundzustand, erforderlich. Um diese Inversion zu erreichen, muß für Laserstrahlwellenlängen im optischen Bereich mindestens ein 3-Niveausystem vorliegen (Bild 1c).

Dem laserfähigem Medium (Festkörper oder Gas) wird nichtthermische Energie über Blitzlampen, Lichtbogen oder hochfrequente Anregung zugeführt, wodurch die Atome vom Grundniveau zunächst auf ein instabiles Energieband übergehen. Die angeregten Atome fallen unter Wärmeabgabe spontan wieder ab, jedoch nicht direkt in den Grundzustand, sondern auf ein metastabiles Niveau mit längerer Verweildauer vor der Rückkehr in den Grundzustand. Bei genügend starker Pumpleistung läßt sich dadurch die Besetzungszahl des Grundzustandes so weit reduzieren, daß sie geringer ist als die des metastabilen Zustandes (Inversion).

Wird während dieser Verweilzeit im metastabilen Niveau eine Strahlung mit der Anregungsfrequenz ν_{21} eingeleitet, so bewirkt sie eine induzierte Rückkehr

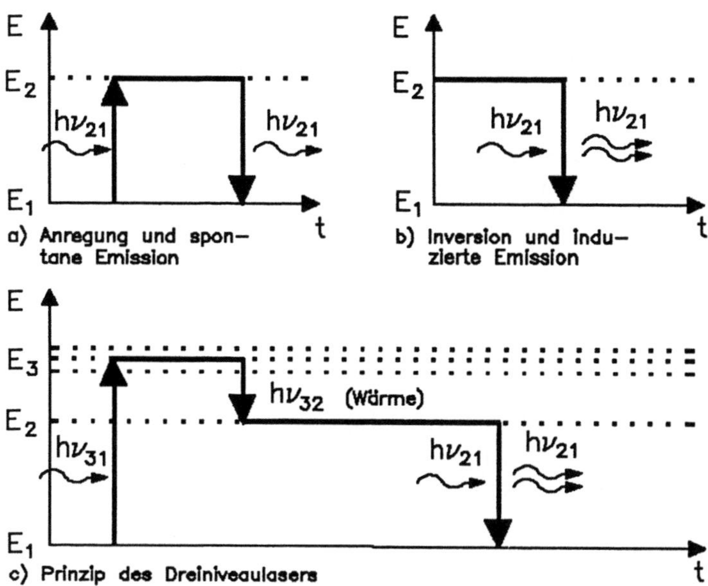

Bild 1: Schema der spontanen und induzierten Emission sowie des 3-Niveau-Festkörperlasers

von angeregten Atomen in den Grundzustand. Dazu dient das erste parallell zur Laserstabachse spontan emittierte Photon, das nach kurzer Entfernung auf das nächste angeregte Atom, trifft das seinerseits ein Photon gleicher Richtung emittiert und somit die Photonenzahl verdoppelt (Bild 2). Diese regen weitere Atome zum Übergang in den Grundzustand an, bis der Strahl am Ende des Lasermediums ankommt. Beide Enden des Lasermediums sind verspiegelt, wobei ein Ende hoch-, das andere nur teilweise (80-95 %) reflektierend ist. Nach der Reflexion durchläuft daher der Strahl erneut den Kristall. Es entsteht eine stehende Welle, die weitere angeregte Atome zur Emission veranlaßt und ein kaskadenartiges Anwachsen der Lichtintensität bewirkt. Ein Teil der Strahlung tritt durch den teiltransparente Spiegel nahezu parallel aus (Öffnungswinkel von 0,05° bis 0,5°).

Der Wirkungsgrad von Lasern d.h. das Verhältnis der emittierten Laserstrahlleistung zur zugeführten "Pump"-Leistung, ist im allgemeinen gering (zwischen 1 % und 15 %). Dies liegt am Pumpmechanismus des Lasers. Das laserfähige Medium absorbiert aus der zur Verfügung stehenden Pumpenergie nur einen kleinen Wellenlängenbereich und kann diese somit nur zum geringen Teil ausnutzen.

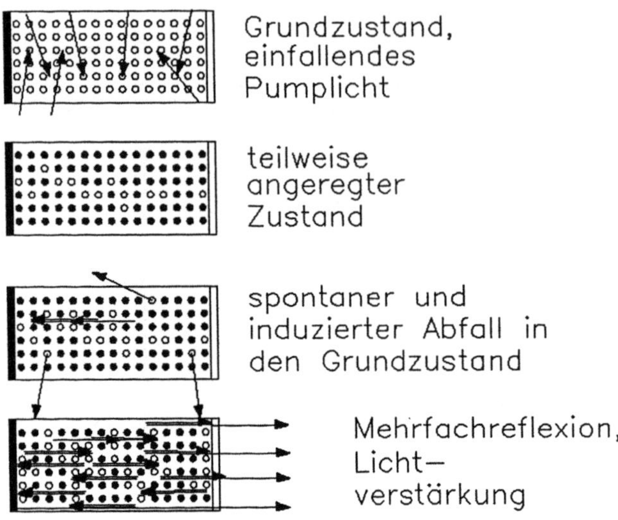

Bild 2: Besetzungsinversion und Lichtverstärkung im Laserresonator

2.1 Eigenschaften des Laserstrahles

2.1.1 Kohärenz

Die vom Laser erzeugte Strahlung ist in hohem Maße räumlich und zeitlich kohärent und läßt sich deshalb gut fokussieren. Unter zeitlicher Kohärenz versteht man gleiche Phasenlage und Frequenz über einen bestimmten (möglichst langen) Zeitraum, d.h., die Strahlung ist sehr frequenzstabil.

Die räumliche Kohärenz S, d.h. der Kohärenz senkrecht zur Ausbreitungsrichtung der betreffenden Wellenzüge ist durch das Verhältnis

$$S = \frac{\lambda \cdot L}{D}$$

λ Wellenlänge der Strahlung,
L Abstand von der Strahlquelle und
D Durchmesser der Strahlquelle

definiert. Danach wächst mit abnehmendem Verhältnis D/L die räumliche Konvergenz.

2.1.2 Gaußsche Optik

Im Resonator entsteht durch Beugungseffekte an den Spiegeln kein völlig paralleler, sondern ein leicht divergenter Laserstrahl. Bei planparallelen Resonatorspiegeln verjüngt sich der Laserstrahl in der Mitte des Resonators zu einer leichten Strahltaille. Am Resonatorausgang divergiert der Laserstrahl mit einem von Laserresonator abhängigen Divergenzwinkel. Durchläuft der Laserstrahl eine Sammellinse, so wird er zum Fokuspunkt hin gebündelt, und im Bereich des Brennpunktes bildet sich eine Strahltaille mit geringem Durchmesser, wonach der Laserstrahl wieder divergiert.

Das Produkt von Strahltaillendurchmesser und Divergenzwinkel bleibt dabei konstant und deshalb ein Maß für die Strahlqualität des Laserstrahles. Es gilt (Bild 3):

$$\Theta_1\, D = \Theta_2\, d\,.$$

Auch bei Mehrfachlinsensystemen gilt $\Theta\, d = \text{const}.$

Trifft ein Laserstrahl auf eine Fokussierlinse, so ergibt sich der Fokusdurchmesser d zu:

$$d = 2\cdot f\cdot \Theta_1\,.$$

Die Strahldivergenz Θ_1 ist entsprechend der Fraunhoferschen Beugung an einer Kreisblende:

$$\Theta_1 = 1{,}22\cdot\lambda/D\,.$$

Damit wird der Fokusdurchmesser d:

$$d = 2{,}44\cdot\lambda\cdot f/D\,.$$

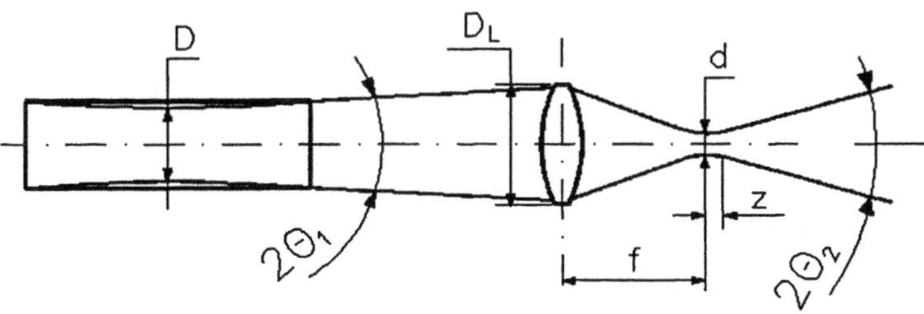

Bild 3: Fokussierung des Laserstrahles durch eine Linse
Θ_1, Θ_2 = Divergenzwinkel; f = Linsenbrennweite; z = Schärfentiefe;
D, d = Strahltaillendurchmesser; D_L = Linsendurchmesser

2.1.3 Modenstruktur

Laser können nach der Anzahl der ausgebildeten stehenden Wellen (Moden)
unterschieden werden. Laser, bei denen sich nur eine stehende Welle achsparallel
zum Laserresonator ausbildet, heißen Monomodelaser. Bei Multimodelasern
bilden sich auch mehrere transversale, d.h. quer zur Achse des Laserresonators
schwingende, Moden aus, die die Strahlqualität nachteilig beeinflussen.

Die Bezeichnung der Moden erfolgt mit TEM_{xy} für rechteckigen und mit
$TEM_{r,\varphi}$ für kreisförmigen Strahlquerschnitt des Laserresonators, wobei x und y
die Anzahl der Moden in x- bzw. y-Richtung, r die Anzahl der radialen und φ die
Anzahl der rotationssymmetrischen Moden angibt. Die Ausbildung der
Leistungsdichtemaxima der Moden zeigt Bild 4.

Bei der Definition des Strahldurchmessers ist die Verteilung der
Leistungsdichte zu berücksichtigen. Für den Monomode-Laser ergibt sich eine
gaußförmige Leistungsdichteverteilung, Bild 5. Hier wird der Strahldurchmesser
als derjenige Wert definiert, bei dem die Leistungsdichte auf $1/e^2$ ($\doteq 13,5\,\%$)
abgefallen ist /4-6/. In diesem Bereich ist 86,5 % der gesamten Strahlleistung
enthalten. Bei Multimode-Lasern mit stabiler Ausbildung der Moden (bei
geringen Modenzahlen bis etwa 10) wird aufgrund der von der Modenzahl
abhängigen Leistungsdichteverteilung der Strahldurchmesser als Abstand
zwischen den äußeren Wendepunkten definiert /7/. Bei Moden, die sich in x-y-
Richtung ausbilden, können sich dabei abweichende "Strahldurchmesser" für die
x- bzw. y-Richtung ergeben.

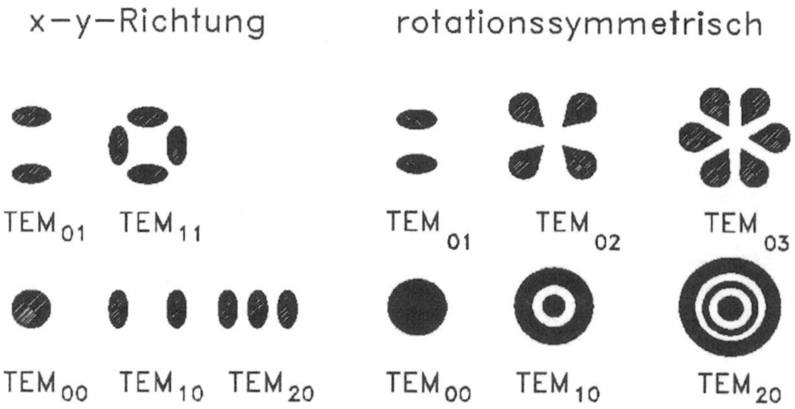

Bild 4: Modenformen

Bei Multimodelasern mit unstabiler Modenausbildung besteht die Strahlungsstruktur aus einer Vielzahl diskreter Moden, deren Ausbildung im zeitlichen Ablauf des Laserpulses statistisch variiert. Diese Phasenfluktuation bewirkt eine schnelle Variation der räumlichen und zeitlichen Leistungsdichteverteilung. Im Mittel bildet sich meist eine annähernd gaußförmige Strahlverteilung aus. Der Strahldurchmesser wird hier ebenfalls als derjenige definiert, bei dem die Leistungsdichte auf $1/e^2$ abgefallen ist (Bild 5) /9/ bzw. bei dem 86,5% der Leistung enthalten sind.

Die Strahlqualität ist definiert als die Reziproke des Produktes Θ d.

Die beste Strahlqualität $1/(\Theta\, d)$ ergibt sich für Monomodelaser. Hier gilt

$$\Theta_0\, d_0 = 2\,\lambda\,/\,\pi$$

Θ_0 Divergenzwinkel für TEM_{00}-Mode,

d_0 Strahldurchmesser für TEM_{00}-Mode und

λ Wellenlänge der Strahlung.

Für Multimodelaser verringert sich die Strahlqualität mit zunehmender Modenzahl /7/:

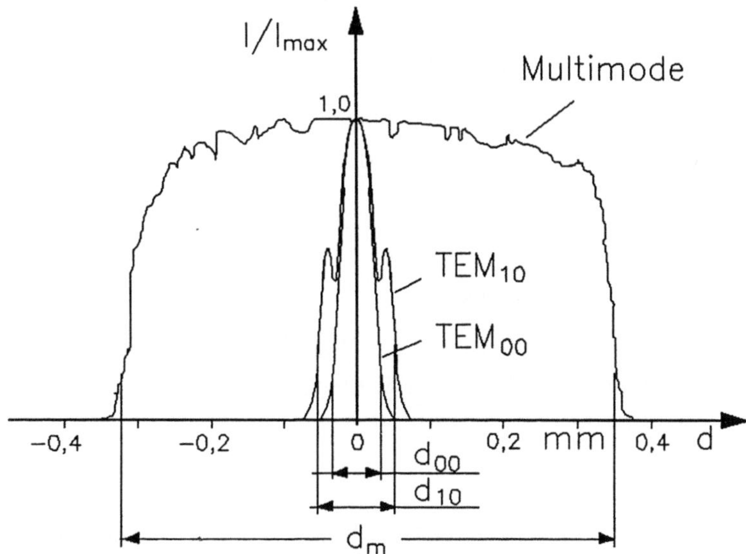

Bild 5: Leistungsdichteverlauf im Fokus (f = 100 mm) für einen Nd-Laser bei verschiedenen Modenausbildungen /7, 8/
I_{max} = max. Intensität; I = Intensität; d_0, d_{10} und d_m = Strahldurchmesser bei unterschiedlicher Modenstruktur

$$\Theta_m \, d_m = 2 \, (m+1) \, \lambda / \pi$$

Θ_m Divergenzwinkel für Multimode,

d_m Strahldurchmesser für Multimode und

m   Modenzahl.

Je kleiner die Modenzahl ist, desto besser läßt sich der Strahl fokussieren und desto höher ist die Leistungsdichte/10/. Deshalb kann es für die effektive Nutzung der Laserleistung von Vorteil sein, einen Laser mit einer kleinen Modenzahl bzw. dem Grundmode zu nutzen, obwohl die verfügbare Leistung dadurch herabgesetzt wird.

Für den Nd:YAG-Laser ist unter der Voraussetzung einer idealen Strahlquelle (TEM_{00}-Mode) eine 10-fach bessere Fokussierung erreichbar als beim CO_2-Laser. Allerdings werden in der Materialbearbeitung normalerweise Multimode-Nd-Laser verwendet, wohingegen CO_2-Laser der unteren und mittleren Leistungsklasse (bis 5 kW) im Grundmode oder mit niedriger Modenzahl arbeiten. Dadurch ist die Strahlqualität beim Nd:YAG-Laser meist schlechter als beim CO_2-Laser, obwohl bei Nd-Lasern mit niedrigen Moden bessere Strahlqualitäten zu erreichen sind. Der Kleinstwert $\Theta_0 d_0$ beträgt für Monomode-Nd-Laser 0,68 mrad · mm. Bei Multimode-Festkörperlasern kann Θd auf über das 10-fache ansteigen. Der CO_2-Laser besitzt im Monomodebetrieb ein $\Theta_0 d_0$ von 6,68 mrad · mm.

Um verschiedene Laser gleicher Wellenlänge zu beurteilen, kann die Laserstrahlqualität eines beliebigen Strahles $1/\Theta d$ auf den TEM_{00}-Wert normiert werden /11, 12/.

$$K = \frac{\Theta_0 d_0}{\Theta d} = \frac{2 \cdot \lambda}{\pi} \cdot \frac{1}{\Theta d}$$

Die sogenannte Strahlkennzahl K ist von der Wellenlänge abhängig /11/. Zur Beurteilung von Lasern mit unterschiedlicher Wellenlänge ist es daher günstiger, das Produkt Θd heranzuziehen.

2.1.4 Zeitlicher Impulsverlauf

Beim Einschwingvorgang und bei starken Störungen des kontinuierlich betriebenen Lasers treten nichtharmonische Schwingungen mit markanten Spitzen auf, die als "Spiking" bezeichnet werden. Das "Spiking" beim Einschwingen eines Lasers beruht darauf, daß nach dem Einsetzen des Pumpvorganges sich im laseraktiven Material zunächst eine hohe Besetzungsinversion aufbaut, da das Strahlungsfeld im Resonator und damit auch die Zahl der induzierten Übergänge klein sind. Bei hoher Besetzungsinversion baut sich dann das Strahlungsfeld sehr schnell auf und das obere Laserniveau wird jetzt so schnell entleert, daß die Pumpenergie nicht mehr genügend rasch Atome anregen kann. Die Besetzungsinversion sinkt unter den Schwellenwert und das Strahlungsfeld fällt zusammen. Die zugeführte Pumpenergie stellt nun erneut eine hohe Inversion her und ein neuer Zyklus beginnt. Bei stabiler Modenausbildung pendeln sich die Schwingungen auf einen kontinuierlichen Wert ein (Bild 6a).

Spiking tritt hauptsächlich bei Festkörperlasern auf, da bei CO_2-Lasern die Dämpfung für solche Schwingungsvorgänge zu groß ist. Dafür entstehen bei Multimodelasern mit instabilen Moden durch die Überlagerung verschiedener zeitlich begrenzt schwingender Moden statistisch verteilt hohe Strahlleistungsdichten ohne Periodizität (Bild 6b).

2.1.5 Einfluß des Strahlenganges auf die Leistungsdichte

Die Leistungsdichte stellt das Verhältnis der Laserstrahlleistung zum Strahlquerschnitt auf der Werkstückoberfläche (Fokus) dar. Um hohe Leistungsdichten und geringe Wärmebeeinflussung des umgebenden Materials zu erreichen, wird zumeist ein möglichst kleiner Fokusdurchmesser angestrebt.

Der Fokusdurchmesser ist demnach um so kleiner, je größer der Durchmesser des unfokussierten Laserstrahles und je kürzer die Brennweite f der Sammellinse ist. Die Brennweite der Sammellinse wird durch praktische Bedingungen begrenzt. Zum einen muß der Abstand zum Werkstück (Arbeitsabstand) ausreichend groß sein, zum anderen muß der Laserstrahl auch eine ausreichende Schärfentiefe besitzen. Um diese Anforderungen besser zu erfüllen, wird

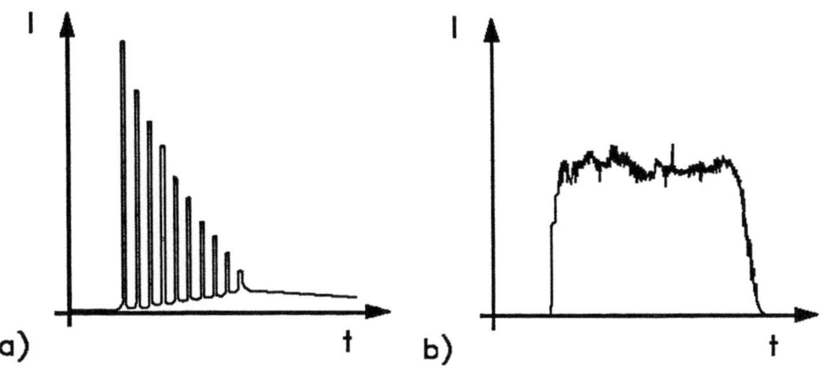

Bild 6: zeitlicher Verlauf der Strahlleistung a) Monomode-, b) Multimodelaser

insbesondere bei Festkörperlasern die Strahldivergenz verringert, indem der Strahl durch ein Linsensystem von Streu- und Sammellinse zunächst aufgeweitet wird. Der aufgeweitete Strahl mit geringer Divergenz läßt sich anschließend besser fokussieren bzw. erlaubt einen größeren Arbeitsabstand von der Sammellinse zur Werkstückoberfläche.

Mit Aufweitoptik ergibt sich der kleinste Fokusdurchmesser d zu (Kap. 6):

$$d = 2 \cdot f \cdot \Theta_2 \cdot \frac{d}{D} \, .$$

Die Schärfentiefe z bestimmt die Bündelung des Laserstrahles vor und nach dem minimalen Fokusdurchmesser. Sie läßt sich durch die Entfernung für eine Verdoppelung der Querschnittsfläche kennzeichnen (Bild 3) /162/:

$$z = \frac{4 \cdot \lambda \cdot f^2}{(\pi \cdot D_L^2)} \, .$$

Ist z klein, so ist die Brennfleckeinstellung kritischer, da Toleranzen in der Höheneinstellung starken Einfluß auf die Leistungsdichte ausüben.

Unterschiedliche Strahldivergenzen (z.B. durch thermische Effekte im Resonator) wirken sich auf die Fokuslage aus. Eine Änderung der Strahldivergenz von 1 auf 8 mrad bewirkt bei Strahldurchmesser $D \approx 10\,mm$, direkter Fokussierung ohne Strahlaufweitung mit f = 150 mm eine Änderung der Fokuslage von $z \approx 6\,mm$. Bei Strahlaufweitung verringert sich die Fokuslageänderung, allerdings wird die Schärfentiefe geringer, so daß sich Divergenzänderungen des Laserstrahles stärker auswirken /10, 13, 14/. Diese Abbildung wird Fernfeldabbildung genannt. Hier wird angenommen, daß es sich beim Laserstrahl (im Idealfall) um einen aus dem unendlichen kommenden, von einer punktförmigen Quelle ausgesandten Strahl handelt.

Eine weitere, aber selten angewandte Möglichkeit, ist die sogenannte Nahfeldabbildung. Hierbei wird die Laserstabausgangsfläche auf das Werkstück abgebildet Bild 7b:

$$D' = D \cdot \frac{s'}{s} \, ,$$

wobei $1/s + 1/s' = 1/f$, D' = Nahfeldabbildung.

Damit diese Abbildung gleich groß oder kleiner als der Fokusdurchmesser der Fernfeldabbildung ist, sind große Abstände (> 1 m) zwischen Linse und Resonator erforderlich, Bild 7a :

$$d = 2\,\Theta\,f\,,$$

d   Fernfeldabbildung.

Die Nahfeldabbildung ermöglicht bei optisch schlechtem Resonator (mit stark unterschiedlichen Strahleigenschaften über der Strahlleistung) einen konstanten Fokusdurchmesser (Bild 8) /15-17/.

Bei sich stark ändernden Strahldivergenzen kann es bei Fernfeldabbildung zu einer Abnahme der Leistungsdichte im Fokus kommen, da der Fokusdurchmesser durch die schlechtere Strahlqualität größer wird. Moderne Laser haben durch Optimierung des Resonators nur geringe Divergenzänderungen, weshalb der optische Strahlengang kurz gehalten werden kann. Die vorher besprochene Strahlaufweitung mit anschließender Fokussierung ist ebenfalls ein fernabbildendes System /15/.

Die Energieverteilung im Fokus (Fernfeld) entspricht bei Lasern niedriger Modenzahl relativ gut der Energieverteilung im aufgeweiteten Laserstrahl (Nahfeld), weshalb bei solchen Lasern die Energieverteilung im aufgeweiteten Strahl bzw. auch in einem von dort ausgekoppelten Teilstrahl gemessen werden kann. Für Laser mit hoher Modenzahl, wie den Nd:YAG-Hochleistungslaser, ist nur noch bedingt von der Nahfeld- auf die Fernfeldabbildung zu schließen.

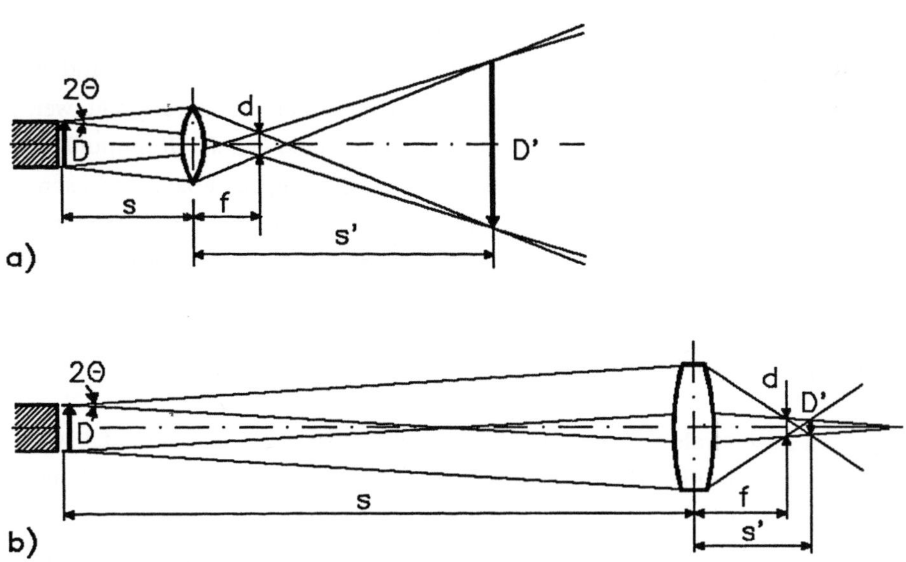

Bild 7: Abbildungsarten a) Fernfeldabbildung, b) Nahfeldabbildung

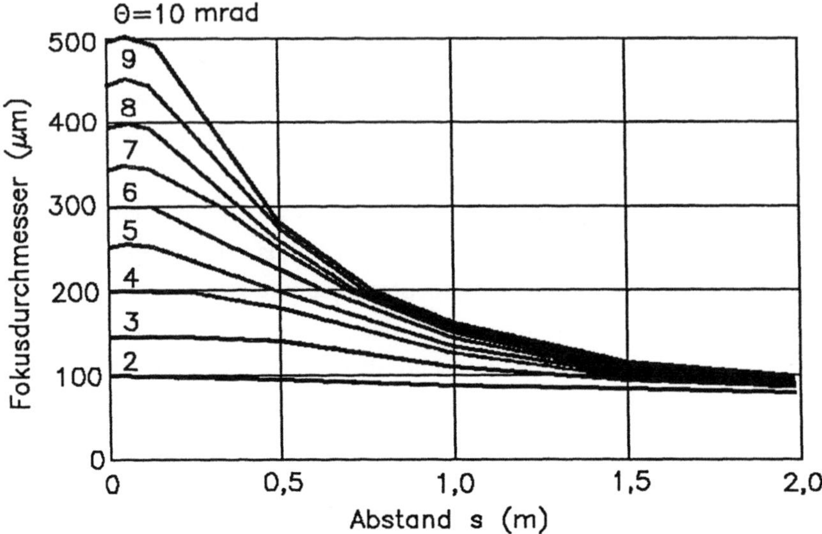

Bild 8: Berechneter Fokusdurchmesser für unterschiedliche Linsenabstände s
(siehe Bild 7b) /15/

2.1.6 Linsenfehler

Bisher wurde angenommen, daß das Linsensystem ideale Eigenschaften aufweist.
In der Praxis haben jedoch alle Linsen Abbildungsfehler. Für die
monochromatische Laserstrahlung ist allerdings nur der sphärische Linsenfehler
von Bedeutung, d.h. achsparallele Strahlen in unterschiedlichen Abständen zur
Linsenachse werden nicht genau in einem gemeinsamen Fokus vereinigt, weil die
weiter außen verlaufenden Strahlen vor dem eigentlichen Brennpunkt, d.h.
stärker gebrochen werden. Dies führt zur Vergrößerung des Fokus, insbesondere
bei Linsen geringer Brennweite. Durch speziell geschliffene (sogenannte
asphärische) Linsen läßt sich dieser Fehler jedoch weitgehend beseitigen /18/.

2.2 Optische Schalter

Um den Laserstrahl zu steuern, können auch optische Schalter benutzt werden.
Bei Lasern für die Materialbearbeitung werden dabei elektro- und akustooptische Effekte genutzt.

Der elektrooptischen Effekt wird durch Flüssigkeitskristall-Zellen
(Pockelszelle) erzeugt, die beim Anlegen eines elektrischen Feldes ihre
Brechungseigenschaften ändern.

Beim akustooptischen Effekt wird in einem Schwingquarz eine stehende akustische Welle erzeugt. Die Dichteänderungen im Kristall führen zu lokal unterschiedlischen Brechungsindizes, die zur Ausbildung eines akustooptischen Schalters (Q-Switch) genutzt werden können.

Durch gesteuerte Entladung kann eine besonders starke Inversion der Besetzungezahlen erzielt werden, so daß während extrem kurzer Entladungszeiten (ns-Bereich) Strahlungsimpulse sehr hoher Leistungen (MW-Bereich) entstehen. Diese sog. Riesenimpulse führen im wesentlichen zu einer Materialverdampfung ohne stärkeres Aufschmelzen, und werden daher beim Schweißen mit gepulsten Festkörperlasern kaum eingesetzt. Dagegen wird die akustooptische Strahlsteuerung zur Pulserzeugung bei CO_2-Lasern zum Schweißen und Schneiden häufiger genutzt.

3 Laserarten

Laserfähige Medien finden sich bei Gasen, Flüssigkeiten und Festkörpern; dementsprechend gibt es Gas-, Flüssigkeits- und Festkörperlaser. Außerdem kann nach der Art der Anregung des Lasermediums unterteilt werden in Anregung im pn-Übergang (Halbleiterlaser), durch Licht (Festkörperlaser) oder durch Gasentladung (Gaslaser). Weiterhin wird nach der Betriebsart unterschieden zwischen Pulsbetrieb, quasikontinuierlichem und kontinuierlichem Betrieb. Quasikontinuierlich bedeutet dabei ein Arbeiten bei hoher Pulsfrequenz, so daß die Wirkung der eines kontinuierlichen Laserstrahles ähnlich ist. Kontinuierliche Laser werden auch als cw- (continuous wave) Laser bezeichnet.

In der Schweißtechnik wird außerdem oft vom Schweißen mit Hochleistungslasern gesprochen. Dieser Begriff ist nicht exakt definiert. Üblicherweise werden CO_2-Laser mit Laserstrahlleistungen > 1 kW und Nd:YAG-Laser mit mittleren Leistungen > 400 W als Hochleistungslaser bezeichnet.

3.1 Festkörperlaser

Multimode-Festkörperlaser haben normalerweise Laserkavitäten mit Abmessungen in der Größenordnung von 10 cm Länge und 1 cm Durchmesser. Sie erzeugen Licht im sichtbaren Bereich bzw. in der Nähe des sichtbaren Bereiches.

Beim Festkörperlaser werden die den Laserprozeß bestimmenden Atome bzw. Ionen in Kristalle oder Gläser eingelagert (dotiert), die für den Laserstrahl transparent sind. Die eingelagerten Atome bzw. Ionen werden durch das Pumplicht in energetisch höhere Niveaus gepumpt. Der Festkörperlaser hat in den höheren Energieniveaus breitbandigere Übergänge als Gase. Damit ist es möglich, mit thermischen Lichtquellen zu pumpen, da trotz ihres breitbandigen Energieniveaus ein ausreichender Energieanteil des Pumplichtes absorbiert wird (siehe Bild 9 und 10). Außerdem benötigt der Festkörperlaser ein schmalbandiges

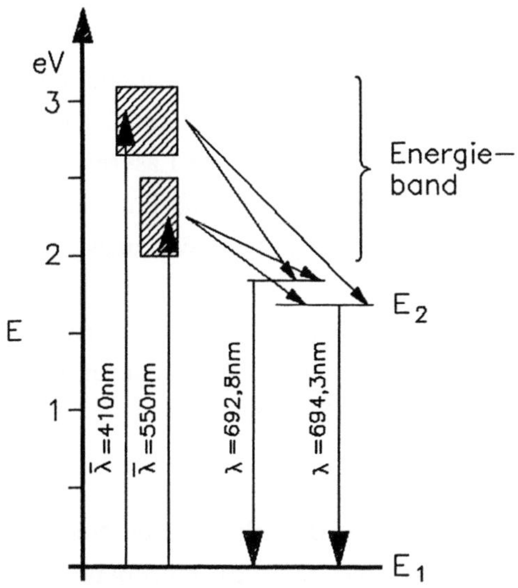

Bild 9: Energieniveau-system des Rubinlasers (Dreiniveaulaser) /19/

Energieniveau, bei dem die induzierte Emission stattfindet. Beim Pumpen des Lasers werden die Elektronen erst auf einen breitbandigeren Energieniveaubereich angehoben und springen dann auf das schmalbandige Inversionsniveau zurück. Das Laserlicht wird beim Zurückspringen auf das untere Laserniveau ausgesandt.

3.1.1 Rubinlaser

In der Anfangszeit der Materialbearbeitung mit dem Laser wurden hauptsächlich Rubinlaser eingesetzt, da sie zuerst verfügbar waren und eine ausreichende

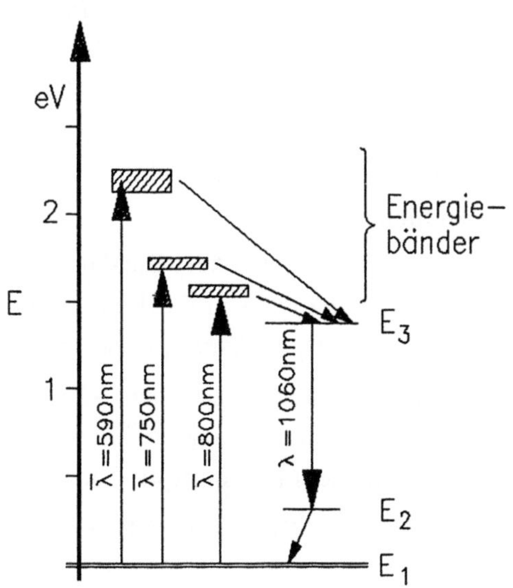

Bild 10: Energieniveau-system des Nd:YAG-Lasers (Vier-Niveau-Laser) /19/

Leistung besaßen /20/. Rubin ist ein Aluminiumoxid- (Al_2O_3-) Einkristall, der mit Chromionen dotiert ist. Die aktive Substanz sind dabei die Cr^{3+} - Ionen, während Rubin als strahldurchlässiges und wärmeableitendes Trägermaterial dient. Die Wellenlänge des Lasers beträgt $\lambda = 694.3$ nm. Da das untere Laserniveau dem Grundzustand entspricht und damit stark besetzt ist, sind hohe Pumpleistungen zur Erzeugung einer Besetzungsinversion notwendig. Der Wirkungsgrad liegt daher unter 1 %.

Obwohl die Energieabsorption von Metallen für die vom Rubinlaser ausgesandte Wellenlänge höher ist als beim Nd-Laser, hat sich letzterer aufgrund höherer Leistung und besserem Wirkungsgrad durchgesetzt.

3.1.2 Nd-Laser

Ein vielfach verwendetes aktives Lasermaterial ist die seltene Erde Neodym. Es kann in eine große Zahl von Kristallen und Gläsern eingebaut werden. Trägermaterialien für Laser der Materialbearbeitung sind im allgemeinen aus Nd-dotiertem Glas oder Yttrium-Aluminium-Granat(YAG)-Einkriatall hergestellt. Der Nd-Laser arbeitet als 4-Niveau-System. Das untere Laserniveau ist somit weitgehend unbesetzt, weshalb eine Besetzungsinversion schon mit geringeren Pumpleistungen als beim 3-Niveau Rubinlaser erreichbar ist.

Der Wirkungsgrad von Nd-Glas-Lasern ist mit ca. 1-2% geringer als bei Nd:YAG-Lasern (ca. 3-3,5 %). Wird die Kühl- und Steuerleistung mit einbezogen, ergibt sich eine noch geringere Energieausnutzung /21/. Vorteile von Gläsern als Wirtssubstanz sind die einfache Herstellung und die optisch gute Qualität. Nachteil ist die geringe Wärmeleitfähigkeit von Glas, weshalb mit YAG-Lasern aufgrund höherer Wärmeleitfähigkeit größere mittlere Strahlleistungen erreichbar sind /22,23/. Während Nd-Glaslaser vorwiegend als Impulslaser eingesetzt sind, werden Nd:YAG-Laser sowohl als Impuls- wie auch als Dauerstrichlaser ausgeführt. Für mittlere Ausgangsleistungen von 400-500 W werden Nd:YAG-Laserstäbe mit 10 mm Durchmesser und 150 mm Länge eingesetzt. Die obere Grenze für die Stablänge wird durch das Herstellungsverfahren der Kristalle bestimmt.

Bei gepulsten Nd-Lasern erfolgt die Anregung über Blitzlampen. Die Lebensdauer der Blitzlampe im Betrieb liegt abhängig von der Belastung in der Größenordnung von $2 \cdot 10^6$ Impulsen bzw. 300-500 h bei Dauerpulsbetrieb /21/.

Für die kontinuierlichen Laser werden Gasentladungslampen (Quecksilber- oder Krypton-Lampen) oder Wolframbandlampen verwendet. Diese Lampen arbeiten kontinuierlich, liefern allerdings wesentlich weniger Licht als die Blitzlampen.

3.1.2.1 Thermische Einflüsse beim Nd-Laser

Der Laserstab wird durch das optische Pumpen erwärmt und muß daher gekühlt werden. Die Erwärmung beeinflußt die Lasereffizienz (beim Lasermaterial Alexandrit wird sie erhöht, beim Nd:YAG-Laser erniedrigt), zum anderen wird eine Linsenwirkung aufgrund der ungleichmäßigen Temperaturverteilung im Stab hervorgerufen, d.h., der Laserstrahl wird im Resonator leicht zur Strahlachsenmitte hin gebrochen. Für eine bestimmte Leistungsabgabe des Lasers kann die Linsenwirkung durch entsprechend gestaltete Resonatorenspiegel kompensiert werden. Bei unterschiedlichen Leistungsabgaben kann jedoch die Linsenwirkung zu stark unterschiedlichen Divergenzen des Laserstrahles führen. Bei einem Resonator mit planen Spiegeln ergibt sich bei einem Stabdurchmesser von 6 mm im Leistungsbereich von 10 W eine Strahldivergenz von 3-5 mrad (Strahlqualität 30-50 mrad · mm). Bei mittleren Leistungen von 300 W und darüber steigt die Divergenz auf über 20 mrad und die Strahlqualität auf Werte von 100-200 mrad · mm an. Im Vergleich dazu haben CO_2-Laser bessere Strahlqualitäten (30-40 mrad · mm).

Je kleiner die Strahldivergenz bei größerer mittlerer Strahlleistung ist, desto enger wird der Leistungsbereich (bei stabilen Resonatoren) für eine annähernd konstante Strahlqualität. Diese Schwankungen können unter geringer Leistungseinbuße durch spezielle instabile Resonatoren vermindert werden. Zum Schneiden werden deshalb Festkörperlaser mit speziellen Resonatoren für mittlere Leistungen um 100 W eingesetzt, die durch geeignete Wahl der Krümmungsradien der Spiegel und der Abmessungen des Resonators eine Strahldivergenz von maximal 3-4 mrad und eine Strahlqualität von 30-40 mrad · mm erreichen. Sie sind bezüglich der Fokussierung mit CO_2-Lasern vergleichbar/11/. Der Strahl kann dabei auf 50-200 μm fokussiert werden (Strahlaufweitungsfaktor 2-5, Brennweite 100 mm). Durch den Einsatz von Modenblenden kann die Strahlqualität weiter verbessert werden, allerdings bei gleichzeitiger Leistungseinbuße.

Eine andere Möglichkeit ist die Regelung der Strahlaufweitung, mit der entweder unabhängig von der Leistung der Strahldurchmesser im Fokus konstant gehalten oder für die jeweilige Leistung der kleinstmögliche Strahldurchmesser eingestellt werden kann /24/.

3.1.2.2 Aufbau von Nd-Laseranlagen

Bei gepulsten Festkörperlasern wird eine Kondensatorbatterie auf die eingestellte Spannung aufgeladen (die Spannungen liegen in der Regel unter 1 kV). Die anschließende Entladung der Kondensatoren über die Blitzlampe wird durch

Transistoren gesteuert. Während der Pulse fließen Ströme von einigen hundert Ampere. Es können Strahlleistungen bis zu 40 kW bei Pulszeiten von 0,3 - 20 ms erzeugt werden /11/. Entsprechend ausgestattete Netzteile erlauben es außerdem, den Leistungsverlauf während der Impulsdauer zu steuern.

Der Reflektor der Blitzlampe kann goldbeschichtet sein; diese Schicht ist allerdings empfindlich gegen Anlaufen und mechanische Beschädigungen, welche die Reflektivität im Laufe der Zeit vermindern können. Deshalb verwenden einige Hersteller preisgünstigere keramische Reflektoren, welche die Strahlung diffus reflektieren und wegen der Verhinderung des sogenannten "hot spots" im Laserstab gegen Beschädigung unempfindlicher sind. Nachteilig ist die geringere Effektivität der Energieumsetzung. Bei der Halterung der Blitzlampen werden zunehmend Konstruktionen verwendet, die auch dem Anwender ein Austauschen der Blitzlampen ermöglichen.

Die Anregung von Dauerstrich-Nd:YAG-Lasern erfolgt über Gasentladungslampen. Dauerstrichlaser mit einem akustooptischen Schalter (Q-Switch) weisen den Vorteil einer beliebigen Pulslängenvariation auf. Außerdem können sehr kurze Impulse hoher Leistung generiert werden, was besonders für das Trennen bzw. den Materialabtrag (Bohren) von Vorteil ist. Es können Repetitionsraten von 500 Hz - 50 kHz bei Pulslängen von 100 - 500 ns erzielt werden /11/.

Den Aufbau einer Festkörperlaser-Schweißmaschine zeigt Bild 11. Der Laserstrahl wird im Resonator erzeugt und über eine Optik auf die Schweißstelle fokussiert. Eine Beobachtungsoptik mit Fadenkreuz dient zur Beobachtung und Fokussierung des Laserstrahls. Ihr Strahlengang wird durch einen klappbaren 45°-Spiegel eingekoppelt. Beim Schweißen wird der Spiegel aus dem Strahlengang des Lasers ausgeschwenkt. Oft werden die Werkstückoberfläche und der Schweißprozeß mit einer CCD-Video-Kamera beobachtet. Vor der Fokussierungslinse befindet sich eine auswechselbare Schutzglasscheibe, die ein Verschmutzen der Sammellinse durch Schweißspritzer verhindern soll. Dieser Schutz kann auch aus einer transparenten Kunststofffolie bestehen.

Die Verspiegelung der Resonatorenden kann planparallel erfolgen. Da diese Anordnung empfindlich gegen Winkelfehler ist, werden meist gekrümmte Spiegelflächen verwendet, wobei die Spiegelanordnung zu stabilen oder instabilen Resonatoren führt. Bei instabilen Resonator wird der Laserstrahl nicht durch die Selbsterregung des einmal (aufgrund eines einzelnen spontan ausgesendeten Photons) erzeugten Laserstrahles aufrecht erhalten, sondern durch die fortwährend erneute Anregung durch spontane Photonenemission /3/.

Der Nd-Laser steht hauptsächlich mit dem CO_2-Laser im Wettbewerb. Die Vorteile des Nd-Lasers gegenüber dem CO_2-Laser sind die um den Faktor 10 kürzere Wellenlänge, wodurch seine Strahlung von Metallen besser absorbiert wird, und die Übertragbarkeit seiner Strahlung mittels flexibler Glasfasern. Außerdem ist seine Baugröße gegenüber dem CO_2-Laser erheblich kleiner. Die Ausgangswellenlänge erlaubt die Benutzung von konventionellen optischen Bauelementen. Nachteilig fällt ins Gewicht, daß seine Dauerleistung z.Zt. auf

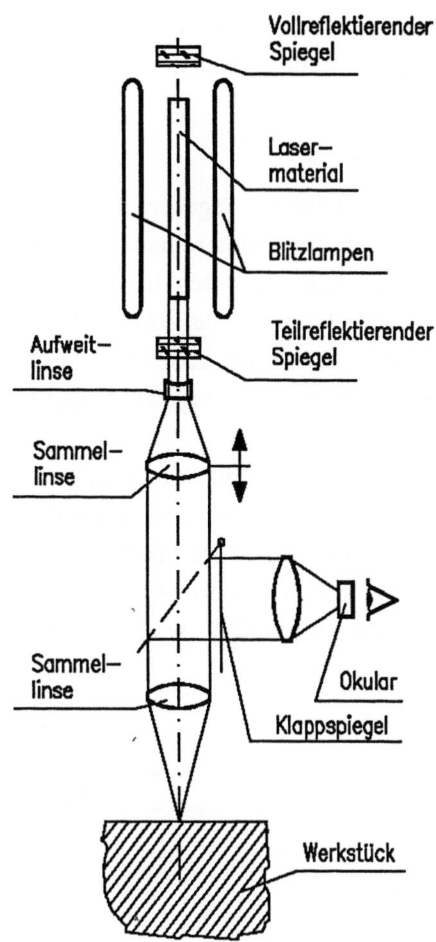

Bild 11: Darstellung der Laserschweißanlage.

< 3 kW begrenzt ist, eine Leistungsvariation mit einer Veränderung der Strahlqualität einhergeht und der Wirkungsgrad (2-4 %) geringer ist als der des CO_2-Lasers (ca. 15 %). Im Hinblick auf Investitionskosten ist der Nd:YAG-Laser vorteilhaft, wenn es um die Erzeugung von Impulsen hoher Strahlleistung geht, während für hohe mittlere Leistungen (Dauerleistung) der CO_2-Laser günstiger ist.

3.1.3 Weiterentwicklung der Festkörperlaser

Mit der Weiterentwicklung von Festkörperlasern sollen höhere Leistungen, einfachere Ausführungen der Laseranlage, höhere Wirkungsgrade und bessere Strahlqualitäten erreicht werden. Daneben werden neue Lasermaterialien und Bauformen untersucht /26/.

3.1.3.1 Mehrfachresonatoren (Multi-rod-systems)

Beim Nd:YAG-Laser sind Systeme mit Leistungsabgaben bis über 2 kW entwickelt worden. Sie bestehen aus mehreren hintereinander geschalteten Laserresonatoren (Bild 12) /21, 27/. Dadurch kann die durch thermisch induzierte Spannungen begrenzte Leistungsabgabe (für kontinuierliche Laser 300 - 400W, für Pulslaser 400 - 600 W) gegenüber einem einzelnen Laserstab herabgesetzt werden /21/. Die Obergrenze der sogenannten "multi-rod-systems" liegt bei 4 - 6 Stäben /28/.

Nachteilig ist die Verschlechterung der Strahlqualität durch die hohe Leistungsabgabe der Einzelstäbe. Allerdings wird eine weitere Verschlechterung der Strahlqualität durch die Anordnung der Stäbe vermieden, so daß die Strahlqualität weitgehend der eines Einzelstabes entspricht. Weiterhin ist die hohe Anzahl der Anregungslichtquellen nachteilig, wodurch der Laser wartungsintensiver ist /16/.

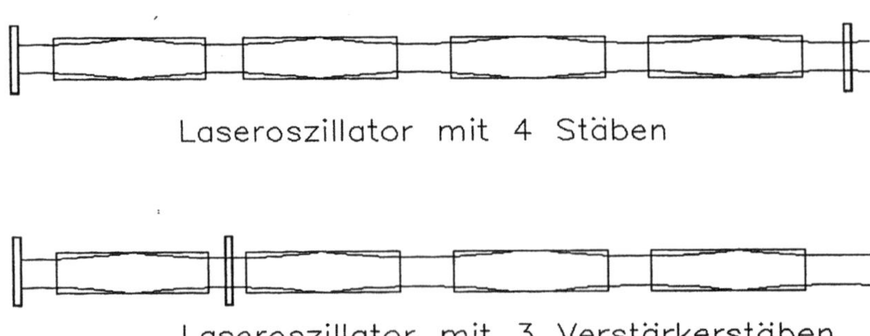

Bild 12: Hintereinandergeschaltete Laserresonatoren

Man unterscheidet zwischen Mehrfachresonatoren, bei denen die Resonatorspiegel an den Enden der hintereinandergeschalteten Laserstäbe angeordnet sind, und Verstärkersystemen, bei denen ein verspiegelter Laserstab als Oszillator eingesetzt wird und die nachfolgenden (unverspiegelten) Laserstäbe ein Nachverstärkersystem bilden. Mit letzteren lassen sich die höchsten Impulsleistungen erzeugen.

3.1.3.2 Parallel angeordnete Laserstabsysteme

Zur Leistungssteigerung können mehrere Laser mittels Lichtleitfaser parallel geschaltet werden. Dabei wird die Strahlung der einzelnen Laser in je eine Faser eingekoppelt und die an den Faserenden austretende Strahlung durch ein gemeinsames Linsensystem fokussiert. Damit ist es möglich, durch Parallelschalten mehrerer Impulslaser mit zeitlich versetzten Impulsen einen kontinuierlichen Laserstrahl zu erzeugen (Bild 13) /29/.

Nachteil der Parallelschaltung ist die beschränkte Fokussierbarkeit der Strahlung. So werden beim Schweißen mit aus drei Impulslasern erzeugten kontinuierlichem Laserstrahl geringere Schweißtiefen erzielt, als bei der Übertragung der

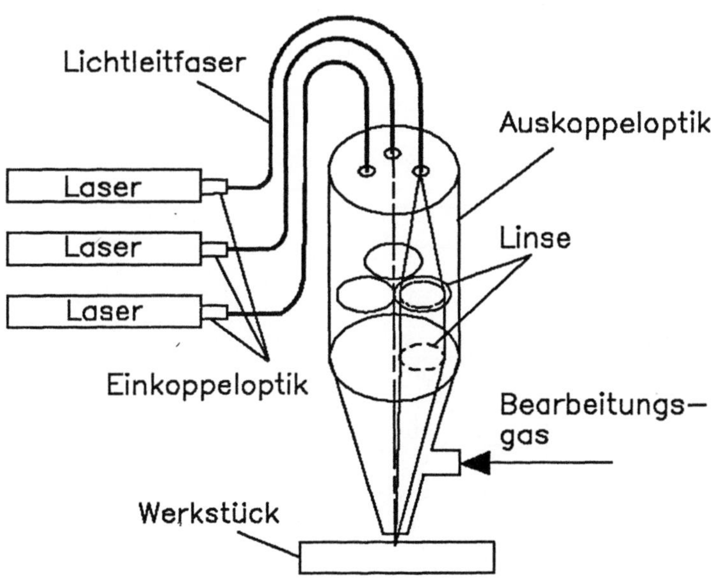

Bild 13: Schematische Darstellung des parallel angeordneten Laserstabsystems

gesamten Leistung eines kontinuierlichen Lasers über eine einzige Faser /27, 29/. Die Einschweißtiefe eines solchen Systems ist ähnlich der eines CO_2-Lasers gleicher Leistung /29/.

3.1.3.3 Slablaser

Um den Temperatureinfluß auf die Strahlqualität zu vermindern, sind sogenannte "Slablaser" entwickelt worden. Der Laserstab hat hier einen rechteckigen Querschnitt mit schrägen Spiegelflächen (Bild 14) /30-38/. Die Verwendung dieser Geometrie erzeugt einen zick-zackförmigen Strahlenverlauf im Laserstab, der die thermischen Effekte weitestgehend eliminiert. Problematisch ist allerdings die Kühlung, da die geometrische Form des Laserstabes auch während der Erwärmung erhalten bleiben muß. Zur Elimination der thermischen Effekte muß der Slab an seinen Enden thermisch isoliert werden, was zusätzliche Probleme aufwirft.

Messungen an diesem Lasertyp haben gezeigt, daß die Strahldivergenz über einen großen Leistungsbereich konstant bleibt. Der von diesem Typ erzeugte näherungsweise rechteckige Laserstrahl kann für die Materialbearbeitung Vor- und Nachteile aufweisen. So zeigt sich beim Laserstrahlschneiden von geraden Schnitten eine bessere Energieausbeute des Laserstrahles; beim Formschneiden geht dieser Vorteil jedoch wieder verloren. Der rechteckige Strahl kann mit Hilfe zylindrischer Linsen auch in einen runden Laserstrahl umgewandelt werden.

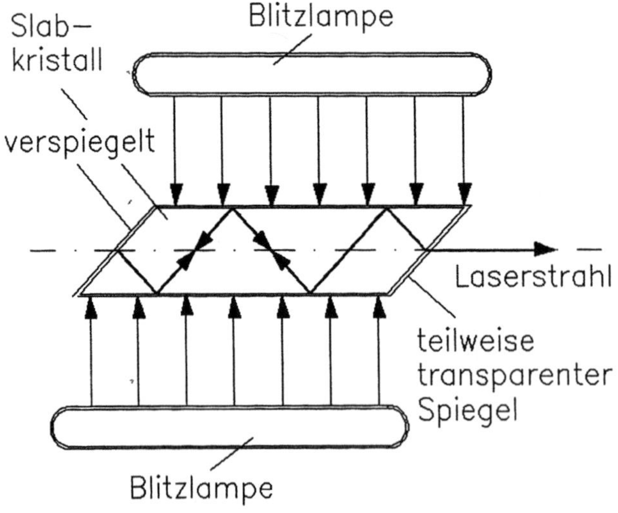

Bild 14: Strahlverlauf des Slablasers

Zu beachten ist außerdem, daß der Strahl des Slabs immer polarisiert ist (aufgrund der schrägen Austrittsfläche am Stabende). Das ermöglicht zwar eine Frequenzverdoppelung ($\lambda = 532\,\text{nm}$), doch ist der Wirkungsgrad der Frequenzverdoppelung gering. Insbesondere bei Markierungslasern wird diese Frequenzverdoppelung genutzt. Hier werden dem Kunststoff Pigmente beigemischt, die vom Laserstrahl mit kleiner Pulsenergie zerstört werden, wobei die Matrix und damit die Oberfläche des Kunststoffes unzerstört bleiben /39, 40/.

Bei schrägem Strahleinfall kann der Absorptionsgrad an Metallen durch Polarisation des Laserstrahles verbessert werden. Falls die linear polarisierte Strahlung aufgrund ihrer richtungs- und winkelabhängigen Absorption unerwünscht ist, kann das linear polarisierte Licht (mit $\lambda / 4$ Verzögerungsplatten) in zirkular polarisiertes Licht umgewandelt werden.

3.1.4 Diodenlaser und andere Festkörperlaser

Diodenlaser (auch Laserdiode genannt) besteht im wesentlichen aus einer Halbleiterdiode, die in Durchlaßrichtung betrieben wird. Eine Halbleiterdiode erhält man, wenn p-leitende und n-leitende Gebiete in einem Kristall aneinandergrenzen. Besonders gute Lasereigenschaften zeigen Mischkristalle, die im Verhältnis 1:1 aus 3- und 5-wertigen Elementen aufgebaut sind (III/V-Verbindungen). Das heute am meisten verwendete Grundmaterial für den Bau von Diodenlasern ist Galliumarsenid (GaAs). Der GaAs-Laser emittiert infrarotes Licht bei einer Wellenlänge von etwa 0,84 μm /438/.

Die Diodenlaser gelten wegen ihres günstigen Wirkungsgrades, ihrer mechanischen Robustheit, der geringen Abmessungen und der Vielfalt ihrer Anwendungsmöglichkeiten als vielversprechendes Laser-Material /439/.

Wegen des günstigen Wirkungsgrades könnten Hochleistungsdiodenlaser zukünftig eine interessante Alternative bei der Mikromaterialbearbeitung sein /41/. Zur Zeit sind Dauerstrichleistungen von 1 W verfügbar /42-44/. Jedoch sind Diodenlaser dieser Leistungsklasse noch sehr teuer.

Diodenlaser können weiterhin als Pumplichtquelle von Nd:YAG-Lasern eingesetzt werden. Die Vorteile gegenüber konventionellen Pumplichtquellen sind insbesondere verringerte Anforderungen an die Kühlung und der höhere Wirkungsgrad des Gesamtsystems. So sind bei mit Laserdioden gepumpten Festkörperlasern Wirkungsgrade von 6 % erreichbar (TEM_{00}-Mode), bei gleichzeitig erhöhter Lebensdauer der Pumplichtquelle. Die Lebensdauer der Laserdioden beträgt etwa das 12-fache gegenüber den normalerweise als Pumplichtquelle verwendeten Edelgas-Halogenlampen. Aufgrund des guten Wirkungsgrades verringert sich auch die thermische Belastung des Laserstabes /45-48/.

Die gute Effizienz des dioden-gepumpten Festkörperlasers beruht auf dem Emissionsspektrum der Laserdiode, das über Variation der Temperatur der Laserdiode auf das Absorptionsspektrum des Nd-Lasers eingestellt werden kann. Dagegen werden beim Pumpen mit konventionellen Lichtquellen alle Absorptionsbänder des Nd:YAG-Kristalls angesprochen, so daß sich dieser erheblich stärker erwärmt und somit intensiv gekühlt werden muß. Zur Zeit sind diodengepumpte Festkörperlaser mit Ausgangsleistungen von 0,5 W in Erprobung; Ausgangsleistungen von 10-50 W werden für möglich gehalten /44, 45/. Besonders wirkungsvoll ist das Pumpen von Slab- mit Diodenlasern /46, 47/.

Die Untersuchung neuer Lasermaterialien scheint ebenfalls vielversprechend /28, 49, 50/. Effektivitätssteigerungen um 25 % lassen sich bei Cr, Nd-GSGG-Lasern (Gadolinium-Scandium-Gallium-Granat dotiert mit Nd^{3+} - und Cr^{3+} - Ionen) beobachten /49/. Nachteilig bei diesem Material ist der extrem hohe Preis für Scandium. Deswegen sind GGG-Laser (Gadolinium-Gallium-Granat-Laser) kommerziell erfolgversprechender. Dieses Material ergibt einen hohen Wirkungsgrad, ist aber nicht hoch belastbar /21/. Das Lasermaterial Alexandrit ermöglicht ebenfalls einen hohen Wirkungsgrad, allerdings erst bei höheren Temperaturen (300-400°C).

3.2 Gaslaser

Gas als Lasermedium unterscheidet sich vom Festkörper vor allem durch die geringe Dichte der Atome oder Moleküle und die unterschiedlichen Möglichkeit, Pumpenergie zuzuführen. Aufgrund der schmalen Bandbreite des notwendigen Absorptionsspektrums und der geringen Dichte der Atome ist es nur schwer möglich, Gaslaser mit Licht zu pumpen (geringe Absorption des Lichtes im Gas). Deshalb werden Gaslaser im allgemeinen durch Gasentladung angeregt (mit Hilfe von Lichtbogen- oder Hochfrequenzanregung). Die geringere Dichte des Lasermediums führt zu ungefähr zehnfach längeren Laserkavitäten als bei Festkörperlasern gleicher mittlerer Leistung.

3.2.1 CO_2-Laser

Der Vorteil des CO_2-Lasers liegt in seinen hohen möglichen Ausgangsleistungen und seinem höheren Wirkungsgrad (ungefähr 15 %). Nachteile sind der hohe technische Aufwand für die Anregung und Kühlung des Gases und seine langwellige Strahlung ($\lambda = 10,6\ \mu m$). Sie läßt sich nicht mit herkömmlichen optischen Linsenwerkstoffen fokussieren. Deshalb werden vorwiegend Plan- und

Hohlspiegel zur Ablenkung und Fokussierung benutzt, da Linsenwerkstoffe für diese Wellenlänge (GaAs, ZnSe, KCl) empfindlich gegenüber Überlastung, Feuchtigkeit und Bruch sind /51, 51, 52/. Das Lasermedium des CO_2-Lasers besteht aus einem Gasgemisch von CO_2:N_2:He im Verhältnis 1:3:15. Die Anregung erfolgt entweder durch Gleichstrom (DC-Glimmentladung) oder Hochfrequenz (kapazitiv).

Bei HF-Anregung wird ein Abbrand der Kathoden vermieden. Außerdem werden die Stabilität der Gasentladung und die Modulierbarkeit der Laserstrahlung verbessert. Die Anregungsfrequenzen betragen etwa 20 MHz, wobei Frequenzerhöhungen bis 500 MHz weitere Vorteile erwarten lassen /53, 54/. Durch die höhere Strahlqualität bei großen Leistungen sind mit dem hochfrequenzangeregten Laser Verbesserungen der Schneid- und Schweißqualität zu beobachten /55, 56/. Die Hochfrequenzanregung ist allerdings aufwendiger und der Wirkungsgrad ist geringer /57/.

Der gleich- oder hochfrequenzangeregte CO_2-Laser wird bei Leistungen bis 100 W über die Rohrwandung durch Strahlung und Konvektion gekühlt /53, 58/. So können sogenannte Wellenleiterlaser in abgeschlossener, flüssigkeitsgekühlter Bauweise gefertigt werden /59, 60/. Zur Aufrechterhaltung der Strahlungsemission bei hohen Leistungen muß das Gemisch regeneriert werden (durch Umwälzen bei gleichzeitiger Kühlung und teilweiser Erneuerung des Gases). Die Art der Regenerierung entscheidet über die Strahlleistung des Lasers. Man unterscheidet zwischen langsam bzw. schnell längsgeströmten und schnell quergeströmten Laserbauarten. Langsam längsgeströmte Laser werden bei Leistungen bis 1kW, schnell längsgeströmte Laser bis 5 kW eingesetzt. Beide Bauarten zeichnen sich durch niedrige Modenzahl und gute Strahlqualität aus. Sie werden hauptsächlich zum Schneiden, aber auch zum Schweißen dünnwandiger Teile eingesetzt. Dabei wird für höhere Strahlleistungen der Laserstrahlengang gefaltet, um die Rückkühlmöglichkeit des auf kurzem Weg (d.h. kurze Baulänge) die Kavität durchströmenden Gases zu verbessern (bei schnell längsgeströmten Lasern werden je 400-1000 W Strahlleistung 1m Resonatorlänge benötigt).

Bei CO_2-Lasern mit hoher Ausgangsleistung (> 5 kW) werden vielfach quergeströmte Resonatoren verwendet, die allerdings nur im Multimodebetrieb arbeiten und daher eine geringere Strahlqualität aufweisen. Vorzugsweise werden diese Strahlquellen für die Oberflächenveredelung (z.B. Härten) und das Schweißen im Dickblechbereich eingesetzt /5, 62-69/. Anwendungsbeispiele sind das Schweißen von Tassenstösseln und Torsionsschwingdämpfern im Automobilbau sowie von Getriebeteilen u.v.m. /70-74/. Die Entwicklung zielt auf noch höhere CO_2-Laserstrahlleistungen bis in den Bereich von 100 kW /53, 75/.

3.2.2 CO-Laser

CO-Laser haben einen sehr hohen Wirkungsgrad (90 %) und eine Wellenlänge von 5 μm. Ein gravierender Nachteil ist die erforderliche niedrige Betriebstemperatur < 100 K, um den Laser wirkungsvoll betreiben zu können. Die notwendige Kühlung wird entweder durch flüssigen Stickstoff oder gasdynamisch erreicht. Wird die Energieaufwendung zur Kühlung in die Energiebilanz mit einbezogen, ergeben sich Wirkungsgrade ähnlich denen des CO_2-Lasers /16/. Die maximalen Ausgangsleistungen liegen zur Zeit bei etwa 1 kW /19/.

3.2.3 Excimerlaser

Der Excimerlaser ist ein gepulster Hochdruckgaslaser mit einer Wellenlänge im UV-Bereich (λ = 193 - 351 nm). Das aktive Gas des Lasers besteht aus verschiedenen Molekülarten. Das Wort "Excimer" ist eine Abkürzung für "excited dimer", was ein zweiatomiges Molekül (dimer) beschreibt, das nur im angeregten (excited) Zustand kurzfristig stabil ist. Heute wird als aktives Medium eine Gasmischung aus Edelgas (Argon, Krypton, Xenon) und Halogenen (Chlor und Fluor) verwendet, während das Puffergas aus Helium oder Neon besteht.
Zur Laserstrahlerzeugung wird das Gas durch Glimmentladung oder Röntgenstrahlung vorionisiert und der Laserpuls mittels Hochspannungsentladung zwischen zwei Elektroden erzeugt. Die Gase werden dabei ständig über einen Wärmetauscher gekühlt. Die Merkmale des Excimerlasers sind /76/:

- Pulse mit Längen von einigen 10 ns und Wiederholraten bis 1000 Hz
- aufgrund der kurzwelligen Strahlung gute Absorption bei Metallen und sehr gute Absorption bei Polymeren
- rechteckiger Strahlquerschnitt
- Pulsenergie bis 4 J pro Puls und mögliche Leistungsdichten bis 10^{10} W / cm^2

Aufgrund dieser Eigenschaften wird der Excimerlaser hauptsächlich zum Schneiden oder Abtragen benutzt. Insbesondere an Polymeren findet bei dieser Wellenlänge eine überwiegend photochemische Abtragung mit geringer thermischer Einwirkung auf das Material statt. Die Bindungen zwischen den Atomen werden dabei direkt aufgebrochen und die Energiezufuhr geschieht nicht wie bei längeren Wellenlängen durch die Umwandlung der Photonenenergie in Wärme /77/.

Aber auch andere Materialien wie Metall und Keramik können gut bearbeitet werden /77-79/. Hier ist der Abtragprozeß allerdings hauptsächlich thermischer Natur, wobei jedoch wegen der hohen Pulsleistung und Leistungsdichte die thermische Beeinflussung des Grundwerkstoffes ebenfalls gering ist. Insbesondere bei keramischen Materialien ist ein Schneiden ohne Mikrorisse möglich. Bei Folien aus amorphen Metallen erfolgt das Schneiden ohne Rekristallisation an der Schnittfuge /77, 80-82/.

4 Einsatz des Lasers zum Schweißen

In der Laserschweißtechnik finden überwiegend CO_2- und Nd:YAG-Laser Verwendung /83-85/. Festkörperlaser wurden bisher hauptsächlich im Bereich der Feinwerk- und Elektrotechnik verwendet. Da sich der Nd:YAG-Laser sehr gut für den Pulsbetrieb eignet und metallische Werkstoffe den Strahl vergleichsweise gut absorbieren, wird er zum Herstellen feiner Punktschweißverbindungen in der Feinwerk- und Elektrotechnik bevorzugt /86-108/. Zum Nahtschweißen im Maschinen- und Fahrzeugbau werden bisher hauptsächlich CO_2-Laser verwendet, da die mittleren Leistungen des Festkörperlasers hierfür zu gering waren. Mit der Entwicklung leistungsstarker Nd:YAG-Laser werden diese jedoch nunmehr auch hier zunehmenden Einsatz finden.

4.1 Verfahrensmerkmale des Schweißens mit Festkörperlasern

Verfahrensmerkmale des Laserschweißens mit Nd:YAG-Lasern bzw. Nd-Glas-Lasern sind in Tabelle 1 dargestellt /19, 109, 110/. Die hauptsächlichen Vorteile bestehen in der guten Fokussierbarkeit, der relativ guten Strahlabsorption bei Metallen und der berührungslosen Arbeitsweise. Bei Schweißnähten des konventionellen Maschinenbaus bieten Hochleistungs-Nd-Laser gegenüber den bisher hauptsächlich eingesetzten CO_2-Lasern Vorzüge durch die geringe Abschirmwirkung des entstehenden Plasmas (besonders beim Schweißen mit Argon als inertem Schutzgas) und durch die bessere Absorption der Laserstrahlenergie /111/ und die Möglichkeit der Strahlführung über flexible Glasfaserkabel.

Andererseits kommt es auch zu Problemen beim Schweißen hinsichtlich /112/:

- der genauen Kontrolle der eingebrachten Energie (z.B. beim Schweißen von dünnen Folien),
- der Anwesenheit eventueller Oxidschichten, wodurch infolge erhöhter Absorption erhöhte Energie an der Schweißstelle eingekoppelt wird,

Tabelle 1: Vorteile des Schweißens mit Nd-Lasern /19, 83, 112, 113/

Werkstoffbezogen

Vorteile	Nachteile
-kleine Erwärmungszone, schmale Wärmeeinflußzone -Unterdrückung oder Reduzierung von Mikrorissen -infolge der hohen Leistungsdichte auch hochschmelzende Metalle schweißbar -kaum Grobkornbildung/Seigerungen durch rasche Abkühlung -auch schwierig schweißbare Materialkombinationen können geschweißt werden (z.B. ungleiche Metalle) -glatte Nahtoberfläche (meist keine Nachbearbeitung erforderlich) -hochreaktive und sehr reine Werkstoffe sind schweißbar (unter Schutzgas oder Vakuum) -Herabgesetzte chemische Veränderungen (z.B. Abbrand von Legierungselementen, Oberflächenoxidation)	-starke Aufhärtung bei abschreckhärtbaren Stählen -starker Einfluß des Oberflächenzustandes -Porenanfälligkeit bei gashaltigen Werkstoffen durch schnelle Erstarrung (z.B. sauerstoffhaltiges Kupfer, unberuhigter Stahl) -selektive Ausdampfung von Legierungselementen mit geringem Siedepunkt, z.B. der Zinkkomponente bei Messing

Konstruktionsbezogen

Vorteile	Nachteile
-kaum mechanische Deformation (nur geringe Spannkräfte, geringer Wärmeverzug) -hohe Festigkeit (oft bis zur Festigkeit des Grundwerkstoffes) -genau steuerbare und reproduzierbare Einschweißtiefe -elektrisch leitende Verbindungen von Metallen -vakuumdichte Schweißnähte erzielbar -schmale Schweißnähte bzw. kleine Schweißpunkte -minimaler Verzug (Möglichkeit des Fügens fertigbearbeiteter Präzisionsteile) -geringe Wärmeeinbringung ermöglicht Schweißungen an wärmeempfindlichen Bauteilen (z.B in der Nähe von Halbleitern oder elektronischen Baugruppen), -Schweißmöglichkeit durch transparente Werkstoffe hindurch (z.B. Schweißen innerhalb von Glasbehältern)	-begrenzte schweißbare Blechdicke (abhängig von Laserleistung und Werkstoff) -Wärmeentstehung an beaufschlagter Werkstückoberfläche (nicht im Werkstückinnern wie z.B. beim Widerstandsschweißen) -Für Überlappverbindungen weniger geeignet, insbesondere an verzinkten Stahlblechen

- der Anordnung der Fügeteile mit minimalen Spalttoleranzen,

- Härtbarkeit oder metallurgische Unverträglichkeit der Fügeteilwerkstoffe,

- ausreichender Schweißtiefe bei dickeren Fügeteilen (durch die Entwicklung von Hochleistungs-Festkörperlasern wird diese Beschränkung in zunehmendem Maße aufgehoben).

Tabelle 1 (Fortsetzung): Vorteile des Schweißens mit Nd-Lasern

Fertigungsbezogen

Vorteile	Nachteile
-eingebrachte Energien genau reproduzierbar -kein Werkzeugverschleiß durch berührungsloses Schweißen -gute Zugänglichkeit durch großen Arbeitsabstand bzw. über große Distanz (Faserkabel) und an schlecht zugänglichen Stellen -Arbeiten bei Normaldruck (kein Vakuum wie beim Elektronenstrahlschweißen) -Arbeiten in definierter Atmosphäre (Luft, Schutzgas) je nach Anforderungen (z.B. Werkstoff) -durch bewegte Optik bzw. Faserkabel, flexible Strahlführung und schnelle Strahlführung möglich -Versorgung mehrerer Arbeitsplätze über einen Multiplexer mit Faseroptik möglich (Time-Sharing-Betrieb) -zu fügende Teile nur mit geringer Kraft einzuspannen -kurze Erwärmungs- und Abkühlzeiten ermöglichen kurze Taktzeiten -geringe oder keine Verunreinigung der Umgebung durch Schweißspritzer	-hoher apperativer Aufwand -präzise Nahtvorbereitung erforderlich -genaue Spannvorrichtungen -exakte Werkstückpositionierungen und Vorschubbewegung (Bahnschweißen) erforderlich -besondere Unfallverhütungsvorschriften einzuhalten (Strahlenschutz)

4.2 Vergleich des Laserschweißens mit alternativen Fügeverfahren

Da das Schweißen mit Festkörperlasern hauptsächlich bei dünneren Fügeteilen eingesetzt wird, werden im folgenden besonders die dafür ebenfalls geeigneten Schweiß-, Löt- und Klebverfahren behandelt.

4.2.1 Laserschweißen im Vergleich mit anderen Schweißverfahren

4.2.1.1 Widerstandsschweißen

Beim Widerstandsschweißen werden die zu verschweißenden Teile durch Kontaktierung mit Elektroden in einen elektrischen Stromkreis gelegt. Aufgrund des elektrischen Widerstandes der zu verschweißenden Teile sowie des Übergangswiderstandes zwischen den Fügeteilen werden die Fügepartner an der Schweißstelle erhitzt. Gleichzeitig pressen die Elektroden die Fügepartner an der Schweißstelle zusammen, so daß eine stoffschlüssige Verbindung des zumindest

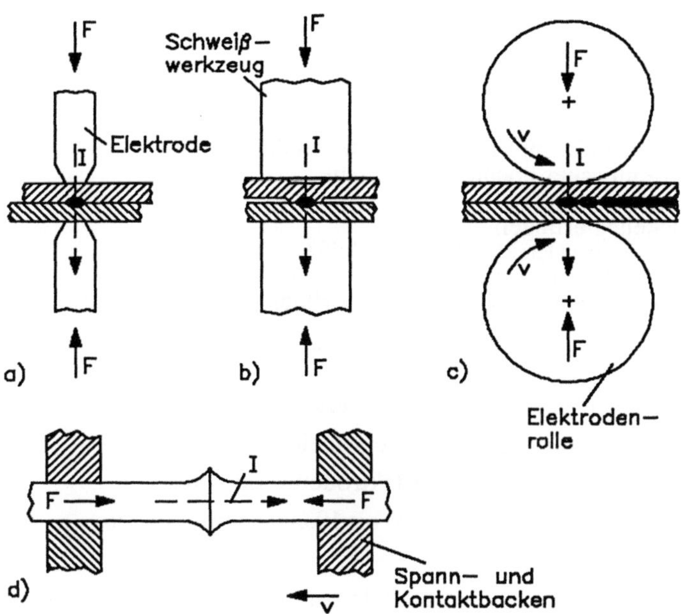

Bild 15: a) Punkt-, b) Buckel-, c) Rollennaht-, d) Preßstumpf-Widerstands-
schweißen F = Elektroden- bzw. Stauchkraft, I = Schweißstrom,
v = Geschwindigkeit

teigigen, meist jedoch schmelzflüssigen Schweißbereiches herbeigeführt wird.
Unterschieden wird zwischen Punkt-, Buckel-, Rollennaht- und Preßstumpf-
schweißen (Bild 15).

Punkt-, Buckel- und Nahtschweißen sind für Überlappschweißverbindungen
gut geeignet, da die Wärme im Werkstückinnern, d.h. unmittelbar an der
Schweißstelle, erzeugt wird. Demgegenüber wird bei anderen
Schmelzschweißverfahren (Plasma-, Laser-, Elektronenstrahlschweißen) die
Wärme an der Werkstückoberfläche zugeführt und somit erfolgt die Erwärmung
der Schweißstelle durch die relativ träge Wärmeausbreitung.

Hauptanwendungen sind das Schweißen von Metallbändern auf dünne Bleche,
dünner Bleche miteinander, von Drähten und Drahtblechverbindungen /115, 116/.
Die Schweißeignung verschiedener Metalle und Legierungen zeigt Tabelle 2.

Trotz dieser Vorteile wird das Widerstandsschweißen zunehmend durch das
Laserschweißen ersetzt, insbesondere wenn der Elektrodenverschleiß zu groß, die
Schweißstelle für Elektroden schlecht zugänglich oder die Deformation am
Werkstück zu stark sind.

Tabelle 2: Schweißeignung von Metallen und Legierungen beim Widerstandsschweißen

Schweißeignung	Werkstoff
sehr gut	kohlenstoffarmer niedriglegierter Stahl austenitischer hochlegierter Stahl Titanwerkstoffe
gut	Nickellegierungen
eingeschränkt	Aluminium (Elektrodenverschleiß) Kupfer (hoher Strombedarf)
schlecht bzw. keine	Werkstoffe mit isolierenden Oberflächenbeschichtungen, Grauguß

Vorteile des Laserschweißens gegenüber dem Widerstandsschweißen:
- berührungslos, deshalb kein Elektrodenverschleiß- und keine War-
  tungsprobleme durch Anlegieren des Elektrodenwerkstoffes
  (Elektrodenflächen sind nach etwa 1.000 bis 10.000 Schweißungen
  nachzuarbeiten),
- keine Verformung (Elektrodeneindruck) der zu fügenden Teile, da beim
  Schweißen keine Anpreßkraft aufgebracht werden muß /117/,
- höhere Schweißfolge möglich, da keine Elektroden bewegt werden müssen,
- bessere Zugänglichkeit der Schweißstelle (zum Widerstandsschweißen wird
  Raum für die Elektrodenzuführung gebraucht),
- keine elektrische Leitfähigkeit der Schweißpartner erforderlich.

Nachteile des Laserschweißens gegenüber dem Widerstandsschweißen:
- hohe Investitionskosten,
- Schweißteilfixierung erforderlich (beim Widerstandsschweißen ist die
  gegenseitige Fixierung der Fügepartner durch die Anpreßkraft der
  Elektroden gegeben),
- Auf Schutzgas kann beim Widerstandsschweißen häufiger verzichtet werden
  (die innige Berührung der Teile verhindert den Luftzutritt),
- benachbarte Kunststoffteile können durch die über der Schmelze
  entstehende Plasmafackel oder reflektiertes Laserlicht geschädigt werden
  /11/.

Gemeinsamkeiten beider Verfahren:
- gute Automatisierbarkeit,
- örtlich eng begrenzte Wärmebeeinflussung und dadurch die
  Durchführbarkeit von Schweißungen in unmittelbarer Nähe von
  wärmeempfindlichen Bauteilen.

Es ist auch ein Laserschweißprozeß entwickelt worden, der eine dem Wider-
standspunktschweißen entsprechende Punktgröße ermöglicht /118/. Der

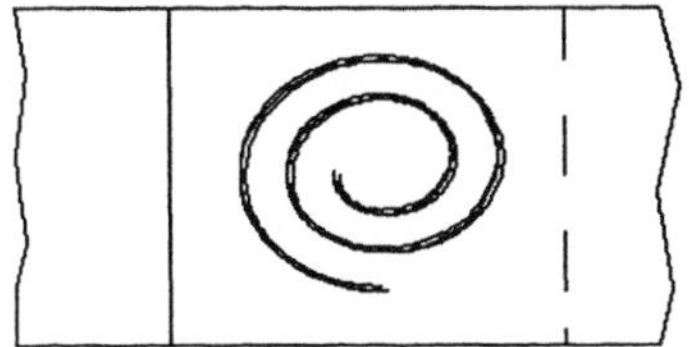

Bild 16: Spiralförmige Ausführung
der Schweißstelle /118, 119/

Schweißpunkt entsteht hier aus einer spiralförmigen Führung des Laserstrahles auf der Werkstücksoberfläche (Bild 16). Die Festigkeit der Schweißverbindung ist dabei mit der des Widerstandspunktschweißens vergleichbar. Vorteile sind jedoch die optische Beurteilungsmöglichkeit der Schweißung, die relative Unabhängigkeit von nichtleitenden Schichten zwischen den Blechen und die kleinere Krafteinwirkung (nur Spannkräfte).

4.2.1.2 Ultraschallschweißen

Mit dem Ultraschallschweißen können Metalle und thermoplastische Kunststoffe geschweißt werden. Die Energie wird in Form von hochfrequenten Schwingungen (15-60 kHz) der Schweißstelle zugeführt. Beim Schweißen werden die Fügepartner zusammengedrückt und ohne Zusatzwerkstoff verschweißt. Die eigentliche Schweißzone ist sehr schmal und die beim Prozeß entstehende Erwärmung bleibt weitgehend auf die Verbindungsstelle beschränkt. Der Schwingungsvektor liegt beim Schweißen von Metallen parallell zur Fügefläche und bei Kunststoffen senkrecht dazu (Bild 17).

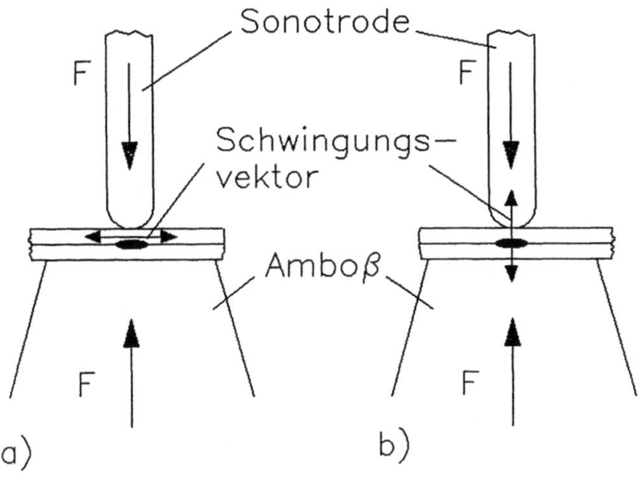

Bild 17: Prinzip des Ultraschallschweißens a) Metall, b) Kunststoff

a) Ultraschallschweißen von Metallen

Das Ultraschallschweißen arbeitet ohne äußere Wärmezufuhr. Durch Druck und Reibungswärme wird eine Annäherung der Oberflächen bis in die Nähe des Atomabstands herbeigeführt und damit eine Verschweißung im festen Zustand zwischen den zu fügenden Teilen hergestellt. Die Annäherung erfolgt hauptsächlich durch Verformung der Oberflächen. Je nach Wahl der Parameter (Anpreßdruck, Ultraschalleistung, Schweißzeit) entsteht auch eine Erwärmung der Fügepartner. Eine vollständige Schweißung wird unabhängig von der Frequenz nach etwa 2.000-5.000 Schwingungszyklen erreicht /120/.

Werkstücke für das Ultraschallschweißen sollen möglichst eine metallisch blanke Oberfläche haben. Die Annäherung der Metalle auf den atomaren Abstand wird durch Oxidschichten kaum behindert, da diese weitestgehend mechanisch zerstört werden und sich als kleine Oxidpartikel in das Schweißgefüge einlagern. So ist Aluminium trotz seiner Oxidschicht sehr gut zum Ultraschallschweißen geeignet.

Abmessungen, bei denen Resonanz mit der Ultraschallschwingung auftreten können, sind zu vermeiden, da hier die Gefahr der Zerstörung des Werkstückes besteht. Wegen der erforderlichen Verformung zur Annäherung auf atomaren Abstand muß mindestens einer der Fügepartner ausreichend verformbar sein. Es werden auch Metallschichten auf Nichtmetalle aufgebracht (vorzugsweise in der Elektronik). Bei ungleichen Metallpaarungen kann die Bildung von intermetallischen Zwischenschichten weitestgehend vermieden werden. Als Schweißhilfen werden Zwischenfolien verwendet. Die Schweißeignung verschiedener Werkstoffe zeigt Tabelle 3.

Ultraschallschweißverfahren werden nach den erzeugten Nahtformen unterschieden. Beim Ultraschallpunktschweißen wird die Energie nur lokal und auf einer kleinen Fläche ohne Vorschubbewegung eingebracht. Ultraschallpunktschweißen wird z.B. beim Kontaktieren von Drähten an flächenhafte Systemträger verwendet. Zum Herstellen von ringförmigen Schweißverbindungen wird das Ultraschallringschweißen eingesetzt, wobei die Schweißnaht durch kreisförmiges Schwingen der Werkstücke gegeneinander hergestellt wird. Bei der Ultraschall-Strichschweißung wird durch eine längliche Sonotrode eine strichförmige Schweißung erzeugt. Nahtschweißen mit Ultraschall dient zum linienförmigen Verbinden mit sich drehenden kreisscheibenförmigen Sonotroden /121/.

Die Vorteile des Laserschweißens gegenüber dem Ultraschallschweißen sind:
    - vielfältigere Metalle schweißbar,
    - kein Werkzeugverschleiß und keine Ankopplungsprobleme,

Tabelle 3: Schweißeignung verschiedener Metalle zum Ultraschallschweißen

Schweißeignung	Werkstoffe
sehr gut	Aluminium
gut	Kupfer, Gold
eingeschränkt	Stahl, Eisen- und Nickelwerkstoffe
schlecht oder keine	Wolfram, Molybdän, Tantal, Grauguß

- kein Oberflächeneindruck,

- höhere Schweißgeschwindigkeiten, schnellere Positionierung.

Nachteilig sind:

- die höhere Schweißtemperatur,

- aufwendigeres Spannen und Positionieren,

- die weniger günstige Schweißeignung für Al und Cu.

Ultraschallschweißen kann vorteilhaft durch das Laserschweißen ersetzt werden, wenn Werkstücke mit kompliziert verlaufenden Schweißnähten gefügt werden sollen.

Schwierigkeiten können sich beim Laserschweißen von dünnen Folien ergeben, da hier die Energieeinbringung genau dosiert werden muß und eine gewisse Anpreßkraft zur Fixierung der Folien erforderlich ist. Deshalb ist für diesen Anwendungsfall das Ultraschallschweißen oft besser geeignet /122/. Stumpfstöße sind mit dem Ultraschallverfahren nur schlecht ausführbar.

b) Ultraschallschweißen von Kunststoffen

Grundsätzlich lassen sich die thermoplastische Kunststoffe verschweißen. Beim Ultraschallschweißen wird hochfrequente (meist 20 kHz) mechanische Energie in das Werkstückteil geleitet, die an der Stoßstelle zum anderen Werkstückteil Wärme erzeugt. Diese führt zum Anschmelzen der Fügeflächen und somit zur Schweißverbindung.

Die Leitfähigkeit für die Ultraschallenergie ist unterschiedlich. Man unterscheidet daher "near field"- und "far field"-Schweißungen. Schlecht leitende Kunststoffe können nur in einem Dickenbereich von max. 5-6 mm verschweißt werden - man spricht von "near field"-Schweißung. Darüberhinaus spricht man von "far field"-Schweißungen /121/.

Die Schweißeignung verschiedener Kunststoffen zeigt Tabelle 4 /121/.

Beim Ultraschallschweißen ist der Verbindungsquerschnitt durch die maximal mögliche Größe der Ultraschallsonotroden eingeschränkt. Außerdem muß die Sonotrode der Bauteilform angepaßt werden, so daß bei Änderung der

Tabelle 4: Schweißeignung verschiedener Kunststoffen zum Ultraschallschweißen

Schweißeignung	Nahfeld-Schweißung	Fernfeld-Schweißung
sehr gut	ABS, SAN, PC, PMMA, PS	PS
gut	PA, PE, POM, PP, PPO, PVC	ABS, SAN, PC, PMMA, POM
bedingt	CA	CA, PA, PE, PPO, PVC
nicht		PP

ABS: Acrylnitril-Butadien-Styrol, SAN: Styrol-Acrylnitril, CA: Celluloseacetat,

PA: Polyamid, PC: Polycarbonat, PE: Polyethylen, PMMA: Polymethylmethacrylat,

POM: Polyacetalharz, PP: Polypropylen, PPO: Polyphenylenoxid, PS: Polystyrol,

PVC: Polyvinylchlorid

Bauteilgeometrie die Werkzeuge ausgetauscht oder nachgearbeitet werden müssen. Komplizierte dreidimensionale Fügegeometrie sind nur schwerig ausführbar.

Demgegenüber bietet die Lasertechnik beim Schweißen größere Freiheiten. Eine CNC-Strahlführung ermöglicht Flexibilität bei unterschiedlichen Schweißnahtgeometrieen und erlaubt es, dreidimensionale Schweißnähte herzustellen. Beim Schweißen müssen die Bearbeitungsparameter so an die Materialeigenschaften angepaßt sein, daß die thermische Zerstörung des Kunststoffs vermieden wird /437/.

Der industriellen Anwendung der Laserstrahlung zum Schweißen von Kunststoffen stehen jedoch wesentliche Probleme im Wege /437/ :

- geringe Schweißtiefe durch Beschränkung der Wärmeentstehung auf den bestrahlten Oberflächenbereich,
- starke Abhängigkeit des Absorptionsverhaltens von Kunststoffen von Wellenlänge und Intensität der Laserstrahlung sowie der Temperatur des Materials,
- Veränderung der Materialzusammensetzung in der Schmelze,
- die notwendige präzise Abstimmung der Bearbeitungsparameter zur Vermeidung einer thermischen Zersetzung,
- der starke Einfluß von Füll- oder Farbstoffen auf das Bearbeitungsergebnis,
- der starke Einfluß von Intensität und Temperaturhaltezeit auf den Fügeprozeß.

4.2.1.3 Thermokompressionsschweißen

Beim Thermokompressionsschweißen werden die Oberflächen durch Verformung auf den atomaren Abstand angenähert. Zur besseren Verformbarkeit werden dabei die Werkstoffe erwärmt. Bei diesem Verfahren ist auf eine besonders reine Oberfläche zu achten, da Oxidschichten weniger als beim Ultraschallschweißen zerstört werden.

Thermokompressionsschweißbare Werkstoffe dürfen nur eine geringe Affinität zu Sauerstoff haben (auch bei erhöhten Temperaturen) und müssen gut verformbar sein. Diese Forderungen werden am besten von Gold erfüllt. Unter Schutzgas oder Vakuum lassen sich noch einige weitere Werkstoffe verbinden (allerdings sind dann meist wirtschaftlich günstigere Alternativen vorhanden /121, 123/).

Vorwiegend werden Golddrähte mit einem Durchmesser zwischen 12 μm und 100 μm verschweißt. Die Bondtemperatur beträgt dabei 280 - 350 °C. Ein Beispiel für das Thermokompressionsschweißen ist das Ball-Wedge-Bonden von Drähten (Bild 18). Der Draht wird durch eine erwärmte Kapillardüse zugeführt und das Ende des Drahtes mit einer Wasserstoffflamme oder Gasentladung (Funken) zu einer Kugel aufgeschmolzen. Durch Anpressen der Kugel auf den Fügepartner (meist ein metallisiertes Halbleiterbauelement) erfolgt die erste Schweißung. Bei der 2. Schweißung preßt der Rand der Kapillare den Draht auf die Verbindungsstelle.

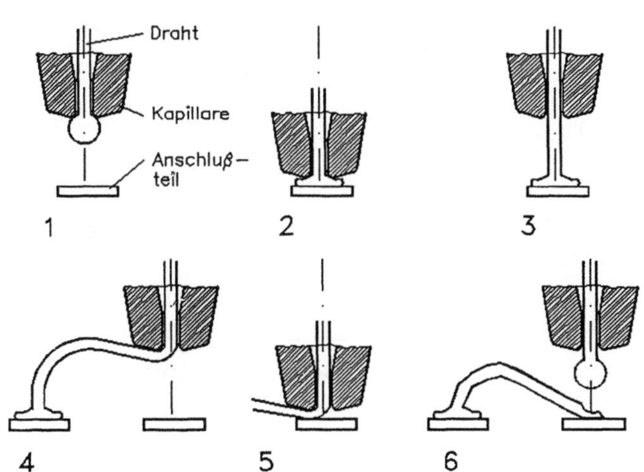

Bild 18: Ball-Wedge-Bonden
1 Ausgangslage, 2 Kugel aufschweißen, 3 Kapillare abheben, 4 Verfahren der Kapillare für 2. Schweißung, 5 Zweite Schweißung, 6 Trennen und neue Kugel anschmelzen

Die Vorteile des Lasers gegenüber dem Thermokompressionsschweißen liegen in der Vermeidung einer Drahtverformung und eines Werkzeugverschleißes. Beim Drahtkontaktieren sind auch beim Laser mechanische Bewegungen erforderlich, so daß die Positionierung des Laserstrahles nicht wesentlich schneller ist. Demgegenüber kann das Kontaktieren der Anschlußbändchen von vielpoligen Bauteilen durch Einsatz des Lasers anstelle des Thermokompressions-Keilschweißens aufgrund der schnelleren Positionierung vorteilhaft sein /124/.

Nachteil des Laserschweißens ist die höhere erforderliche Schweißtemperatur, so daß z.B. bei wärmeempfindlichen Halbleitern eine größere Überhitzungsgefahr gegeben ist.

4.2.1.4 Wolfram-Inertgas-Schweißen(WIG)

Beim Wolfram-Inertgas-Schweißen brennt der Lichtbogen zwischen einer nicht abschmelzenden Wolframelektrode und dem Werkstück. Das Zünden des Lichtbogens erfolgt mittels Hochfrequenz. Die verwendeten Schutzgase sind überwiegend inerte Gase (Argon oder Helium oder ihre Gemische), seltener auch Gemische aus Argon mit Wasserstoff.

Das WIG-Schweißen zeichnet sich durch einen ruhigen und gut kontrollierbaren Lichtbogen aus, mit dem sich auch Bauteile dünneren Querschnitts gut schweißen lassen. Die Temperaturen auf der Lichtbogenachse betragen 5000 °C bis 12000 °C /125/. Die Aufrechterhaltung des WIG-Lichtbogens erfordert zu kleinen Strömen hin zunehmend kleinere Elektrodenabstände. Wegen der starken Aufweitung des freibrennenden WIG-Lichtbogens von der Elektrode zum Werkstück hin (30 bis 45° Divergenz) führen Änderungen der Bogenlänge zu stark unterschiedlicher Wärmewirkung. Außerdem ist mit abnehmender Stromstärke eine zunehmende Neigung des Lichtbogens zum regellosen Auswandern des werkstückseitigen Brennfleckes festzustellen. Daher ist die Anwendung des WIG- Lichtbogens auf Stromstärken > 1 A beschränkt. Die maximal erreichbaren Leistungsdichten bei mittleren Leistungen um 2 kW und Fußpunktdurchmessern um 2 mm betragen rund 5×10^4 W / cm^2. Beim WIG-Schweißen wird die Energie des Lichtbogens im wesentlichen an der Werkstückoberfläche abgegeben. Der weitere Wärmetransport ins Werkstückinnere vollzieht sich nach allen Seiten gleichmäßig durch Wärmeleitung. Daher hat die Schmelzzone eine annähernde Halbkugelform (Bild 19). Die hohe Wärmezufuhr führt zu einer ausgedehnten wärmebeeinflußten Zone und starken Formabweichungen infolge Nahtschrumpfung /126/.

Als Schutzgas wird Argon von mindestens 99,99 % Reinheit bevorzugt. Zumischungen von bis zu 35 % He können infolge höherer Lichtbogenleistung

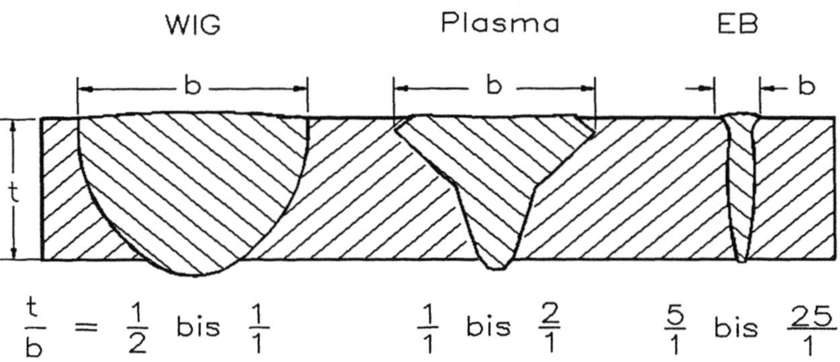

$$\frac{t}{b} = \frac{1}{2} \text{ bis } \frac{1}{1} \qquad \frac{1}{1} \text{ bis } \frac{2}{1} \qquad \frac{5}{1} \text{ bis } \frac{25}{1}$$

Bild 19: Schmelzzonenformen der verschiedenen Schweißverfahren /127/

mit Vorteil zum Schweißen von Aluminium- und Kupferwerkstoffen eingesetzt werden (Bild 20). Für das Schweißen hochchromhaltiger Stähle und Nickellegierungen sind Argon-Wasserstoff-Gemische mit 5 bis 7 % H_2 vorteilhaft. Zum Schweißen reaktiver Metalle wird Reinstargon (> 99,996 %) verwendet.

Mit dem WIG-Schweißen lassen sich Blechdicken von > 0,2 mm im I-Stoß ohne Werkstoffzusatz verschweißen. Häufig sind in der Feinwerktechnik Bördel-nähte (z.B. zum Verbinden von Hülsen mit eingepreßten Endkappen) am Schweißstoß anzustreben, um ein gleichzeitiges Aufschmelzen der Teile sicherzu-stellen /128, 129/. Bei Blechdicken > 3mm ist in der Regel ein mehrlagiges Schweißen erforderlich.

Durch WIG-Schweißen können niedrig- und hochlegierte Stähle, Kupfer-, Nickel- und Aluminiumwerkstoffe sowie zahlreiche Sondermetalle wie Titan, Zirkon, Molybdän und Tantal geschweißt werden. Bei niedriglegierten Stählen besteht allerdings eine Neigung zur Porenbildung. Abschreckhärtende Stähle neigen wegen der vergleichsweise langsamen Abkühlung nur bei höherem Kohlenstoff- bzw. Legierungselementgehalten zur Aufhärtung. Bei Aluminium ist anstelle des üblichen Gleichstroms mit negativer Elektrode Wechselstrom anzuwenden (besonders günstig ist rechteckförmiger Wechselstrom).

Die relativ langzeitige Werkstückerwärmung wirkt sich bei Werkstoffen mit Neigung zur Grobkornbildung, wie z.B. Kupfer oder Molybdän, nachteilig auf die Verformungsfähigkeit der Verbindungen aus. Auch zahlreiche Werkstoffkombinationen, z.B. niedriglegierter mit hochlegiertem Stahl, Stahl mit Kupfer, Kupfer mit Nickel usw. lassen sich WIG-schweißen.

Die Vorteile des WIG-Schweißens gegenüber dem Laserschweißen sind geringere Investitionskosten und bessere Möglichkeiten der Spaltüberbrückung. Dagegen liegen die Vorteile des Laserschweißens gegenüber dem WIG-

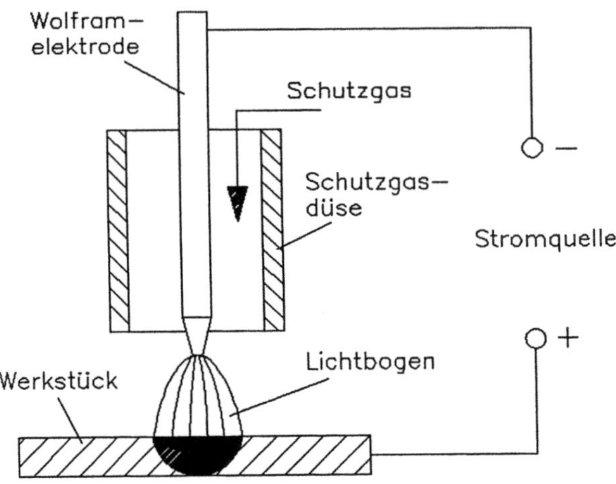

Bild 20: Schema eines WIG-Schweißbrenners

Schweißen in schmaleren Nähten, geringerem Verzug, höheren Schweißgeschwindigkeiten und besserer Zugänglichkeit.

4.2.1.5 Plasmaschweißen

Der grundsätzliche Unterschied zum WIG-Schweißen besteht darin, daß der Lichtbogen zwischen der Wolframelektrode und dem Werkstück durch eine wassergekühlte Kupferdüse eingeschnürt wird (Bild 21). Daher erreicht der Plasmabogen höhere Temperaturen (bis ca. 20 000 °C auf der Bogenachse) und höhere Leistungsdichten bei geringerer Strahldivergenz im Vergleich zum WIG-Lichtbogen. Er bleibt aufgrund seines höheren Ionisationsgrades noch bei Stromstärken unter 0,1 A stabil. Der energiearme Hilfslichtbogen zwischen Elektrode (Kathode) und Düse (Anode) sorgt durch Vorionisation der Hauptlichtbogenstrecke für hohe Zündsicherheit des Hauptlichtbogens zwischen Elektrode und Werkstück.

Infolge geringer Divergenz (rund 5° bis 10°) ist die anwendbare Bogenlänge bei gleicher Stromstärke ca. fünffach größer als beim WIG-Verfahren /130/. Durch die Einschnürung tritt gleichzeitig eine starke Beschleunigung des Plasmagases in Richtung zum Werkstück auf, wodurch eine Druckkraft auf das Schmelzbad ausgeübt wird. Beim Plasmabogen ergeben sich bei gleichen Stromstärken nur etwa halb so große Fußpunktdurchmesser wie beim WIG-Schweißen. Da wegen der höheren Bogenlänge die Lichtbogenspannungen annähernd verdoppelt sind, liegen die maximalen Leistungsdichten bei $5 \cdot 10^5$ W / cm².

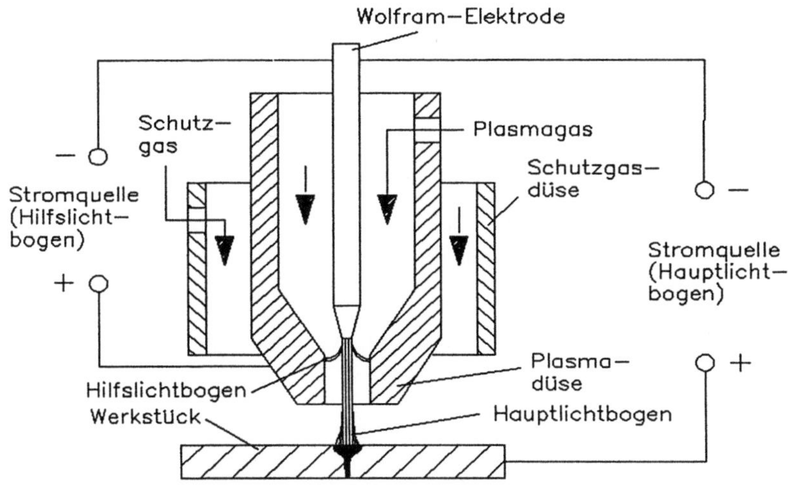

Bild 21: Plasmaschweißbrenner

Bei den geringeren Strömen und Plasmagasdurchsätzen beim Mikroplasmaschweißen (< 100 A $, < 1,0$ l/min) ist der Druck des Plasmabogens so gering, daß sich eine flache Mulde im Schmelzbad bildet. Die entstehenden Nähte haben daher ähnlich dem WIG-Schweißen eine annähernd halbkreisförmige Gestalt. Demgegenüber führen höhere Ströme und Plasmagasdurchsätze zur Ausbildung einer Schmelzöse, und damit zu einer schmalen und tiefen Schweißnaht im Blechdickenbereich von 2,5 bis 8 mm (Plasma-Stichlochschweißen), Bild 19.

Als Plasmagas wird dabei meistens das vergleichsweise gut ionisierbare Argon bevorzugt. Für das zusätzlich durch einen äußeren Düsenring zugeführte Schutzgas sind Gase höherer Ionisierungsenergie bzw. besserer Wärmeleitfähigkeit geeignet, um eine zusätzliche Einschnürung des Plasmabogens zu erzielen. Für austenitische Cr-Ni-Stähle und Ni-Legierungen bevorzugt man Argon-Wasserstoffgemische mit 5-10 % H_2, für wasserstoffempfindliche Werkstoffe, z.B. hochfeste niedriglegierte Stähle, Aluminium, Titan, Molybdän und Tantal, Argon-Helium-Gemische mit etwa 35 % He /131/.

Mit dem Plasmaschweißen können niedrig- und hochlegierte Stähle im Blechdickenbereich zwischen 0,1 bis 8 mm als I-Stoß verschweißt werden /132/. Gut schweißgeeignet sind Chrom-Nickel-Stähle, sauerstofffreies Kupfer, Kupferlegierungen ohne bzw. mit wenig Zink und Nickel-, Titan- und Zirkonwerkstoffe. Bei niedriglegierten Stählen, insbesondere unberuhigten

Massenbaustählen, besteht eine Neigung zur Porenbildung, der durch Zugabe gasabbindender Zusatzwerkstoffe begegnet werden kann. Aluminiumwerkstoffe, die eine hochschmelzende Oxidschicht an der Oberfläche bilden, erfordern eine Umpolung, da bei negativem Werkstück die Oxidschicht zerstört wird (sog. kathodische Reinigung). Wegen der hohen thermischen Elektrodenbelastung sind spezielle Plasmabrenner erforderlich.

Die Vorteile des Plasmaschweißens gegenüber dem WIG-Schweißen sind:

- größerer Brennerabstand,
- geringerer Einfluß von Abstandsänderungen durch die geringe Divergenz
  des Plasmalichtbogens,
- geringerer Wärmeverzug,
- höhere Schweißgeschwindigkeit.

Nachteilig sind die engere Toleranz des Stoßes, der größere Brenner und die höheren Kosten.

Das Laserschweißen hat gegenüber dem Plasmaschweißen den Vorteil geringeren Wärmeverzuges, schmalerer Schweißnähte und besserer Zugänglichkeit. Nachteilig sind höhere Führungsgenauigkeit und die höheren Investitionskosten.

4.2.1.6 Elektronenstrahlschweißen

Die Erzeugung von Elektronenstrahlen ist an Hochvakuum gebunden. Die Elektronen werden durch eine Glühkathode freigesetzt und durch ein Hochspannungsfeld (30...150 kV) beschleunigt (Bild 22). Eine gegenüber der Kathode auf veränderlichem negativen Potential liegende trichterförmige Wehneltelektrode dient gleichzeitig der Vorbündelung und Stromsteuerung des Strahles. Durch eine Elektromagnetlinse wird der Strahl auf Höhe des Werkstückes fokussiert. Durch Ablenkspulen kann der Strahl abgelenkt oder oszillierend bewegt werden.

Der Strahl hat eine lange schlanke Gestalt, im engsten Strahlquerschnitt beträgt der Durchmesser 0,1 bis 1 mm. Eine hohe Leistungsdichte im Strahlfokus von etwa 10^8 W/cm^2 kann auch bei großem Arbeitsabstand von der Kanone erreicht werden.

Im Gegensatz zum Lichtbogen entsteht die Wärmeentwicklung erst beim Auftreffen des Strahles auf das Werkstück durch Umwandlung der kinetischen Elektronenenergie in Schwingungsbewegungen der Atome. Ein Bruchteil der Elektronenenergie von weniger als 1 % wird dabei in Röntgenstrahlung umgewandelt, weshalb die Vakuumkammer zur Werkstückaufnahme mit Bleiverkleidungen zum Schutz des Bedienungspersonals vor Röntgenstrahlung versehen wird.

Der mit hoher Leistungsdichte auf das Werkstück treffende Elektronenstrahl bewirkt eine intensive Materialverdampfung. Im Bereich des Strahlkernes bildet sich eine tief in den Werkstoff reichende Metalldampfkapillare, die von einem Mantel geschmolzenen Materials umgeben ist. Durch diesen sogenannten Tiefschweißeffekt vollzieht sich die Energieumsetzung annähernd gleichmäßig über die Blechdicke, und es entsteht eine extrem schmale, nagelförmige Schmelzzone mit einem Tiefe-zu-Breite-Verhältnis bis 20:1 (Bild 19).

Die Elektronenstrahlerzeugung ist an Hochvakuum gebunden. Werden Kanone und Werkstückkammer nur über eine feine Durchlaßöffnung für den Elektronenstrahl verbunden und beide Räume durch separate Pumpen evakuiert, so kann der im Hochvakuum erzeugte Elektronenstrahl im Feinvakuumbereich bei 10^{-2} bis 10^{-1} mbar an das Werkstück herangeführt werden. Diese Kammerdrücke werden in kürzeren Pumpzeiten erreicht als das Hochvakuum. Die Wechselwirkung des Elektronenstrahls mit den Restgasmolekülen führt zu einer merklichen Streuung der Elektronen, wodurch sich die Leistungsdichte und damit die Nahttiefe etwas verringern.

Über mehrere solcher Druckstufen kann der Elektronenstrahl sogar bis an die Atmosphäre geführt werden. Durch starke Elektronenstreuung verringert sich jedoch selbst bei geringen Arbeitsabständen von 5 bis 15 mm die Leistungsdichte erheblich, so daß das Tiefe-zu-Breite-Verhältnis der Nähte unter 5:1 abnimmt.

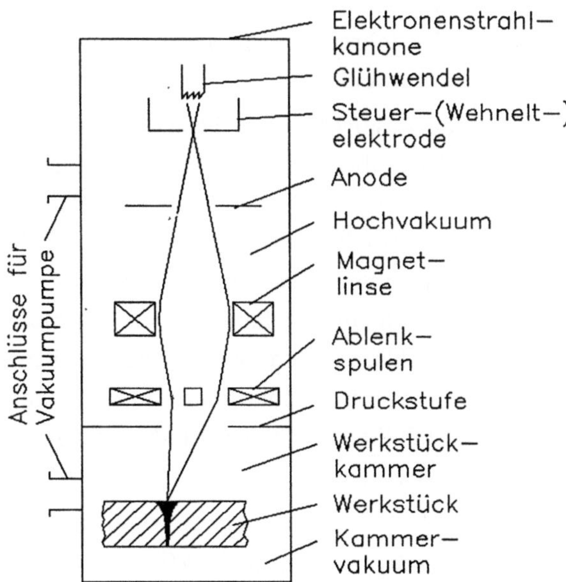

Bild 22: Schema einer Elektronenstrahlschweißanlage

Beim Schweißen im Hochvakuum ist eine Verschlechterung der Gefügeeigenschaften durch Gasaufnahme auch bei reaktiven Metallen auszuschließen. Stähle, Nickel-, Kupfer- und Aluminiumwerkstoffe können ohne Nachteile im Teilvakuumbereich geschweißt werden.

Die Abkühlung der Schweißstelle ist schroff und führt zu feinkörnigem Gefüge hoher Duktilität. Eine Ausnahme bilden niedrig- und hochlegierte umwandlungshärtende Stähle mit > 0,2 % C, wo sich sprödes Härtungsgefüge (Martensit) bildet. Bei un- und niedriglegierten Stählen führt die rasche Schmelzbaderstarrung unter Umständen zur Porenbildung, der jedoch durch geeignete Strahlfokussierung und -oszillation begegnet werden kann. Ferritische Chromstähle und austenitische Chrom-Nickel-Stähle sind gut schweißbar. Auch Aluminium und dessen Legierungen sind im allgemeinen schweißbar, einige Legierungen neigen jedoch zur Poren- oder Rißbildung.

Für das Verbinden unterschiedlicher Metalle miteinander erweist sich das Verfahren häufig als geeignet. Beispiele möglicher Metallkombinationen sind: Stahl mit Kupfer, Nickel oder Tantal, Kupfer mit Nickel oder Chrom-Nickel-Legierung sowie Platin mit Nickel, PtRh 6 mit PtRh30. Bei metallurgischer Unverträglichkeit der Metallpartner (z.B. Bildung spröder intermetallischer Verbindungen) kann über einen geeigneten dritten Werkstoff als zwischenliegende Folie oder aufplattierte Schicht das Schweißen ermöglicht werden.

Die Spanne der schweißbaren Blechdicken (etwa ab 0,02 mm bis über 100 mm) wird von kaum einem anderen Verfahren erreicht. Die Genauigkeit der Stoßvorbereitung entspricht der das Laserschweißens.

Bei Mikroschweißverbindungen ist das Laserschweißen meist kostengünstiger als das Elektronenstrahlschweißen, da der Aufwand für die Vakuumanlage und die notwendige Evakuierung erhöhte Anlagen- und Betriebskosten zur Folge hat /133/. Für Mikroschweißnähte an Gehäusen von Hybridschaltungen (X5NiCr 18 9 mit FeNiCr 63 36 7) wurde eine Kostenanalyse des Elektronenstrahl- und CO_2-Laserschweißens vorgenommen. Bei vergleichbaren technologischen Ergebnissen ergeben sich dabei für das Elektronenstrahlschweißen zweifach höhere Kosten /134/. Beim Dichtschweißen von Herzschrittmachergehäusen mittels Elektronenstrahl erwies sich die Strahlstabilität als geringer (Ablenkung durch Magnetfelder) und die Evakuierung verursachte höhere Fertigungskosten /135/.

Der Elektronenstrahl ermöglicht größere Strahlleistungen, wodurch größere Schweißtiefen (bis ca. 200mm) bzw. Schweißgeschwindigkeiten (bis ca. 25m/min) erreichbar sind. Die beim Laserstrahlschweißen mit höherer Leistung entstehende Plasmaabschirmung tritt beim Elektronenstrahlschweißen nicht auf. Dadurch bildet sich beim Elektronenstrahlschweißen eine noch schmalere Schweißnaht aus als beim Laserstrahlschweißen, und der Verzug ist geringer. Der Wirkungsgrad bei der Erzeugung des Elektronenstrahles ist ebenfalls besser und die Strahlreflexion am Werkstück ist geringer, allerdings ist in der gesamten Energiebilanz die Leistungsaufnahme der Vakuumpumpen zu berücksichtigen.

Das Elektronenstrahlschweißen wird vorzugsweise bei hohen Ansprüchen an die Verbindungsqualität von Hochleistungswerkstoffen eingesetzt, so z.B. in der Luft- und Raumfahrt, der Kerntechnik, im Strahltriebwerkbau und für das verzugsarme Schweißen von Präzisionsteilen.

4.2.1.7 Zusammenfassung des Schweißverfahren-Vergleiches

Die unterschiedlichen Verfahrensmerkmale der einzelnen Schweißverfahren resultieren hauptsächlich aus den unterschiedlichen Leistungsdichten der verschiedenen Wärmequellen. Bild 23 zeigt die möglichen Leistungsdichten, wobei die logarithmische Einteilung der Ordinate zu beachten ist. Es zeigt sich, daß Elektronen- und Laserstrahl erheblich höhere Leistungsdichten erzielen, woraus sich auch die unterschiedliche Schmelzbadform erklärt (Tiefschweißen). Ein weiterer Vorteil dieser hohen Leistungsdichten ist die geringe Gesamtwärmeeinbringung in das Werkstück, was zu einem geringen Verzug der Bauteile führt. So zeigt ein Vergleich verschiedener Schweißverfahren für das Elektro-

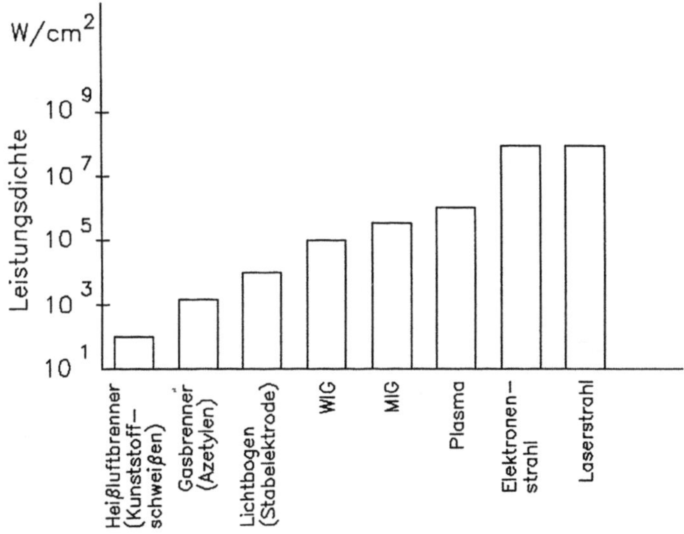

Bild 23: Erzielbare Leistungsdichten verschiedener Schweißwärmequellen /143/

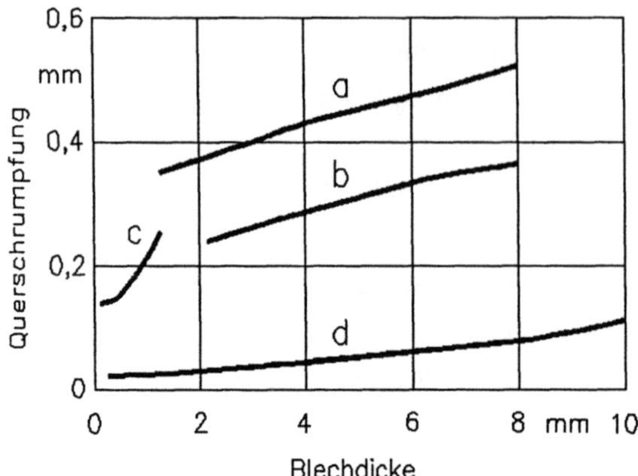

Bild 24: Querschrumpfung bei verschiedenen Schweißverfahren /127, 144/
a) = WIG, b) = Plasma-Stichloch, c) = Mikroplasma, d) = Elektronenstrahl

nenstrahlschweißen geringste Querschrumpfungen (Bild 24). Auch die Schweißgeschwindigkeit erhöht sich aufgrund der konzentrierten Energiezufuhr (Bild 25).
Für das Laserstrahlschweißen sind ähnliche Tendenzen festzustellen /127/.

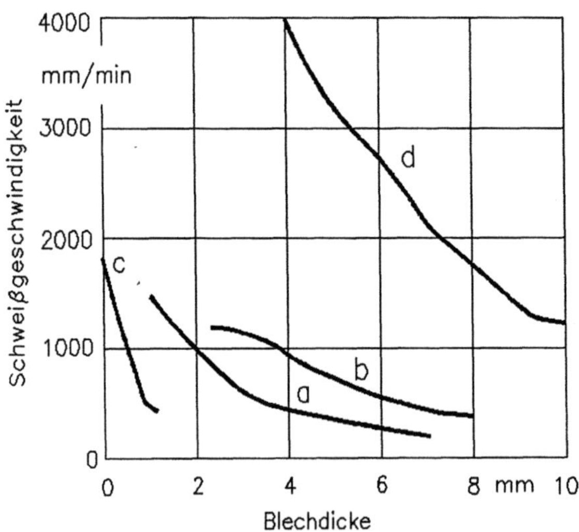

Bild 25: Schweißgesch-windigkeit /127/
a) = WIG, b) = Plasma-Stichloch, c) = Mikroplasma, d) = Elektronenstrahl

4.2.2 Laserschweißen im Vergleich zur Löt- und Klebtechnik

4.2.2.1 Hart- und Hochtemperaturlöten

Beim Hartlöten werden Lote mit Liquidustemperaturen oberhalb 500 °C verwendet. Es wird üblicherweise unter Verwendung von Flußmitteln vorgenommen; das flußmittelfreie Hartlöten an Luft ist auf Kupfergrundwerkstoffe unter Verwendung phosphorhaltiger Lote beschränkt. Als Lote werden für Schwermetalle überwiegend kupferhaltige, teilweise auch Edelmetallzusätze (Silber) enthaltende Nichteisenmetall-Legierungen verwendet. Infolge hoher Verbindungsfestigkeit, die diejenige des Grundwerkstoffes erreichen kann, liegt der Anwendungsschwerpunkt bei kraftübertragenden Verbindungen.

Unter Hochtemperaturlöten versteht man das flußmittelfreie Löten im Schutzgas oder Vakuum mit Loten von > 900°C Arbeitstemperatur. Vorteile gegenüber dem Hartlöten sind die höhere Warmfestigkeit bei Nickelbasisloten, die bessere Luftabschirmung des Werkstücks (insbesondere bei gasempfindlichen Sondermetallen) und das Entfallen von Flußmittelzugabe und Flußmittelrestentfernung.

Tabelle 5 enthält die wichtigsten Wärmequelle zum Hart- und Hochtemperaturlöten.

Das Hartlöten weist gegenüber dem Laserschweißen folgende Vorteile /145/ auf:

- Geringere Investitionskosten.
- Für das Schmelzen des Lotes reicht aufgrund des niedrigeren Schmelzpunktes gegenüber dem Grundwerkstoff eine kleinere Werkstückserwärmung aus, wodurch die Wärmebeeinflussung des Grundwerkstoffes geringer ist.
- Metallurgisch inkompatible Metallkombinationen, die nicht oder nur unzureichend schweißbar sind, können mit geeigneten Loten zufriedenstellend gelötet werden.
- Keramische Werkstoffe bzw. Gläser lassen sich teilweise durch Löten verbinden, ebenso Keramik-Metallverbindungen.

Nachteile des Hartlötens gegenüber dem Laserschweißen sind:
- Höhere Zusatzwerkstoff-Kosten (Lote, Flußmittel),
- zusätzliche Arbeitsschritte durch Zuführen des Lotes und evtl. des Flußmittels,
- geringere Warmfestigkeit ,
- geringere Korrosionsbeständigkeit (Kontaktkorrosion).

Tabelle 5: Wärmequellen zum Hartlöten und Hochtemperaturlöten

Energieträger	Verfahren
Flüssigkeit	Salzbadlöten
Gas	Flammlöten
Strahlungsenergie	Licht-, Laser-, Elektronenstrahllöten
elektrischer Strom	Induktionslöten, Widerstandslöten

4.2.2.2 Weichlöten

Weichlöten wird hauptsächlich auf dem Gebiet der Elektronik/Elektrotechnik eingesetzt. Die metallischen Fügepartner werden mit Hilfe eines niedrig schmelzenden metallischen Lotes (Schmelztemperaturen unter 500 °C) verbunden. Lote der Elektrotechnik auf Zinn-Blei-Basis besitzen im allgemeinen Schmelzpunkte von 180 - 250 °C.

Vorteile des Laserschweißens gegenüber dem Weichlöten sind /146/:

- höhere Festigkeit, insbesondere bei erhöhter Temperatur,
- geringerer elektrischer Widerstand,
- kein Zusatzwerkstoff oder Flußmittel erforderlich,
- keine Verunreinigungen durch Flußmittel,
- geringe Gefahr von Kontaktkorrosion,
- simultanes Löten vieler Verbindungen möglich.

Nachteile des Laserschweißens gegenüber dem Löten sind:

- höhere Werkstücktemperatur und damit größere Gefahr der thermischen Schädigung wärmeempfindlicher Bauteile bzw. nachteiliger Gefügeveränderungen,
- höhere Anforderungen hinsichtlich Konstanz der Laser- und Materialparameter sowie der Positioniergenauigkeit der Fügeteile (beim Löten oft Gesamterwärmung der Bauteile ausreichend),
- aufwendigere Ausrüstung erforderlich.

4.2.2.3 Kleben

Kleben ist das Fügen mit Hilfe von nichtmetallischem Klebstoffen bei Raumtemperatur oder mäßiger Erwärmung, ohne daß sich das Gefüge der geklebten Teile merklich verändert. Die Verbindung erfolgt unter Ausnutzung der Adhäsion (Oberflächenhaftung) und der Kohäsion (innere Festigkeit) des Klebstoffes. Klebstoffe sind vorwiegend synthetische organische Polymere, gelegentlich auch anorganische Polymere z.B. Silikone und keramische

Werkstoffe. Neben der die Klebeigenschaften bestimmenden Klebstoffbasis können Streckmittel, Füllstoffe, Lösungsmittel, Weichmacher usw. enthalten sein.

Beim Kleben wird der Klebstoff in niedrigviskosem Zustand aufgebracht (Benetzung). Anschließend erfolgt die Verfestigung des Klebstoffes durch einen physikalischen Prozeß (Abbinden) oder eine chemische Reaktion (Aushärten).

Die Vorteile des Klebens gegenüber dem Laserschweißen sind:
- während beim Laserschweißen nur bestimmte Metalle und Metallkombinationen schweißbar sind, lassen sich vielfältigste Materialien (Metalle, Kunststoffe, Keramik, Glas und Holz) und Materialkombinationen kleben,
- wegen geringer bzw. entfallender Wärmezufuhr entstehen kaum Gefügeveränderungen in den Fügteilen,
- die bei laserpunktgeschweißten Überlappstößen mögliche Spaltkorrosion wird vermieden,
- bei dynamischer Beanspruchung weisen die flächenförmig geklebten Verbindungen hohe Tragfähigkeit auf,
- Klebverbindungen sind in weitem Dickenbereich und bei großen Dickenunterschieden möglich,
- Klebverbindungen sind an von außen unzugänglichen Stellen möglich, z.B. bei geklebten Leichtbauwaben,
- gute Schwingungsdämpfung, thermische und elektrische Isolation.

Die Nachteile des Klebens gegenüber dem Laserschweißen sind:
- Festigkeit von Klebstoffen ist rund eine Zehnerpotenz kleiner als von Metallen, deshalb sind große Anschlußquerschnitte (Überlappungen) erforderlich,
- geringe Warmfestigkeit von Klebverbindungen,
- Empfindlichkeit gegen örtlich konzentrierten Kraftangriff (z.B. Schälbeanspruchung),
- zeitabhängige Eigenschaftsveränderungen unter atmosphärischer und chemischer Einwirkung (Alterung),
- meist aufwendige Oberflächenvorbehandlung, z.B. Entfetten, Sandstrahlen oder Beizen, Spülen, Trocknen,
- schwierige Vorausberechenbarkeit von Klebungen.

4.3 Anwendungsbeispiele des Laserschweißens

4.3.1 Laserpunktschweißen

In der Feinmechanik und Elektrotechnik sind punktförmige Laserschweißverbindungen zur Kraftübertragung und elektrischen Kontaktierung besonders häufig anzutreffen. Typische Anwendungsbeispiele sind in Tabelle 6 zusammengestellt /107/.

Die geringe thermische Beeinflussung umgebender Werkstoffbereiche und der damit geringe Verzug gestatten das Schweißen als letzten Arbeitsgang bei schon montierten Baugruppen mit hoher Präzision und ohne Änderung elektrischer, magnetischer oder mechanischer Eigenschaften durchzuführen. Hieraus ergeben sich weiterhin neuartige Konstruktionsmöglichkeiten (siehe Kapitel 6.10). Beim Herstellen von Spiralfederbauteilen konnte die Maßgenauigkeit gegenüber anderen Fertigungsverfahren (Widerstandsschweißen, Klemmen oder Einbetten mit Kunststoff) erhöht werden. Das Schweißen von Spiralfedern wird in Teilautomaten je nach Art und Größe mit einem Durchsatz von 600 bis 1000 Stück/h durchgeführt /107/.

Die in Bild 26 dargestellte Elektronenkanone für Großbild-TV-Geräte wird mit 130 Schweißpunkten zusammengefügt, wovon mittlerweile eine große Anzahl mit dem Nd:YAG-Laser gemacht wird. Das Schweißen muß ohne Spritzen und mit minimalen Deformationen erfolgen. Diese Forderungen können mit Widerstandsschweißen nicht oder nur mit großem Aufwand erfüllt werden. Das Schweißen mit dem Laserstrahl ist hier vollkommen ohne Spritzen und ohne Deformation der Teile möglich. Letzteres beruht sowohl darauf, daß die Bearbeitung kontaktlos erfolgt, als auch darauf, daß nur eine sehr kleine Wärmemenge pro Schweißpunkt zugeführt wird. Auch die erforderliche große Positionierungsgenauigkeit ($\pm$ 20 μm) zwischen Teilen ist gut realisierbar /440/.

Mit dem Laserstrahl lassen sich auch Werkstoffe unterschiedlicher Wärmeleitfähigkeit durch Strahlaufteilung verschweißen. Geringe Verunreinigungen wie Öl oder Isolierlacke bei Kupferdrähten beeinträchtigen das Schweißergebnis nur geringfügig, da sie verdampfen (siehe Kapitel 7.2.6).

4.3.2 Lasernahtschweißen

Das Nahtschweißen ermöglicht ein flüssigkeits- oder gasdichtes Verschleißen von Bauteilen, wie z.B. Schutzgehäusen elektronischer Bauteile. Beim Dichtschweißen von Herzschrittmachergehäusen erweist sich das Laserstrahlschweißen ebenfalls vorteilhaft gegenüber dem WIG-Schweißen, wo die wärmeempfindliche Schaltung u.U. unzulässig stark erwärmt wird. Anwendungsbeispiele für das Nahtschweißen sind in Tabelle 7 zusammengestellt /107/.

Für das Nahtsachweißen kürzerer Nähte wird häufig mit überlappenden Einzelpunkten von Nd:YAG-Lasern gearbeitet, die bei mittleren Ausgangsleistungen von 200 bis 500 W Pulsfolgen von 10 bis 100 Hz ermöglichen. Daneben gewinnt der CO_2-Laser für das Nahtschweißen zunehmend an Interesse, der sich infolge höherer Schweißgeschwindigkeiten gerade für größere Schweißnahtlängen anbietet. Während im Blechdickenbereich kleiner als 1 mm, wie er im Haushaltsgerätebau oder in der Karosseriefertigung vorherrscht, Laser im 1 bis 2 kW Bereich ausreichen, sind für das Laserschweißen bei größeren Blechdicken infolge des hohen Preises der erforderlichen Hochleistungslaser wirtschaftliche Einsatzgrenzen gezogen /107/.

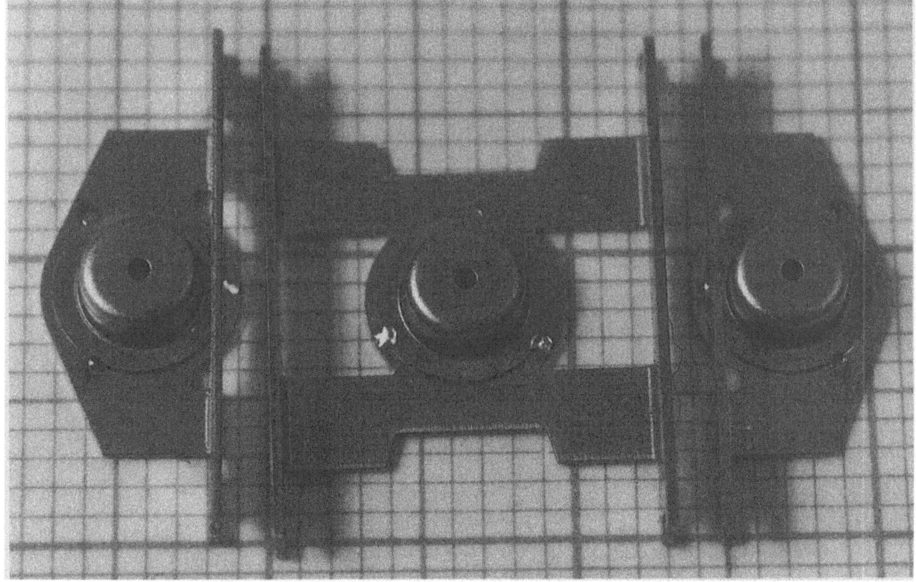

Bild 26: Einzelteile der Farbfernseher-Elektronenkanone

Tabelle 6: Anwendungsbeispiele für das Laser-Punktschweißen

Produkt	Bauteil	Verbindungs-zweck	Werkstoff
Schalter	Übertemperatur-auslöser	elektr. leitend	Bimetall/ Federbronze
Heizung	Heizwendel/ Anschlußdraht	elektr. leitend mech. fest	Stahl/CrNi-Stahl
Steck-verbinder	Kontaktfeder/ Anschlußdraht	elektr. leitend mech. fest	Federbronze/ Messing
Temperatur-fühler	Thermoelement	Meßdrähte elektr. leitend	Nickel/ Konstantan
Relais	Kontaktfeder	Kontakt mit Feder elektr. leitend mech. fest	Duratherm/ Stahl
Solarzelle	Anschluß	elektr. leitend mech. fest	Silberbesch. Si 5μ/ Silberbesch. Mo 10μ
Kathode	Deckel	mech. fest lagegenau	Ni 0,12mm/ NiCr 8020 0,07mm
Röhre	Gitter	mech. fest lagegenau	CrNi-Stahl
TV-Elektro-densystem	Anschluß-bändchen	mech. fest lagegenau	CrNi-Stahl
Glühlampe	Lampendrähte	elektr. leitend mech. fest	Wolfram, Molybdän
Kamera	Motorbürsten-halterung	elektr. leitend mech. fest	Beryllium-Kupfer
Tauch-thermometer	Wendel/Achse	mech. fest lagegenau	Bimetall/ Stahl oder Neusilber
Uhren, Meßgeräte	Spiralfeder	Feder in Schlitz od. auf Achse mech. fest lagegenau	Bronze/Messing, X12CrNi188/ NiFe Leg.
Telephon-verstärker	Spulenträger	mech. fest ohne magn. Beeinflus-sung und Verzug	

Tabelle 7: Anwendungsbeispiele für das Laser-Nahtschweißen

Produkt	Bauteil	Verbindungs-zweck	Werkstoff
Lithium-batterie	Gehäuse	Endkappen auf Mantel vakuumdicht	X 12 CrNi 18 8
Herzschritt-macher	Gehäuse	vakuumdicht	Titan 0,5 mm
Thermometer i.d.Reaktor-technik	Durchführung	Rohrenden vakuumdicht	CrNi-Stahl
Relais	Gehäuse	Deckel mit Boden vakuumdicht	CrNi-Stahl oder goldplattiertes Kovar/ CuNi
Relais	Metallbalg	dichtschweißen	NiCr 19 Mo 0,15 mmf
Tonkopf	Gehäuse	mech. fest maßgenau	Konstantan
Kerntechnik	Brennstab	vakuumdicht	Zirkonium
Waage	Wägezellen	mechanisch	Beryllium-Kupfer
Kühlsystem	Turbinen-schaufel	Flügelende dichtschweißen	
Kraftfahrzeug	Karosserie	mech. fest	unleg. Stahl
Regulier-fühler	Gehäusedeckel	dichtschweißen	Kovar
Mikroschalt-kreis	Gehäuse	vakuumdicht	Aluminium
Kondensator	Gehäuse	mech. fest wärmearm, dicht	Tantal

5   Prozeßverlauf beim Laserschweißen

5.1   Verlauf der Absorption beim Laserpulsschweißen

Sichtbares wie auch unsichtbares Licht ist elektromagnetische Strahlung in einem bestimmten Wellenlängenbereich. Die Wechselwirkung von Licht mit stofflicher Materie wird durch die Maxwellsche Theorie bestimmt. Die Wechselwirkung beruht auf einer dielektrischen Polarisation des Stoffes unter dem Einfluß einer elektromagnetischen Welle, für die die Dielektrizitätskonstante ε maßgebend ist. Für den Bereich optischer Frequenzen benutzt man jedoch entsprechend der verfügbaren Meßmethoden meist den Brechungsindex n und die Absorption als Materialkonstante. Es gilt $n^2 = \varepsilon$ (n und ε können komplex sein).

Die Umwandlung der Lichtenergie in Wärme erfolgt in 2 Stufen /153/:

a) Anregung von Atomen durch Elektronenübergang in höhere Energieniveaus und direkte Erzeugung von thermischer Energie (ein oder wenige Phononen),

b) Umwandlung der Anregungsenergie der Atome in thermische Energie (Phononen). Für die Materialbearbeitung weniger wichtig ist die Rückstrahlung der Energie als Lumineszenz oder Verbrauch für photochemische Reaktionen.

Phononen sind dabei quantisierte Gitterschwingungen in einem Festkörper.

Bei Metallen ist die Absorption durch die Wechselwirkung mit den freien Elektronen des Metalls bestimmt. Die Absorption ist materialabhängig und hängt eng mit der elektrischen Leitfähigkeit zusammen.

Eine Abschätzungsformel für die Absorption läßt sich aus dem Ohmschen Widerstand herleiten /155/:

$$\alpha \approx 0,0365 \, \Omega^{1/2} \cdot \lambda^{-1/2} \, .$$

α Absorptionskoeffizient,

Ω Gleichstromwiderstand in $\mu\Omega$cm,

λ Wellenlänge in μm.

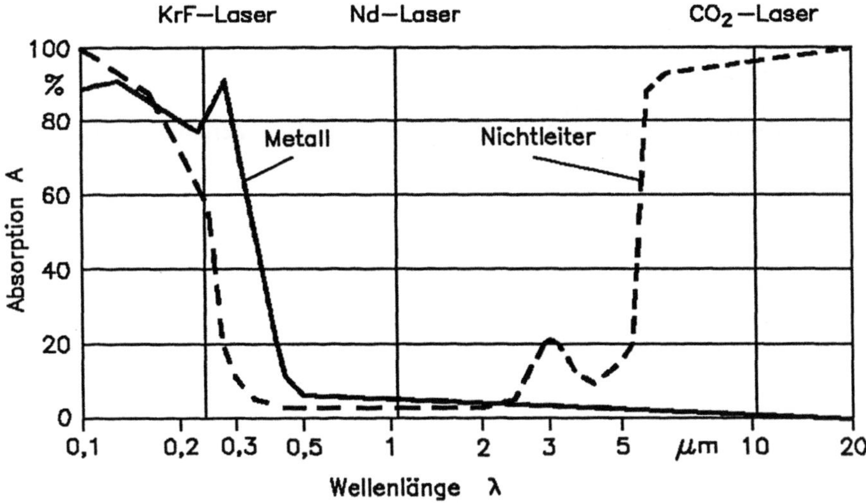

Bild 27: Absorption als Funktion der Wellenlänge für ein Metall(Kupfer) und einen Nichtleiter(Saphir), KrF-Laser (Gaslaser im UV-Bereich) /148/

Es bestehen verschiedene Ansätze, um bei Metallen die Absorption zu errechnen bzw. aus anderen Parametern herzuleiten /4, 150/. Eine theoretisch hergeleitete Formel liefern /147, 151-153/.

In Bild 27 sind die Abhängigkeiten zwischen Absorption und Wellenlänge für einen elektrischen Leiter(Kupfer) und einen Nichtleiter(Saphir) dargestellt. Für Metalle ist oberhalb der sogenannten Plasmawellenlänge (ca. 0,3 μm für Kupfer) die Absorption sehr klein. An der Plasmakante steigt die Reflexion bei kleiner werdender Wellenlänge stark an. Der plötzliche Anstieg der Reflexion erklärt sich aus der starken Wechselwirkung der freien Elektronen mit den Photonen/147/ (Bild 27).

Deshalb absorbieren die meisten Metalle bis 400nm schlecht (max. 40 %), wobei zu kürzeren Wellenlängen hin eine leichte Zunahme der Absorption verzeichnet wird. Ausnahmen bilden Metalle mit Oxidschicht (reaktive Metalle, wie Titan, Niob, Aluminium), die verstärkt absorbieren.

Ab 400nm nimmt dann das Absorptionsvermögen schlagartig zu. Dieser Wellenlängenbereich wird zum Schneiden und Abtragen von Metallen (und anderen Materialien) mit dem Excimerlaser benutzt.

Die Absorption des Lichtes vollzieht sich bei Metallen und anderen undurchsichtigen Festkörpern hauptsächlich in einer Schichtdicke von 0,01 bis 0,1 μm. Sie ergibt sich aus:

$$A = I_0 \cdot e^{-\mu d} \, ,$$

A	normale Absorption,
d	Schichtdicke,
I_0	auf das Werkstück fallende Leistungsdichte,
μ	Absorptionskoeffizient (werkstoff- und wellenlängenabhängig).

Allgemein gilt:

$$R + A + T = 1 \, ,$$

R	Reflexion,
A	Absorption,
T	Transmission.

Bei senkrechtem Strahleinfall gilt:

$$R = \frac{(1-n)^2 + k^2}{(1+n)^2 + k^2} \, ,$$

n, k   Brechzahlen für polarisiertes Licht.

Manchmal wird der Absorptionskoeffizient von der Emissivität eines Werkstoffes hergeleitet. Dabei besteht zwischen Emissivität und Reflexion folgende Beziehung /149/:

$$e = 1 - R_0 \, ,$$

e	Emissivität,
R_0	Reflektivität bei senkrechtem Strahlungseinfall.

Die Reflexion kann entweder differentiell aus Messungen unter verschiedenen Winkeln (Bild 28 a) oder integral aus der Gesamtreflexion (Ulbrichtsche Kugel) (Bild 28 b) erfaßt werden. Das Kugelfotometer zeichnet sich durch die Erfassung der nahezu gesamten Strahlung durch ein einzigen Photoaufnehmer aus. Die Intensität an der Kugelinnenwand ist infoge diffuser Reflektion proportional zur reflektierten Laserleistung. Nachteile sind der schräge Einfallswinkel der Laserstrahlung und das Auskoppeln eines Teils der reflektierten Strahlung durch die für den Laserstrahldurchführung notwendige Bohrung, welche das Ergebnis verfälschen können /162, 185, 186/.

Bild 29 zeigt gemessene Werte der Reflexionskoeffizienten für verschiedene Werkstoffe. Diese Werte gelten ebenso wie die theoretisch hergeleiteten nur für blanke und polierte Oberflächen. Da die Strahlung (mit den geringen Intensitäten) schon in einer Schicht < 1 μm (bei undurchsichtigen Stoffen) absorbiert wird, besitzen schon geringe Oxidschichten deutlichen Einfluß auf die Absorption. Oberflächenschichten bestehen bei edlen Metallen hauptsächlich aus kontaminierten organischen Stoffen und adsorbierten Gasen. Unedle Metalle besitzen zusätzliche mehr oder weniger dicke Oxidschichten oder auch andere anorganische Schichten, wie Chloride, Sulfide und Nitride /18/.

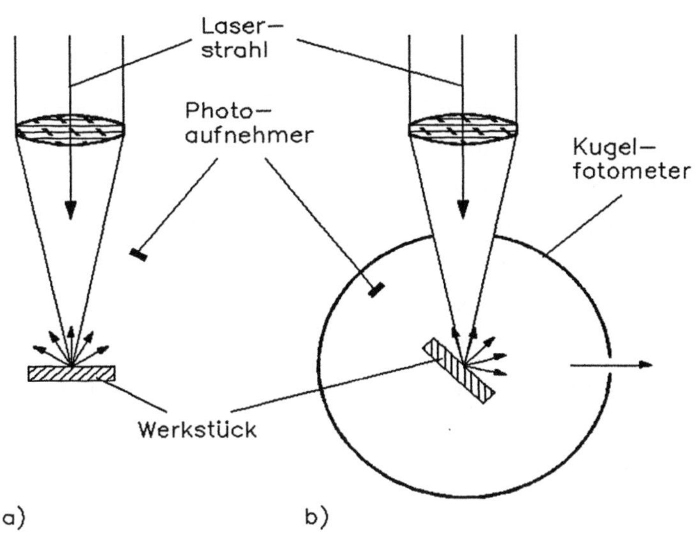

Bild 28: Meßaufbauten zur Erfassung der reflektierten Laserstrahlung,
a) winkelabhängig, b) mit Kugelfotometer

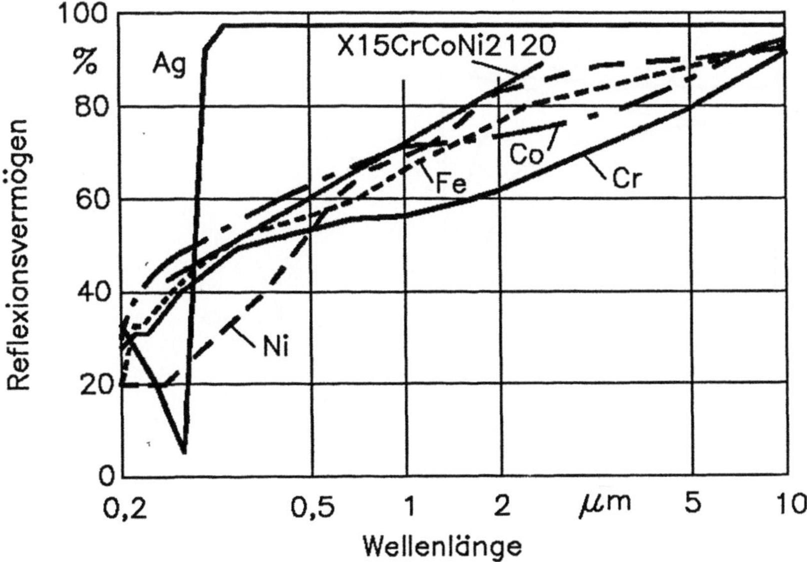

Bild 29: Spektrales Absorptionsverhalten einiger Metalle /127/

Völlig reine Oberflächen sind nur unter extremen Hochvakuumbedingungen möglich. Bringt man eine reine Oberfläche mit einer Gasatmosphäre in Kontakt, so bedeckt sie sich sehr schnell mit einer Adsorptionsschicht; bei Atmosphärendruck bildet sich bereits nach etwa 10^{-10} s eine Monoschicht (ein adsorbiertes Atom je Oberflächenatom). Bei der Adsorption unterscheidet man Physi- und Chemiesorption. Chemisorption ist die Bindung der Atome durch Valenzkräfte, d.h. es treten chemische Verbindungen hoher Bindungsenergie auf, insbesondere Oberflächenoxide. Physisorption dagegen ist eine Bindung der Atome durch relativ schwache Molekularkräfte. Bei unedlen Metallen können sich Oxidschichten von einigen Mikrometern Dicke ausbilden.

Der Grad der Laserstrahlabsorption ist abhängig vom Werkstoff, von der Temperatur der Oberfläche, von der Wellenlänge des auftreffenden Lichtes und vom Oberflächenzustand. Dabei steigt der Absorptionskoeffizient α mit steigender Temperatur an /150/. So beträgt z.B. die Reflexion von Kupfer bei Raumtemperatur $\alpha = 0{,}04$ und im geschmolzenen Zustand $\alpha = 0{,}15$ (bei $\lambda = 694$nm).

Im schmelzflüssigen Zustand sind außerdem feine Oberflächenwellen aufgrund von Interferenzen des Laserstrahles zu beobachten, die das Absorptionsverhalten der Schmelze ändern können /147/.

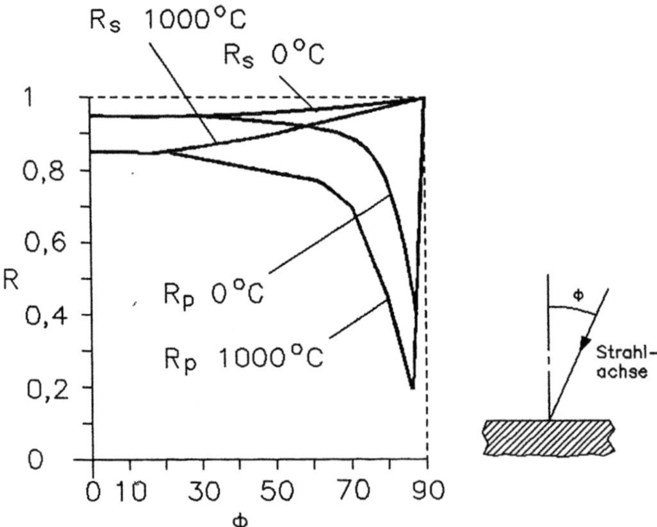

Bild 30: Winkelabhängigkeit der Reflexion für Polarisationen parallel (R_p) oder senkrecht (R_s) zur Oberfläche (R=Reflexion, Φ=Einfallswinkel) /149/.

Auch eine eventuelle Polarisierung des Laserlichtes hat einen Einfluß auf die Absorption. So nimmt bei unpolarisiertem Licht der Absorptionsgrad mit größer werdendem Einfallswinkel ab. Dagegen nimmt bei parallel zur Oberfläche polarisiertem Licht der Absorptionsgrad mit größer werdenden Einfallswinkel zu und kann beim sogenannten Brewsterwinkel nahezu 1 erreichen (der Brewsterwinkel ist materialabhängig). Nach Überschreiten des Brewsterwinkels nimmt dann die Absorption des parallel polarisierten Lichtes schlagartig ab (siehe Bild 30).

Oberhalb einer bestimmten Leistungsdichte kommt es bei der Laserstrahlbearbeitung zu einer sprunghaften Zunahme der Absorption (anomale Absorption). Es können bei Metallen Absorptionsgrade bis zu 80 % erreicht werden. Untersuchungen /146, 151, 156-160/ haben gezeigt, daß beim fokussierten Nd-Laserstrahl der Absorptionsgrad in zeitlicher Abhängigkeit von der Einwirkungszeit des Laserstrahles steht und sich die anomale Absorption erst 80-190 μs nach dem Beginn der Laserstrahleinwirkung ausbildet. Der Verlauf der Absorption für die beim Laserpulsschweißen üblichen Pulslängen und

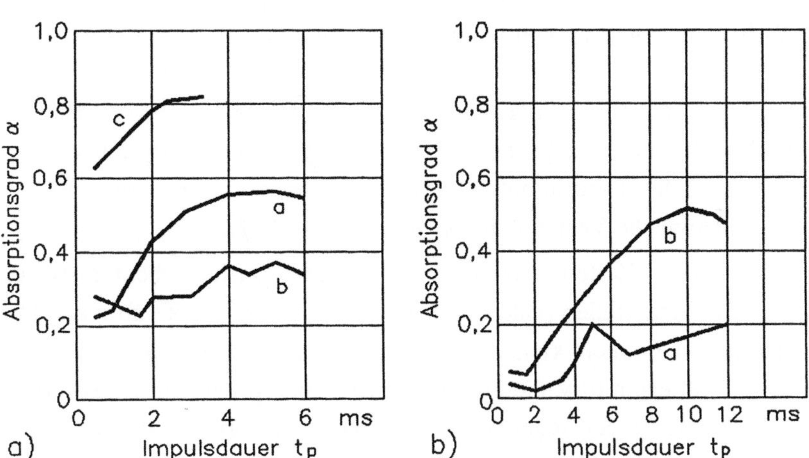

Bild 31: Absorptionsverlauf beim Laserpulsschweißen /162/

a) St37 $R_t \approx 5\ \mu$m

Linie a: I=1,1$\cdot$10^6 W / cm^2, Linie b: I=2,8$\cdot$10^5 W / cm^2,

Linie c: I=2,6$\cdot$10^6 W / cm^2,

b) E-Cu57 poliert $R_t \approx 0,1\mu$m

Linie a: I=4,5$\cdot$10^5 W / cm^2, Linie b: I=3,7$\cdot$10^6 W / cm^2.

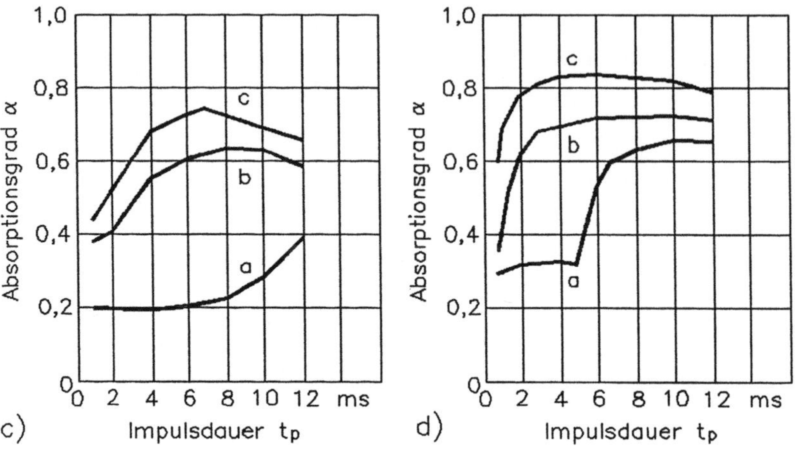

Bild 31 (Fortsetzung): Absorptionsverlauf beim Laserpulsschweißen

c) E-Cu57 $I=2,6\cdot10^6$ W / cm^2;

Linie a: geschliffen R_t ≈ 5 μm, Linie b: oxidiert, Linie c: geschwärzt

d) Al 99,5 $I=1.7\cdot10^6$ W / cm^2;

Linie a: geschliffen Rt ≈ 5 μm, Linie b: geschwärzt,

$I=2.5\cdot10^6$ W / cm^2; Linie c: geschliffen und geschwärzt

Leistungsdichten zeigen Bild 31a (Kurve a) und Bild 31b (Kurve b) und Bild 31c (Kurve b und c). In der Anfangsphase erfolgt eine geringe Absorption, die sich jedoch im Verlauf des Laserimpulses sprunghaft steigert. Für Laserpulse von CO_2-Lasern sind ähnliche Verläufe beobachtet worden /161/.

Auch für kürzere Zeiten (100 μs) und höhere Leistungsdichten ist ein ähnlicher Verlauf festzustellen (Bild 32). In der Kurve ABCD erkennt man einen Abfall der Reflexion, dem ein kleines Plateau mit konstanter Reflexion folgt. Der erste Abfall der Reflexion bzw. die Steigerung der Absorption (Linie AB) erklärt sich aus der Änderung der sogenannten normalen Absorption bei steigender Temperatur. Der Laserstrahl erhitzt die Oberfläche und dementsprechend nimmt die Absorption zu.

Das Plateau läßt erkennen, daß hier die Oberflächentemperatur nahezu konstant ist (Linie BC). Dies beruht darauf, daß die Oberfläche aufschmilzt und dadurch dem Material Energie durch die Phasenumwandlung fest/flüssig entzogen wird. Bei geringer Leistungsdichte entsteht die Kurve C'D'. Bei diesem Verlauf wird die Oberfläche nur erwärmt bzw. im Oberflächenbereich angeschmolzen.

Ist die Phasengrenze fest/flüssig nun weit genug vom Auftreffpunkt der

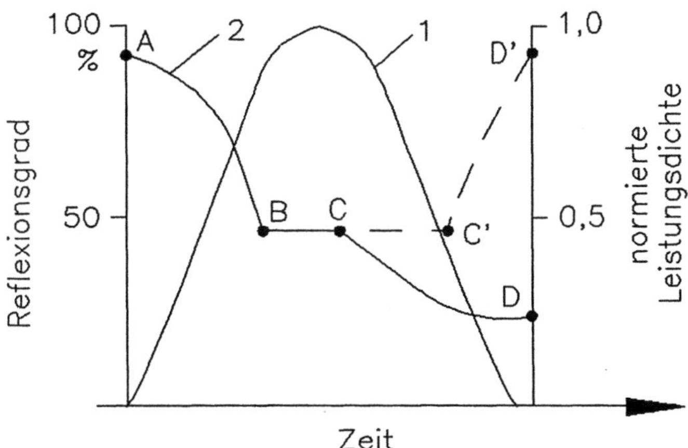

Bild 32: Prinzipielle Änderung des Reflexionsgrades von Metallen bei
Laserimpulsen hoher Leistungsdichte /146/
1 normierte Leistungsdichte, 2 Reflexion an der Oberfläche

Laserstrahlung entfernt, steigt die Oberflächentemperatur weiter an. Das erkennt
man am weiteren Absinken der Reflexion (Linie CD). Die anomale Absorption
kann folgende weitere Ursachen haben /151, 163, 164/:

- Absorption durch Plasma an der Metalloberfläche. Ein Plasma entsteht
  durch Energiezufuhr in einem Gas oder Dampf. Das entstandene Plasma
  besteht aus Gas- oder Dampfionen und freien Elektronen. Die Entwicklung
  eines solchen Plasmas geschieht nicht kontinuierlich mit wachsender
  Leistungsdichte, sondern ab einem bestimmten Schwellwert plötzlich; beim
  Laserstrahlschweißen von Stahl liegt dieser Wert bei 10^6 bis 10^7 W / cm^2
  (bei Al, Cu ca. 10^7 W / cm^2).
- Oberflächenaufrauhung und evtl. Oxidation durch den Laserstrahl.
- Wechsel von gerichteter zu diffuser Reflexion.
- Ausbildung eines Stichlochs.

Als für die Leistungsdichten des Laserschweißens wahrscheinlichsten
Ursachen der Absorptionssteigerung wurden die Plasma- und
Stichlochausbildung vielfach untersucht. So ist die Ausbildung eines Plasmas beim
Laserschweißen im allgemeinen gut durch eine leuchtende Plasmafackel zu
erkennen /165/, die Ausbildung eines Stichloches kann aufgrund der
unterschiedlichen Ausbildung der erstarrten Schmelze nachgewiesen werden.

Um die Energieeinkopplung zu verbessern, wurde mit einem halbkugelförmi-
gen Reflektor über der Schweißstelle die von der Schweißstelle zurückgeworfene

Strahlung wieder auf diese reflektiert und somit eine erhöhte Schweißtiefe erzielt. Für die Anwendung erscheint ein solcher Reflektor jedoch kaum praktikabel /183/.

5.1.1 Der Stichlocheffekt beim Schweißen mit Impulslasern

Der Stichlocheffekt beim Schweißen mit Festkörperlasern ähnelt demjenigen beim kontinuierlichen CO_2-Laserstrahl bzw. dem Elektronenstrahlschweißen. Er entsteht erst, wenn eine bestimmte Leistungsdichte erreicht wird. Beim Stichlocheffekt wird das flüssige Metall aufgrund des Dampfdruckes des verdampfenden Metalls zur Seite verdrängt, aber noch nicht hinausgeschleudert sondern durch die Oberflächenspannung der Schmelze am Rand gehalten. Wird die Leistungsdichte weiter erhöht, so nimmt der Verdampfungsdruck weiter zu, und die Schmelze wird hinausgeschleudert, d.h. im Extremfall entsteht eine Bohrung. Die Ausbildung des Stichloches hängt von der Leistungsdichte des Laserstrahles ab. Je höher die Leistungsdichte, desto größer ist die Verdampfungsrate und der entsprechende Metalldampfdruck. Da sich das Stichloch erst ab einer bestimmten Leistungsdichte ausbildet, wird zwischen Schweißen im Wärmeleitungsmodus (bei niedrigen Leistungsdichten) und Schweißen mit Stichlochausbildung unterschieden.

Vorteile bes Laserpulsschweißens mit Stichloch sind:

- größere Eindringtiefe
- bessere Energieeinkopplung aufgrund der Vielfachreflexion an den Wänden des Stichloches.

Nachteile sind:

- Kleine Änderungen der Energie beeinflussen das Schweißverhalten stark. Ist die Energie zu groß, findet aufgrund der guten Energieeinkopplung ein Materialauswurf statt. Liegt sie knapp unterhalb der erforderlichen Schwellenenergie zur Stichlochausbildung, so entsteht eine erheblich weniger tiefe Aufschmelzung.

Die Stichlochausbildung ist bei Stahl (X15 CrNi 18 9) und Laserenergien von 1 bis 1,3Ws an dem steilen Anstieg der Eindringtiefe zu erkennen, bei gleichzeitig starkem Abfall des Verhältnisses von Schweißpunktdurchmesser zu Eindringtiefe (Bild 33) /166/. Auch das Schmelzvolumen zeigt in diesem Bereich einen steileren Anstieg.

Bei geringen Leistungsdichten wird hauptsächlich im Wärmeleitungsmodus geschweißt, bei hohen Leistungsdichten im Stichlochmodus. Der Übergang zwischen Stichloch- und Wärmeleitungsmodus läßt sich gut am Absorptionskoeffizienten erkennen . Im Wärmeleitungsmodus ist die Absorption

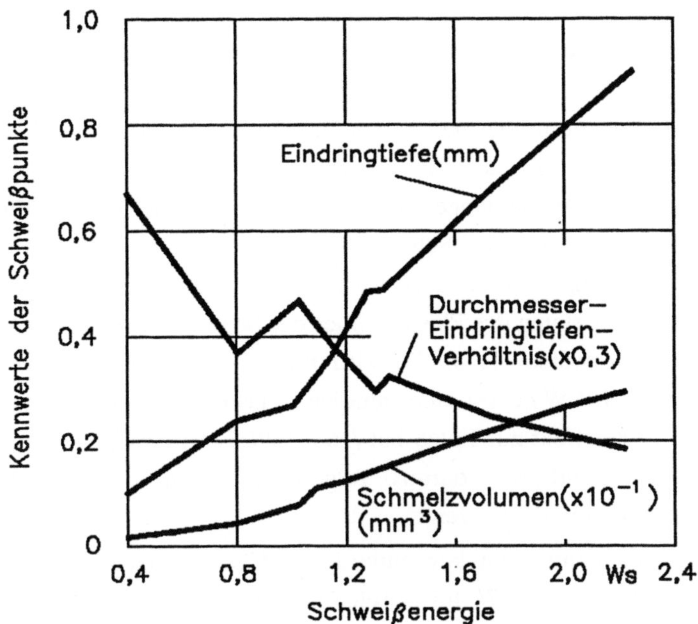

Bild 33: Eindringtiefe, Schweißpunktdurchmesser und Schmelzvolumen über der Impulsenergie /166/

der Laserstrahlung gering (Bild 31a Kurve b, 31b Kurve a). Wird die Leistungsdichte erhöht, so sind nach einer gewissen Zeit der Wärmestau und das Schmelzbad groß genug, um ein Stichloch entstehen zu lassen. Dabei erhöht sich durch Vielfachreflexion im Stichloch die Absorption, was die Absorptionssteigerung der Kurve a in Bild 31a und der Kurve b in Bild 31b erklärt. Bei sehr hohen Leistungsdichten führt der hohe Dampfdruck so schnell zur Stichlochbildung, daß die anfänglich niedrige Absorption nicht mehr zu registrieren ist (Bild 31a Kurve c). In diesem Leistungsdichtebereich tritt bereits ein starker Werkstoffverlust durch Spritzerbildung auf. Dementsprechend läßt sich die Leistungsdichte in zwei weitere Bereiche unterteilen /158, 159/. Der Bereich mit höherer Leistungsdichte und massivem Materialauswurf dient hauptsächlich zum Bohren. Der Bereich mit mäßigen Leistungsdichten und Aufschmelzen ohne Materialauswurf wird hauptsächlich zum Laserpulsschweißen genutzt.

5.1.2 Plasmaausbildung bei kontinuierlichen CO_2- und Nd-Lasern

Über das Absorptionsverhalten von Materialien bei CO_2-Laserstrahlung liegen zahlreiche Untersuchungen vor /151, 156, 158, 159, 165, 167-173/. Allerdings lassen sich diese Ergebnisse nicht unmittelbar auf das Schweißen mit kontinuierlichen Nd:YAG-Lasern bzw. Nd-Glas-Lasern übertragen /171/, weil die Wellenlänge einen erheblichen Einfluß auf die Plasmaausbildung ausübt.

Der Absorptionskoeffizient im Plasma ist dem Quadrat der Wellenlänge /174/ proportional. Der Schwellwert für die Plasmaausbildung ist proportional zum Kehrwert der Wurzel der Wellenlänge /168/. Daraus folgt: je größer die Wellenlänge, desto niedriger ist der Schwellwert und desto besser ist die Absorption in der Plasmawolke. Das erklärt, warum beim CO_2-Laserschweißen das Problem der Abschirmwirkung des Plasmas über der Schweißstelle größer ist als beim Nd-Laser-Nahtschweißen /175/. So wird für CO_2-Laser bei höheren Leistungsdichten (größer 10^7 W / cm^2) eine deutliche Plasmawolke beobachtet, die einen starken Abschirmeffekt zur Folge hat /168, 169/. Leistungsdichten und Zeitdauer der Impulse und die daraus folgenden Arten der Metall-dampfentwicklung werden in Bild 34 gezeigt.

Die Plasmaausbildung kann beim kontinuierlichen CO_2-Laserschweißen in zwei Bereiche unterteilt werden /167/. Im Bereich geringer Leistungsdichte (bis $I = 2 \cdot 10^7$ W bei $\lambda = 10.6$ μm, TEM$_{00}$-Mode, Werkstoff: Stahl) wird auf der Oberfläche des Werkstückes ein optisch transparentes Plasma an der Oberfläche gebildet. Für höhere Leistungsdichten löst sich das Plasma ab und dehnt sich zum Laser hin aus (v = 100 m/s). Dieses optisch dichte Plasma schirmt den Laserstrahl weitgehend ab. Damit verringert sich die Metalldampfbildung, die Plasmawolke verdünnt sich und wird wieder transparent, worauf der Prozeß von neuem

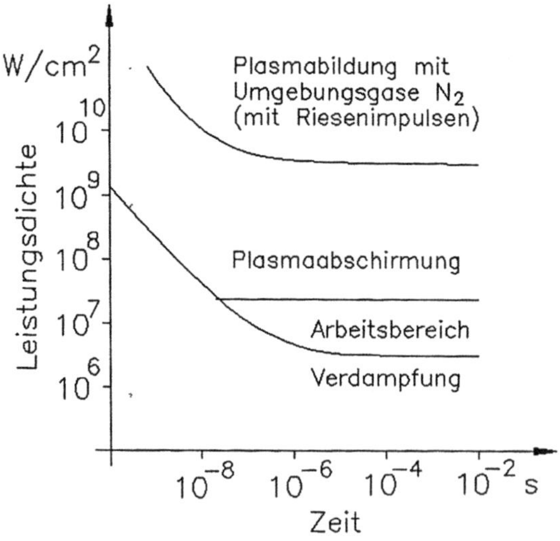

Bild 34: Prozeßdiagramm für das Laserimpulsschweißen mit CO_2-Laser für Al, Fokusdurchmesser 100 μm /167/.

beginnt. Eine theoretische Abschätzung der Leistungsdichten für die Plasmaausbildung bei CO_2-Lasern zeigen /176/ und /177/. Die Ausbildung und der wesentliche Beitrag der Stichlochausbildung zur Absorption ist mathematisch in /178-180/ behandelt.

Beim Nahtschweißen mit Nd-Lasern werden normalerweise Leistungsdichten um 10^7 W / cm^2 angewandt. Für diesen Bereich führt nach /167, 181/ das Plasma zu einer erhöhten Energieeinkopplung. Dagegen ist nach /174/ dieser Einfluß aus folgenden Gründe venachlässigbar :

- Beim CO_2-Laser ist die Schwellwertleistungsdichte zur Plasmaausbildung dreimal geringer und die Absorption 100-fach größer ist als beim Nd-Laser.
- Die Schwelleistungsdichten für die Ausbildung der anomalen Absorption sind jedoch bei CO_2-Lasern und Nd-Lasern gleich und somit auf den Stichlocheffekt zurückzuführen /156, 181/.
- Außerdem liegen die Leistungsdichten für die Bildung von Metalldampf erheblich niedriger als für die Ausbildung des Stichloches /165/.
- Beim Nahtschweißen mit dem Nd-Hochleistungslasern wurde dennoch eine deutliche Verringerung der Schmelztiefe bei Ar- gegenüber He- oder N_2-Schutzgasatmosphäre (bei starker Lichtemission) beobachtet, was auf einen deutlichen Plasmeinfluß hinweist /187/.

Zusammenfassend läßt sich aus den Untersuchungen ableiten, daß für das CO_2-Laserschweißen der Einfluß des Plasmas auf die Energieübertragung experimentell und theoretisch nachgewiesen ist. Danach können durch Erhöhung der Absorption im Plasma erhöhte Leistungsdichten zur Verringerung der Stichlochtiefe führen. Für den Nd-Laser ist (wegen der Wellenlängenabhängigkeit der Plasmaausbildung) der Abschirmungseffekt von geringerer Bedeutung. Die mit der Leistungsdichte zunehmende Absorption ist hier weniger in der Plasmaausbildung begründet sondern in der Vielfachreflexion im Stichloch.

5.1.3 Plasmaausbildung bei gepulsten Nd-Lasern

Nach /158, 159/ besteht der Metalldampf hauptsächlich aus neutralen Atomen, die nach Beendigung des Laserpulses wieder kondensieren /165/. Eine Emission von Licht im sichtbaren Bereich infolge von Photonenabsorption im Metalldampf wird nur in der Anfangsphase der Metalldampfbildung beobachtet. Dagegen ist über den gesamten Zeitraum eine gleichmäßig starke Streuung des Laserlichtes in der Metalldampfwolke festzustellen, wobei die Streuung im oberen Teil der Wolke am stärksten ist /158, 165/. Die Abschirmwirkung des Metalldampfes läßt sich demnach hauptsächlich auf Beugung und Streuung des Laserlichtes im Metalldampf und nur zum geringen Teil auf Photonenabsorption zurückführen.

Der bessere Energietransfer bei geringerem Druck ist durch die Reduzierung der Partikelgröße und der Dichte des Metalldampfes zu erklären. Die Temperatur des Metalldampfes beträgt ungefähr 7000 °C, wo anteilmäßig nur wenige Atome ionisiert sind. Die Geschwindigkeit der Metalldampfablösung liegt bei 15-100 m/s bei Titan /182/ und 6-30 m/s bei Stahl, Aluminium und Nickel und die Teilchendichte in der Wolke bei rd. 10^{15} Teilchen / cm^3 /159/ (Festkörper haben eine Teilchendichte von rd. 10^{23} Teilchen / cm^3).

Beim Schweißen von Aluminium wurde die Entwicklung des Metalldampfes im Leistungsdichtebereich von 0,7 bis $1{,}7 \cdot 10^6$ W / cm^2 untersucht /165/, der sowohl den Bereich des Wärmeleitungsschweißens wie auch den des Stichlochschweißens umfaßt. In beiden Fällen wurden ähnliche Metalldampftemperaturen von 3400 K, nahe der Oberfläche sogar bis 4500 K, ermittelt. Bei diesen Temperaturen sind etwa 0,3 % der Atome ionisiert, d.h. die Absorption der Laserstrahlung durch Plasmabildung ist äußerst gering. Um die Abschirmung durch kondensierte Dampfpartikel abzuschätzen, wurde ein He-Ne-Laserstrahl quer zur Metalldampfwolke gerichtet. Die festgestellte Schwächung bei um 10 % entspricht nach /165/ einer Abschwächung um höchstens 2 % für die langwelligere Nd-Laserstrahlung. Nach dem Laserpuls hatten die kugelförmig kondensierten Partikel einen Durchmesser von 200 nm.

Die Materialabhängigkeit der Abschirmung durch kondensierte Partikel wurde über den Einfluß eines querströmenden Schutzgasstrahles auf die Metalldampfwolke untersucht. Ein Ablenken der Metalldampfwolke aus der Laserachse erhöht bei Nickel und rostfreiem Stahl die Schweißtiefe um 10-30 %. Bei Aluminium, Stahl und Messing vergrößert sich dagegen die Schweißtiefe nicht /182, 183/. Ein Ablenken mit querströmendem Schutzgas ist nur bei Schutzgasgeschwindigkeiten gleich oder größer der Ablösungsgeschwindigkeit der Metalldampfwolke wirksam.

Um beim Nd-Laserpulsschweißen den Laserstrahl am Metalldampf vorbeizuführen, wurde die Oberfläche schräg gestellt. Dabei stellte sich jedoch heraus, daß sich der Metalldampf grundsätzlich in Richtung des einfallenden Laserstrahles entwickelt und somit ein schräger Einfallswinkel eine eventuelle Beeinflussung des Laserstrahles durch den Metalldampf nicht verhindert /182, 184/.

Für unterschiedliche Materialien werden unterschiedliche zeitliche Verläufe der Metalldampfausbildung festgestellt. In den Energiebereichen des Laserpunktschweißens mit Nd-Lasern ist eine Metalldampfausbildung nach $80 - 150 \, \mu s$ für Stahl und Edelstähle zu beobachten (Leistungsdichte $1{,}3 \cdot 10^6$ W / cm^2). Für Kupfer muß wegen seiner größeren Wärmeleitfähigkeit und

Reflexion zur Metalldampfbildung die Leistungsdichte erhöht werden ($6 \cdot 10^6$ W / cm^2), und sie tritt verzögert (erst nach 1 ms) ein /156, 162/.

Weitere Untersuchungen zur Entwicklung der Metalldampfausbildung wurden mit Hilfe von Hochgeschwindigkeitsfilm- und Videokameras /158, 159, 182/ durchgeführt. Ebenso wurden Messungen zum Masseverlust durch den Metalldampf /182/, zur Transparenz der Plasmawolke sowie zur Leistungsdichte und zum Spektrum der Plasmastrahlung und zu der in der Plasmawolke gestreuten Laserstrahlung durchgeführt. Die Untersuchung der durch die Ionisierung hervorgerufenen Eigenschaften der Metalldampfwolke (elektrische Leitfähigkeit oder Ladungsverschiebung zum Grundmaterial) ergab für das Nd-Laserpulsschweißen keine Anzeichen für eine wesentliche Plasmaausbildung bzw. hohe Elektronendichte.

Zusammenfassend ist nach diesen Untersuchungen beim Punktschweißen mit Nd-Lasern eine wesentliche Prozeßbeeinflussung durch Plasmaausbildung nicht vorhanden.

6 Einfluß der Prozeßparameter

6.1 Leistungsdichte

Um den Werkstoff aufzuschmelzen, muß eine ausreichende Wärmemenge W pro Fläche A und Zeit t zugeführt werden. Auf der Werkstückoberfläche wird der absorbierte Teil der Lichtenergie in Wärme umgewandelt. Der Rest wird entweder reflektiert oder bei transparenten Materialien durchgelassen. Je größer die Leistungsdichte ist, desto höher ist die sich entwickelnde Oberflächentemperatur des bestrahlten Werkstoffes. Mit ausreichender Leistungsdichte ist es möglich, den Werkstoff zu schmelzen oder zu verdampfen.

Die Leistungsdichte p ergibt sich aus :

$$p = \frac{W}{t \cdot A} \qquad \text{(Punktschweißen) bzw.}$$

$$p = \frac{P}{A} \qquad \text{(Nahtschweißen),}$$

W   Pulsenergie in J,
t   Pulsdauer in s,
A   Fokusgröße in mm^2,
P   Strahlleistung in Watt.

Die Einheit der Leistungsdichte wird überlicherweise in W / cm^2 angegeben.

Beim Impulslaser sind die Pulsdauer und Leistung des Laserstrahls annähernd proportional zur Blitzdauer und Helligkeit der Blitzlampe, die durch die Kapazität und die Ladespannung des Blitzlampenkondensators bestimmt werden. In der Praxis ist die Ladespannung oft stufenlos regulierbar, wohingegen die Kapazität meist nur stufig durch Parallel- oder Reihenschaltung von Kondensatoren einstellbar ist.

Bei großen Brennweiten sind die notwendigen Leistungsdichten zum

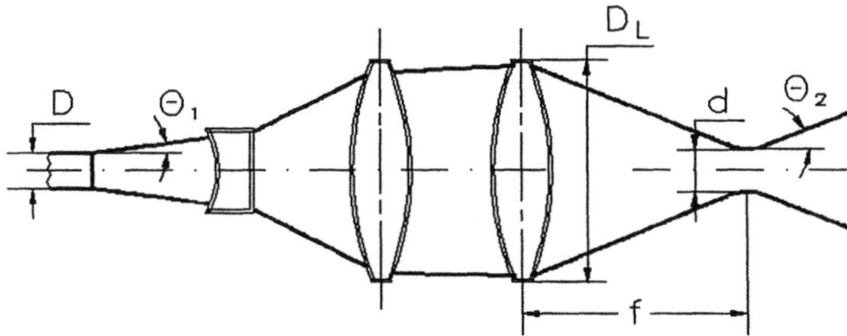

Bild 35: Aufweitoptik

d = Fokusdurchmesser, D = Strahldurchmesser am Resonatorausgang,

D_L = Linsendurchmesser, f = Linsenbrennweite, Θ_1, Θ_2 = Divergenzwinkel

Schweißen nicht immer erreichbar, da sich der Fokusdurchmesser d proportional zur Brennweite verhält. Um dennoch kleine Fokusdurchmesser bei großen Brennweiten zu erreichen, kann der Strahldurchmesser D mit Hilfe eines optischen Systems (Aufweitoptik), bestehend aus Konkav- und Konvex-Linse, weiter aufgeweitet werden (Bild 35) /162/.

Typische Werte für Nd:YAG-Impulslaser für das Punktschweißen bzw. quasikontinuierliche Nahtschweißen /11/:

Pulsenergie	= 0,5 - 100 J
Pulslänge	= 0,1 - 20 ms
Fokusdurchmesser	= 0,1 - 1,5 mm
Leistungsdichte	= 10^5 - 10^7 W / cm^2
Mittl. Leistung	= bis ca. 1000 W

6.2 Impulsfolgefrequenz

Auch die Impulsfolgefrequenz kann einen Einfluß auf die abgegebene Laserenergie haben. So kann die vom Laser abgegebene Leistung beim Einschalten des noch "kalten" Lasers erheblich von derjenigen nach einigen Arbeitsimpulsen abweichen. Dies ist hauptsächlich auf die Erwärmung des Laserstabes durch die Blitzlampenstrahlung zurückzuführen. Auch eine Veränderung der Impulsfolgefrequenz kann sich auf die Erwärmung des Lasers und damit auf die Leistung auswirken. Als Konsequenz daraus ist es ratsam, den Laser zunächst bei der für die Bearbeitung erforderlichen Impulsfolgefrequenz "warmlaufen" zu lassen /109, 188/. Eine Untersuchung der dadurch bewirkten Beeinflussung des Bearbeitungsergebnisses liefern /162, 189/.

Bei einem akusto-optisch geschalteten Laser mit Pulsfolgefrequenzen gibt es im Bereich von 20-40 kHz Frequenzen mit stabiler und instabiler Pulsenergie /189/. Dieses Verhalten läßt sich durch eine Modenkopplung von Puls zu Puls rechnerisch bestätigen. Solche Laser werden hauptsächlich zum Trimmen benutzt. Der Einfluß der Pulsfrequenz auf die Strahldivergenz ergab {für den untersuchten 200 W Laser eine Strahldivergenz zwischen 2 mrad und 10 mrad /10/. Bei neueren Resonatoren wird versucht, diesen Nachteil durch geeignete Gestaltung (z.B. externe Spiegel) zu vermindern.

Auch Rückwirkungen der vom Werkstück in den Resonator reflektierten Strahlung können Einfluß auf die Leistungsdichte und Modenausbildung haben. Entsprechende Phänomene wurden allerdings bisher nur bei CO_2-Lasern untersucht /190/.

6.3   Laserimpulsverlaufsteuerung

Bisher wurde der Form des Laserpulses wenig Beachtung geschenkt /191/. Da im Laufe der Laserstrahlmaterialbearbeitung der Absorptionskoeffizient stark schwankt, ist beim Laserstrahlpulsschweißen am Anfang eine relativ niedrige Anfangsabsorption ($\alpha = 0{,}05 - 0{,}4$) zu überwinden, wozu eine hohe Leistungsdichte notwendig ist. Nach Erreichen der erhöhten anomalen Absorption ($\alpha = 0{,}6 - 0{,}9$) führen hohe Leistungsdichten leicht zur Überhitzung des Schweißbades mit der Folge von Materialverlust. Im Extremfall entstehen Bohrungen, Poren und Verunreinigungen durch Schweißbadspritzer. Sofern keine zeitliche Beeinflussung der Impulsform möglich ist, wird oft mit geringeren Leistungsdichten geschweißt, d.h. ohne Ausbildung der anomalen Absorption. Zur Erzielung gleich großer Schweißtiefen sind dabei allerdings aufgrund der niedrigeren Energieeinkopplung größere Impulsenergien notwendig und das Schmelzbad wird flacher /18/.

Der zeitliche Pulsverlauf wird in der Regel als annähernd rechteckförmig vorausgesetzt. Er wird durch ein Netzwerk von Kondensatoren und Induktivitäten bestimmt. Die Impedanz der Blitzlampe ist nicht konstant und somit die Abstimmung, zwischen Blitzlampe und Netzwerk nur für eine Blitzspannung optimal, weshalb sich eine Veränderung der Impulsform bei Leistungsänderung nicht vermeiden läßt. Einen realen Verlauf der Laserleistung in Abhängigkeit vom Blitzlampenstrom zeigt Bild 36.

Insbesondere für Pulslängen > 10 ms ist es schwierig, das Netzwerk für rechteckförmigen Stromverlauf auszulegen. Die Blitzlampenspannung wird

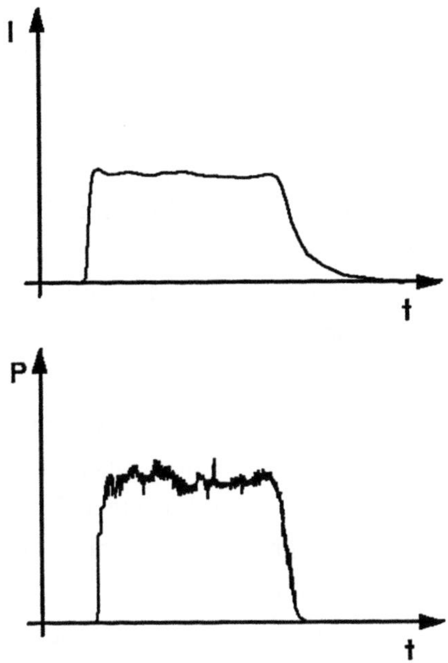

Bild 36: Verlauf des Blitzlampenstromes I und zugehöriger Verlauf der Laserausgangsleistung P beim Rechtechpuls /162/

deshalb zunehmend von Transistoren oder Thyristoren gesteuert, die auch als Regler der Laserstrahlungleistung über die Blitzlampenspannung dienen können /192, 193/. Hiermit kann die Pulsform den Bearbeitungsaufgaben besser angepaßt und von Puls zu Puls variabel eingestellt werden.

Beim Laserschweißen ist durch geeignete Energiezufuhr eine möglichst gleichbleibende Oberflächentemperatur der Schmelze anzustreben. Eine Regelung der Laserleistung in Abhängigkeit von der Oberflächentemperatur wurde jedoch bisher nicht entwickelt, weil der Aufwand für die extrem schnelle Regelung und die Temperatursensoren sehr hoch ist.

Daher schlagen verschiedene Autoren vor /18, 19, 194/, den Laserleistungsverlauf so zu steuern, daß zu Anfang des Laserpulses eine Art Zündimpuls erzeugt wird (Bild 37a), der die niedrige Anfangsabsorption überwindet und den Zustand der anomalen Absorption herbeiführt. Nach diesem Zündimpuls folgt dann der schwächere Arbeitsimpuls, da durch die nunmehr hohe Absorption eine gute Energieeinkopplung aufrecht erhalten bleibt. Diese Vorgehensweise ist besonders bei blanken und polierten Oberflächen bzw. stark reflektierenden Metallen (wie z.B. Kupfer oder Silber) von Vorteil, wo ein ungeformter Puls nur einen Schweißpunkt geringer Tiefe erzeugt.

Als weitere Möglichkeit der Laserimpulssteuerung wird in /195/ vorgeschlagen, für die Reinigung der Oberfläche von Kupfer bzw. CuBe2 zur Erzielung definierter Anfangsbedingungen einen kurzen Puls mit niedriger Leistung dem eigentlichen Schweißimpuls vorzuschalten (Bild 37b). Bei geringfügigen Oberflächenverunreinigungen besteht die Gefahr der Überhitzung des Schmelzbades (teilweises Bohren und Spritzerbildung). Ein geformter Puls mit einem nadelförmigen Vorimpuls bewirkt eine Konditionierung der Oberfläche, wodurch eventuelle Öl-, Schmutzfilme oder Oxidschichten abgetragen werden sollen, so daß der Rest des Pulses in eine Oberfläche mit definierter Absorption einkoppeln kann /196/.

Mit einem sehr leistungsstarken Vorpuls kann das Material kurzzeitig aufgeschmolzen werden und die Schmelze erstarrt wieder vor dem eigentlichen Arbeitspuls; dies kann ebenfalls zur Verminderung des Oberflächeneinflusses beitragen. Beim Schweißen in reaktiver Atmosphäre ist dabei eine Absorptionserhöhung durch Oxidbildung festzustellen /156/.

Die einfachste Laserimpulssteuerung ist die Kontrolle der eingebrachten Energie durch Beenden der Energiezufuhr zur Blitzlampe. Weitergehende Möglichkeiten zum Formen des Laserimpulses und zur Steuerung der Ladespannung des Blitzkondensators enthalten /197-199/. Der Kondensator wird über eine geglättete Versorgungsspannung aufgeladen und die Steuerung der Impulsform durch das zeitliche Zuschalten von Kondensatoren erreicht. Eine weitere Möglichkeit zu schneller Impulsformung ist das Abblenden des

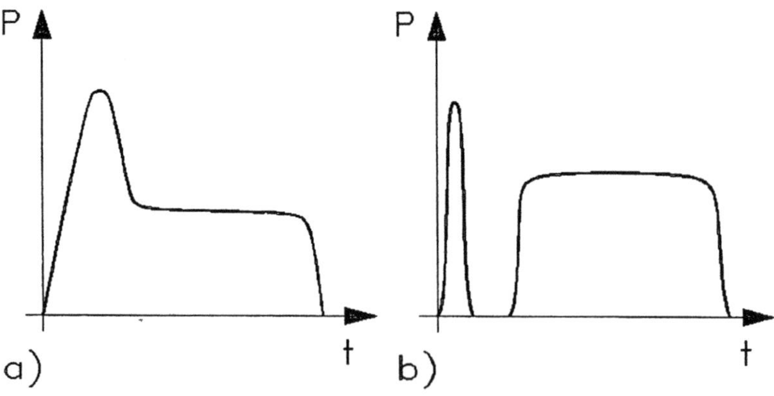

Bild 37: a) "Zündimpuls" für anomale Absorption P=Leistung, t=Zeit,
b) Haarnadelimpuls zur Oberflächenreinigung /196/

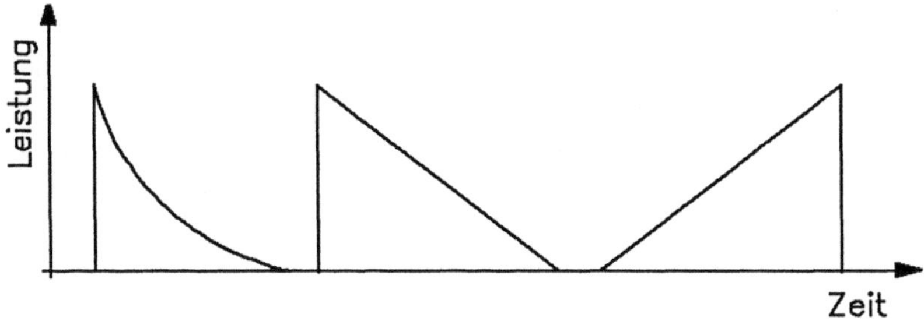

Bild 38: Beispiele für die Pulsformung beim Laserpunktschweißen /166/

Laserstrahles, z.B. mit elektro- oder akusto-optischen Schaltern. So läßt sich mit Hilfe eines elektro-optischen Schalters (Pockelszelle) die Laserenergie sehr genau steuern, z.B. nach /166/ bei Nd:YAG-Impulslasern über 60 mögliche Dämpfungsstufen (im Mono- und Multimodebetrieb). Dabei wurde für einen exponentiell oder linear abfallenden Puls keine Verbesserung der Stichlochausbildung und bei linear ansteigenden Impuls eine verstärkte Lunkerbildung beobachtet (Bild 38) /166/.

6.4 Einfluß der Modenstruktur

Wegen der instabilen Strahlungsstruktur des Multimodelasers kann es kurzzeitig zu überhöhten Leistungsdichten kommen, die die mittlere Leistungsdichte um ein Mehrfaches übersteigen. Diese werden, da sie mit hoher Frequenz fluktuieren, mit den üblichen zur Strahlmessung verwendeten Detektoren nicht registriert und in ihrer Störwirkung auf das Schmelzbad häufig unterschätzt. Sichtbare Folgen bei Multimodelaserschweißungen sind unter anderem die durch örtliche Überhitzung entstehenden Bedampfungen oder Spritzer /113, 200/.

Die Einführung eines Monomodenlasers für das Laserschweißen kann daher Vorteile bringen, zumal neuere Entwicklungen Monomodenlaser mit ausreichender Leistung für die Materialbearbeitung zur Verfügung stellen /113/. Der Monomodelaser weist eine zeitlich stabile, rotationssymmetrische und gaußförmige Leistungsdichteverteilung auf, die über die gesamte Pulsdauer unveränderlich bleibt und von Puls zu Puls reproduzierbar ist (Bild 5, S. 9). Vorteile sind die höhere mögliche Leistungsdichte (siehe Kapitel 2.1.3), die günstige Pulsform und die gute Reproduzierbarkeit der einzelnen Impulse. Insbesondere der exponentiell gedämpfte Einschwingvorgang mit starker Leistungsüberhöhung in den "Spikes" (Bild 6, S. 11) ist für die Überwindung der niedrigen Anfangsabsorption vorteilhaft. In der Anfangsphase kann die niedrige Anfangsabsorption durch den hohen Energiegehalt der Spikes überwunden werden. Die anschließende Dämpfung ist für den weiteren Schweißprozeß günstig, da nach Ausbildung der anomalen Absorption mit einer niedrigeren Energiezufuhr geschweißt werden kann. Ein weiterer Vorteil des Monomodelasers ist die Vermeidung örtlicher Überhitzung des Schmelzbades, wie sie beim Mehrmodenlaser auftreten.

Mit dem Monomodelaser werden eine bessere Reproduzierbarkeit und doppelt so tiefe Schmelzzonen bei gleicher Pulsenergie wie beim Multimodelaser erzielt, Bild 39. Ein verstärktes Auftreten von Poren konnte für keine der beiden Betriebsarten beobachtet werden /166/. Monomodelaser erreichen allerdings nur geringere Leistungen und sind teurer als Multimodelaser, weshalb sie in der Produktion bisher weniger häufig eingesetzt werden.

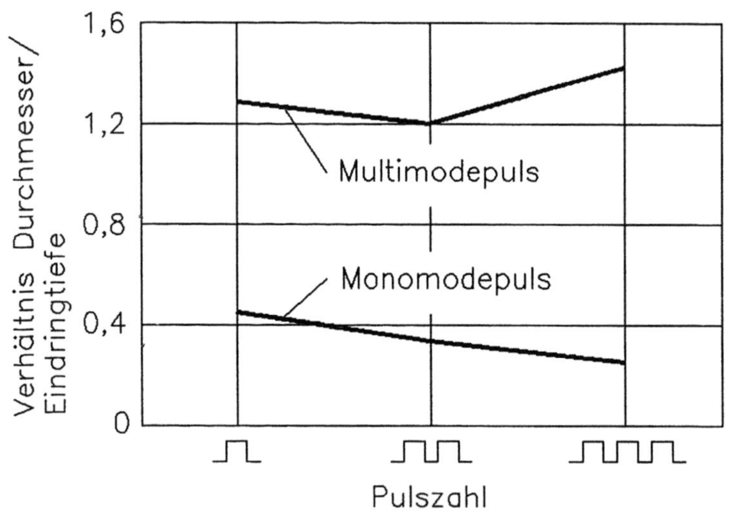

Bild 39: Durchmesser/Tiefenverhältnis bei Multi- und Monomode-Nd-Laser-Schweißpunkten
Material: X5CrNi 18 9; Energie (gesamt) = 0,65 Ws; Pulsdauer: 1 Puls von 1,7 ms; 2 Pulse von je 0,8 ms; 3 Pulse von je 0,55 ms /166/

6.5 Defokussierung

Auch die Lage des Fokus übt einen Einfluß auf die Ausbildung der Schweißpunktgeometrie aus (Bild 40). Für Fokuslagen direkt auf der Werkstückoberfläche ist die Eindringtiefe des Laserstrahles am größten. Allerdings neigt die Schmelze dazu, durch die hohe Leistungsdichte hinausgeschleudert zu werden. Daher ist es oft günstiger, ab einer bestimmten Leistungsdichte die Fokuslage entweder ober- oder unterhalb der Werkstückoberfläche zu legen. Dabei werden für Fokuslagen unterhalb der Materialoberfläche tiefere Schweißpunkte erreicht als für entsprechenden Fokuslagen oberhalb.

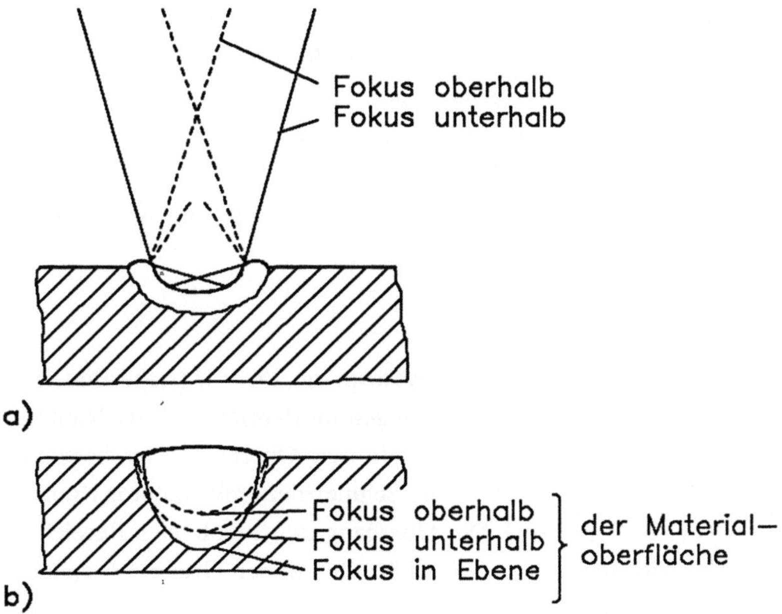

Bild 40: Einfluß der Fokuslage /8/

a) Einfluß auf die Stichlochausbildung zu Beginn des Laserschweißprozesses

b) Auswirkungen auf die Schmelztiefe

6.6 Werkstoffparameter

Zur Erzielung optimaler Schweißergebnisse sind die vorgenannten Strahlparameter auf die Eigenschaften des jeweiligen Werkstoffes abzustimmen. Die wichtigsten Parameter sind die Absorption und die Wärmeleitfähigkeit.

6.6.1 Die Einfluß der Absorption

Die Anfangsabsorption beeinflußt den Zeitpunkt, an dem die Oberfläche angeschmolzen wird. Davon hängt auch die Enstehung von Metalldampf und somit die Ausbildung eines Stichloches ab. Bei größerer Anfangsabsorption wird das Stichloch früher ausgebildet und somit der Schweißstelle vom restlichen Laserimpuls mehr Energie zugeführt.

Diagramm 31d (siehe Seite 62) stellt den Absorptionsverlauf für unterschiedliche Oberflächenzustände dar. Die geschliffene Al-Oberfläche (Kurve a) zeigt den üblichen Absorptionsverlauf, d.h. nach Überwindung der Anfangsabsorption bildet sich eine anomale Absorption durch Stichlochbildung aus. Bei geschwärzter Al-Oberfläche (Kurve b) ist ein Übergang von normaler zu anomaler Absorption nicht mehr festzustellen, weil über die gesamte Dauer des Laserpulses im Stichlochmodus mit erhöhter Absorption geschweißt wird. Demnach spielt bei Metallen die von der Wellenlänge und Temperatur abhängige normale Anfangsabsorption durchaus eine wichtige Rolle für den Laserschweißprozeß.

Werkstückseitig läßt sich der Anfangsabsorptionskoeffizient durch folgende Maßnahmen beeinflussen:

1. Einfluß des Oberflächenzustandes

    1) Oberflächenrauheit

- Rauhe Oberflächen vergrößern die Absorption /18, 201/ (siehe Bild 41 und Tabelle 8). Dabei wirken sich Änderungen im Bereich geringer Rauhtiefen besonders stark auf die Aufschmelztiefe aus. Oberhalb eines bestimmten Grenzwertes der Rauhtiefe steigt die Schmelztiefe mit weiterer Rauhtiefenerhöhung nur noch minimal. Der Übergang zwischen beiden Bereichen ist dabei materialabhängig. So wird bei Kupfer dieser Grenzwert später erreicht als bei Aluminium. Dabei ist zu beachten, daß nur bei gleichmäßig rauhen Oberflächen eine gute Reproduzierbarkeit der Schweißung gewährleistet ist. Daher werden z.B. gedrehte Kleinteile mit ungleichmäßig rauher Bearbeitungsfläche durch Gleitschleifen mattiert, wodurch die Reproduzierbarkeit von Laserpunktschweißungen erheblich verbessert wird /202/.

Tabelle 8: Absorptionskoeffizient bei unterschiedlichem Oberflächenzustand Rubinlaser, senkrechter Strahlenfall

Grund-werkstoff	Oberflächenzustand		
	ideal	poliert	sandgestrahlt
Al	0,013	0,03	0,15
Au	0,006	0,01	0,14
Cu	0,011	0,016	0,06

2) Verunreinigung der Oberfläche

- Verunreinigungen, wie Fett- oder Ölfilme, haben nur geringen, Öltropfen jedoch einen nennenswerten Einfluß auf das Schweißergebnis /156, 162/.

3) Nichtmetallische Überzüge

- Geschwärzte Oberflächen mit organischen Stoffen (Ruß, Farbe) erhöhen vor allem die Anfangsabsorption, können aber auch die Reproduzierbarkeit des Schweißergebnisses verschlechtern.

- Isolierlacke erhöhen meist die Absorption, können aber auch nachteiligen Einfluß auf den Schmelzfluß (siehe auch Kapitel 6.10.2) ausüben.

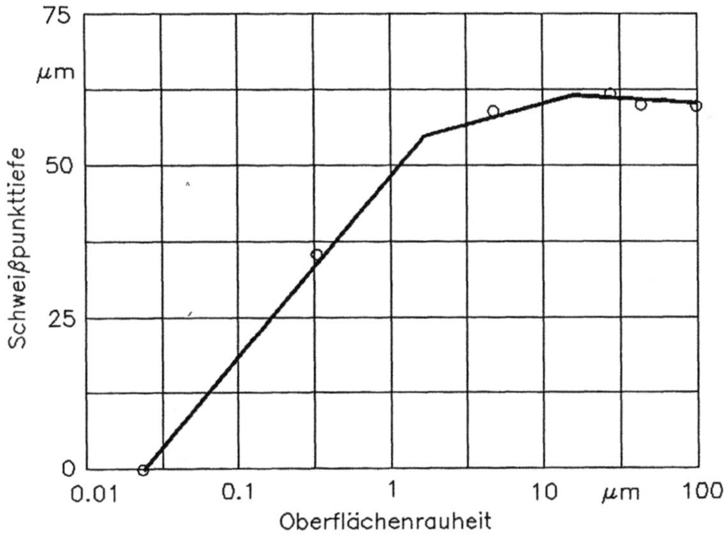

Bild 41: Eindringtiefe über die Oberflächenrauheit
Rubinlaser, senkrechter Strahlenfall, Leistungsdichte: $3 \cdot 10^6$ W / cm^2, Werkstoff: Kupfer /18/

- Oxidschichten können das Anfangsabsorptionsverhalten oft erheblich erhöhen (z.B. bei Aluminium). Es kann allerdings auch zu Problemen durch Oxidschichten kommen, z.B. bei Kupfer, wo die Absorption in einem Bereich der Leistungsdichte von 1,3 bis $6 \cdot 10^6$ W / cm^2 zu ungleichmäßiger Schweißpunktausbildung führt als Folge der örtlich unterschiedlichen Ausbildung der Oxidschicht. Durch Anätzen mit 10 % Salzsäure wurde die Reproduzierbarkeit des Reflexionsverhaltens erheblich verbessert. Dieser Effekt wurde auch bei Messing festgestellt, wo chemisches Glänzen mit einer Lösung aus Essigsäure, Salpetersäure und Orthophosphorsäure zu reproduzierbaren Ergebnissen führt /156/. Auch die Dicke der Oxidschicht beeinflußt den Absorptionskoeffizienten.

- Organische Oberflächenschichten, wie Farben, Primer, verbessern die anfängliche Energieeinbringung /203/, können jedoch wegen Zersetzung und Gasbildung die Spritzerbildung und Porosität fördern.

4) Metallische Überzüge

- Metallüberzüge wirken unterschiedlich auf die Absorption. So haben bei Stahl Nickel-, Chrom- und Kadmiumüberzüge einen erhöhten, dagegen Kupfer-, Messing-, Silber- und Goldüberzüge eine erniedrigte Absorption zur Folge. Metallüberzüge mit hoher Reflexion sind kein entscheidendes Hindernis für das Laserschweißen, solange der beschichtete Werkstoff keine zu hohe Wärmeleitfähigkeit besitzt. Durch den entstehenden Wärmestau an der Oberfläche wird die Beschichtung aufgeschmolzen und entfernt, sodaß die Strahlung nun mehr im weniger gut reflektierenden Grundmaterial absorbiert wird. Metallüberzüge können auch das Schmelzbad beeinflussen (siehe auch Kapitel 7.2.6). So kann z.B. Kadmium das Fließen der Schmelze behindern und durch seine hohe Oberflächenspannung zu Anfang des Schweißprozesses eine Perle auf der Werkstückoberfläche bilden, was die weitere Energieeinbringung erschwert. Bei Zinn entsteht dieser Effekt nicht, da dieses keine so hohe Oberflächenspannung besitzt; verzinnte Drahtenden können daher gut geschweißt werden /8/.

- Anodische Überzüge (z.B. Schwarzchromatierungen von Messing) erhöhen die Absorption, jedoch verschlechtert sich die Reproduzierbarkeit der Schweißergebnisse /156/.

2. Einfluß der Stoßformen

Konstruktive Gegebenheiten, die die Absorption verstärken können, sind sogenannte Strahlenfallen. So ist beim Schweißen von parallelen Drähten und Draht-Band-Verbindungen eine Erhöhung der Anfangsabsorption zu beobachten. Die Ursache liegt in der vielfachen Reflexion des Laserstrahles an der Schweißstelle (siehe Bild 42).

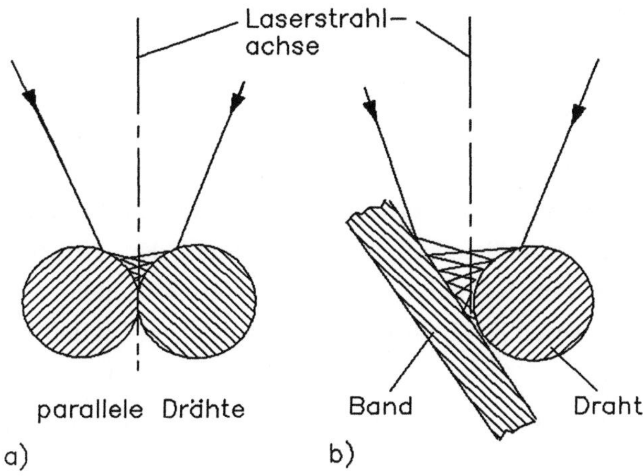

Bild 42: Laserstrahlenfalle /162/

3. Einfluß der Polarisation

Polarisiertes Licht kann bei schrägem Einfallswinkel die Anfangsabsorption vergrößern.

So vergrößert sich beim Schweißen mit CO_2-Laser (Strahleinfall senkrecht zur Materialoberfläche) die Schweißtiefe bei parallel zur Vorschubrichtung polarisiertem Licht auf das 1,7-fache, wobei allerdings unkontrollierbare Schwankungen in der Schweißtiefe auftraten /204/. Versuche mit polarisiertem Licht, das parallel zur Oberfläche schwingt und damit gut reflektiert wird, zeigen die grundsätzliche Möglichkeit V-Spalte als "Linsen" zu benutzen /205/. Die Strahlenergie wird dabei kaum an den Flanken, sondern hauptsächlich am Grund des Spaltes wirksam. Dadurch werden die Strahlenergie konzentriert eingebracht und hohe Schweißgeschwindigkeiten erreicht. Ein typisches Anwendungsbeispiel ist das Schweißen dünner Bleche als Bördelstoß, z.B. im Karosseriebau.

6.6.2 Wärmeabfuhr

Ein wesentlicher Aspekt beim Laserschweißen ist die Wärmestaubildung. Eine Temperaturerhöhung tritt ein, solange die zugeführte Energie größer als die abgeführte ist. Eine schematische Darstellung (Bild 43) zeigt, daß nur ein geringer Teil der Laserenergie zum Aufschmelzen des Werkstoffes dient, weil der überwiegende Anteil der Energie durch Absorption im Plasma/Metalldampf, Reflexion, Wärmestrahlung, Phasenübergang flüssig/gasförmig und durch Wärmeleitung verloren geht.

Die Wärmeabfuhr über Wärmestrahlung, Phasenübergang, und Wärmeleitung von der Laserwirkstelle wird durch verschiedene Parameter beeinflußt /8/.

6.6.2.1 Wärmestrahlung und -konvektion

Die Wärmestrahlung und Konvektion können als Einflußparameter bei konventionellen Schweißverfahren vielfach vernachlässigt werden, da ihr Anteil klein ist. Im Bereich Mikroschweißtechnik können wegen der größeren Nahtoberfläche im Verhältnis zum Schmelzvolumen die Wärmestrahlung und Konvektion zur Wärmeabfuhr wesentlich beitragen und damit einen Einfluß auf das Schweißergebnis ausüben.

Der Einfluß der Konvektion beim Laserpunktschweißen läßt sich wie folgt abschätzen (stationärer Fall):

$$\dot{Q} = \beta \cdot A \cdot \Delta T$$

$\dot{Q}$ Wärmestrom
β Wärmeübergangskoeffizient
A   Berührungsfläche zwischen Gas und Festkörper
ΔT Temperaturdifferenz zwischen Gas und Festkörper

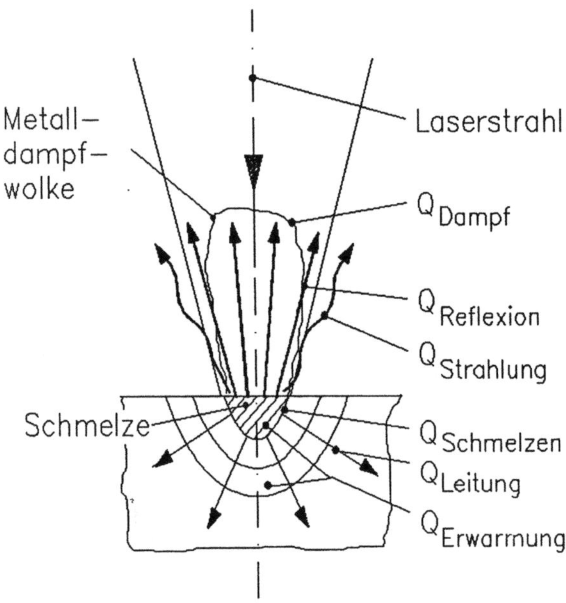

Bild 43: Energiebilanz der Laserpunktschweißung /183/.

Für die Wärmestrahlung gilt:

$$\dot{Q} = \varepsilon \cdot C_s \cdot T^4 \cdot A \quad \text{(für einen grauen Körper)}$$

C_s $5{,}77 \cdot 10^{-8}$ W/m²K⁴ (Strahlungskonstante des schwarzen Körpers),
ε Emissionskoeffizient,
T Temperatur in Kelvin,
A abstrahlende Oberfläche des Körpers

Nach /206/ steigt der Anteil der Wärmeabfuhr durch Konvektion bei dünner werdenden Drähten. Ein schnellerer Schutzgasstrom bewirkt eine stärkere Konvektionkühlung und beeinflußt somit die Abkühlgeschwindigkeit der Schmelze. Es kann sich ein für das Tragverhalten günstiges Feinkorn ausbilden oder es tritt z.B. bei abschreckhärtbaren Stählen eine verstärkte Versprödung auf.

6.6.2.2 Energien der Phasenübergänge

Bild 44 zeigt ein Temperatur-Zeit-Diagramm für das Lasererhitzen von Kupfer mit konstanter, relativ niedriger Energiezufuhr. Nicht nur zum Erhitzen sondern auch zum Schmelzen und zum Verdampfen wird erhebliche Energie verbraucht. Die Schmelz- und Verdampfungsenergien werden durch die Schmelzenthalpie ΔH_s und die Verdampfungsenthalpie mit ΔH_v charakterisiert. Unter der Annahme konstanter Wärmekapazität c_p (ihre Temperaturabhängigkeit kann für den Vergleich der Schmelz- und Verdampfungsenergien vernachlässigt werden, da sie bei allen Metallen ähnlich ist) läßt sich die gesamte Energie zum Umwandeln vom festen in den flüssigen Zustand durch:

$$\Delta E = \rho \cdot V \left(c_p \cdot \Delta T + \Delta H_s \right)$$

und für die Umwandlung vom festen in den gasförmigen Zustand durch

$$\Delta E = \rho \cdot V \left(c_p \cdot \Delta T + \Delta H_s + \Delta H_v \right)$$

E Energie,
ρ Dichte,
V Volumen,
c_p Wärmekapazität,
ΔH_s spez. Schmelzenthalpie,
ΔH_v spez. Verdampfungsenthalpie .
ausdrücken.

6.6.2.3 Energieabfuhr durch Wärmeleitung

Die Energieabfuhr durch das umgebende Material hängt von der Temperaturleitzahl /8/, dem Volumen des die Schmelze umgebenden Werkstoffes und der Größe der Grenzfläche der Phasenumwandlung fest/flüssig ab. Als wesentlichster Werkstoffparameter bestimmt die Temperaturleitzahl die Wärmeabfuhr.

Die Temperaturleitzahl κ ist definiert als:

$$\kappa = \frac{\lambda}{\rho \cdot c_p}$$

λ Wärmeleitfähigkeit,
ρ Dichte,
c_p Wärmekapazität.

Für einige Metalle sind diese Werte in Tabelle 9 aufgelistet.
Das lineare Vordringen der Wärmefront kann aus

$$x = \sqrt{\kappa \cdot t}$$

errechnet werden, wobei der Ort x nach der Zeit t seine Temperatur um 35 % der Ausgangstemperatur erhöht hat /208/.

Eine hohe Temperaturleitzahl ermöglicht beim Laserschweißen eine höhere Aufschmelztiefe ohne Überhitzungseffekte und vermindert die Gefahr von Rissen durch thermisch induzierte Spannungen (geringerer Temperaturgradient). Materialien mit geringer Temperaturleitzahl können dagegen beim Bohren ohne starkes Aufschmelzen verdampft werden.

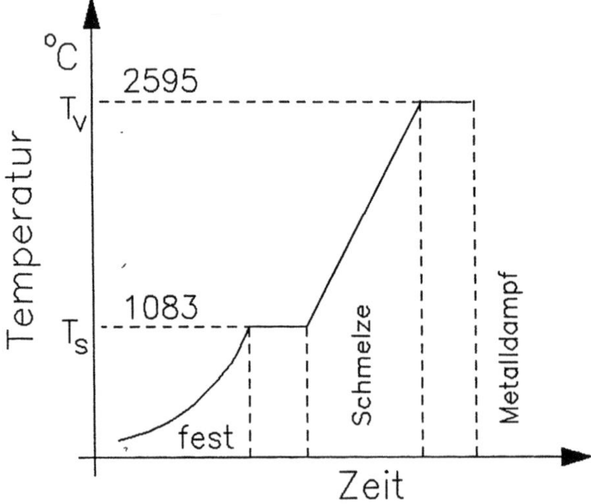

Bild 44: Temperatur-Zeit-Diagramm für Kupfer bei Lasererhitzung /18/.

Tabelle 9: Thermophysikalische Materialkennwerte bei Raumtemperatur für technisch reine Metalle /18, 207/

Material	Temperatur-leitzahl κ $(10^{-4} m^2/s)$	Wärmeleit-fähigkeit k $J/(s \cdot cm \cdot °C)$	Wärme-kapazität c_p $J/g \cdot °C$	Faktor: $\rho \cdot c_p$ $J/cm^{3} \cdot °C$	Dichte ρ g/cm^3
Aluminium	0,91	2,20	0,894	2,41	2,696
Beryllium	0,42	1,46	1,870	3,49	1,870
Chrom	0,20	0,67	0,460	3,29	7,150
Kupfer	1,14	3,91	0,383	3,41	8,903
Gold	1,18	2,95	0,129	2,50	19,380
Eisen	0,21	0,75	0,460	3,62	7,870
Molybdän	0,51	1,41	0,275	2,83	10,291
Nickel	0,24	0,92	0,437	3,91	8,947
Paladium	0,24	0,71	0,241	2,91	12,075
Platin	0,24	0,67	0,129	2,79	21,628
Silizium	0,53	0,83	0,674	1,58	2,344
Silber	1,71	4,16	0,233	2,45	10,515
Tantal	0,23	0,54	0,141	2,33	16,525
Zinn	0,38	0,62	0,225	1,66	7,378
Wolfram	0,62	1,66	0,137	2,66	19,416
Zink	0,41	1,12	0,383	2,75	7,180

Bei Metallen mit sehr geringer Anfangsabsorption und hoher Temperaturleitzahl, z.B. Kupfer, muß mit hoher Leistungsdichte geschweißt werden, um die niedrige Anfangsabsorption zu überwinden. Nach Erreichen der anomalen Absorption kann es zu einer Überhitzung des Schweißbades und zur Spritzerbildung kommen /202/. Die Verlustwärme durch Wärmeleitung kann auch durch entsprechende Gestaltung vermindert werden, z.B. durch Schweißen an Vorsprüngen oder Rändern (Siehe Kap. 6.10).

Der Faktor $\rho \cdot c_p$ zeigt auch, warum Materialien mit hohem c_p-Wert (z.B. Al) keine so großen Vorteile besitzen, wie man es aufgrund dieses Wertes erwarten könnte. Die spezifische Wärmedichte c_p bezieht sich auf die Masse, während $\rho \cdot c_p$ sich auf das Volumen bezieht. So ist der hohe $\rho \cdot c_p$-Wert von Nickel ein Hinweis darauf, warum sich Nickel und seine Legierungen gut schweißen lassen. Es speichert einen hohen Betrag der eingebrachten Energie, da es eine hohe Wärmekapazität pro Volumen hat und ermöglicht damit Ausgleichsvorgänge im Material. Dadurch werden einerseits die Wärmespannungen verkleinert doch kann andererseits die langsame Abkühlung zu einer grobkörnigeren Rekristallisation führen. Die Temperaturleitzahl ist temperaturabhängig, doch reichen zur Abschätzung der Schweißbarkeit die bei Raumtemperatur vorliegenden Werte aus.

Die notwendige Zeit und Leistungsdichte zum Erreichen der Verdampfungstemperatur ist im Bild 45 wiedergegeben. Für kleinere Schweißpunkte sind danach höhere Leistungsdichten erforderlich, was durch die schnellere Wärmeableitung infolge des gegebenen Verhältnisses zwischen Schmelzvolumen und Wärmeübergangsfläche zu erklären ist.

6.6.3 Energieausnutzung

Als Prozeßwirkungsgrad sei das Verhältnis von der mit dem Material eingekoppelten Energie zu der eingebrachten Energie definiert. Mit der Schmelzenergie als kennzeichnender Größe ergeben sich für die Materialien Fe,

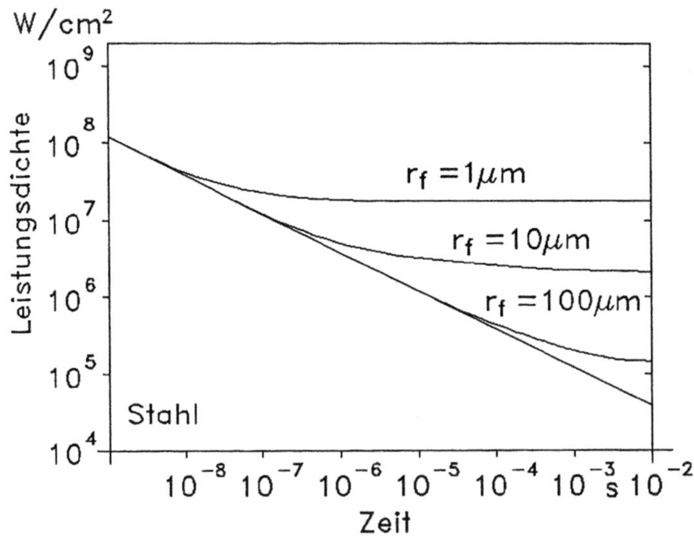

Bild 45: Schwellwerte für die Verdampfung mit Nd-Laser /167/

Al, Cu Prozeßwirkungsgrade im Verhältnis Fe:Al:Cu=36:10:1. Damit wird bei Stahl die Energie 36-fach effektiver ausgenutzt als bei Kupfer /162/.

Eine Einteilung der Werkstoffe nach ihren thermophysikalischen Eigenschaften zeigt Tabelle 10.

6.6.4 Temperaturfeld-Berechnung

Die Wärmevorgänge beim Laserstrahlschweißen verlaufen in örtlich kleinen Bereichen über einen weiten Temperaturbereich, der sämtliche Zustände des Werkstoffes von der festen über die flüssige bis zur dampfförmigen Phase umfaßt. Zusätzlich sind Änderungen der physikalischen Werkstoffkennwerte sowie die Aufnahme und Abgabe von Schmelz- und Verdampfungswärme zu berücksichtigen. Die mit diesen Vorgängen verbundenen Temperaturänderungen sind einer meßtechnischen Erfassung mit ausreichender Genauigkeit kaum zugänglich.

Für die praktische Anwendung ist die beim Laserpunktschweißen entstehende Form der Schmelzzone ein wichtiges Qualitätsmerkmal. Daher ist der theoretische Zusammenhang zwischen der Schmelzzonenform und den thermophysikalischen Werkstoffdaten sowie den Strahlparametern von großer Bedeutung. Hiermit kann der Versuchsaufwand bei der Ermittlung geeigneter Einstellwerte für die jeweiligen Schweißaufgaben gering gehalten werden. Dementsprechend wurde versucht, das Laserpunktschweißen durch ein Berechnungsmodell über die Lösung der Wärmeleitungsgleichung zu beschreiben

Tabelle 10: Einteilung der Werkstoffe nach Kriterien der Laserbearbeitung (T_s = Schmelztemperatur, α = Absorptionskoeffizient, λ = Wärmeleitfähigkeit) /154/

Metalle			Nichtmetalle	
α klein λ groß	α mittel λ mittel		organisch	anorganisch
	T_s hoch	T_s niedrig		
Gold Silber Kupfer Aluminium Messing	Wolfram Molybdän Tantal Chrom Titan Eisen Nickel	Zinn Blei Zink	Thermo- plaste (PA, PMMA, PC, PE, PP, PVC, u.a.)	Gläser Keramik (AL_2O_3, SiC, Si_3N_4, ZrO_2)

und damit die Auswirkung der Strahlparameter (Pulsenergie, Leistungsdichte, Strahlradius) auf die Schmelzzonenform zu erfassen. Die Genauigkeit der Lösung wurde durch Vergleich der berechneten Schmelzzonenformen mit den wirklichen Verhältnissen an Schweißproben aus verschiedenen Werkstoffen überprüft /162/.

Den Vorgang des Temperaturausgleichs beim Laserschweißen durch Wärmeleitung, Konvektion und Strahlung beschreibt die Differentialgleichung /215/

$$\frac{\partial T}{\partial t} = a(T)\left[\frac{\partial^2 T}{\partial X^2} + \frac{\partial^2 T}{\partial Y^2} + \frac{\partial^2 T}{\partial Z^2}\right] - b(T)$$

T Temperaturdifferenz gegenüber der Ausgangstemperatur,
t Zeit,
X, Y, Z Ortskoordinaten,
a Temperaturleitzahl
        ($a = \lambda/\rho c$ mit c = spez. Wärme, λ = Wärmeleitfähigkeit, ρ = Dichte),
$b(T)$ Temperaturabgabe durch Konvektion und Strahlung.

Zur Lösung dieser Differentialgleichung werden folgende Vereinfachungen zugrunde gelegt:

1. Die Wärmequelle wirke nur an der Oberfläche, d.h. es wird nur der Fall des "Wärmeleitungsschweißens" und nicht des "Tiefschweißens" betrachtet.

2. Das Werkstück wird als halbunendlicher Körper vorausgesetzt, d.h. die Werkstücksdicke ist groß im Vergleich zur Erwärmungszone.

3. Die thermophysikalischen Eigenschaften (a, λ, c, ρ) des Werkstoffes werden als temperaturunabhängig vorausgesetzt und der Phasenübergang fest-flüssig wird vernachlässigt.

4. Die Wärmeabgabe durch Konvektion und Strahlung wird vernachlässigt, d.h. $b(T) = 0$.

Weiterhin für die Berechnung des Temperaturfeldes werden folgende Einflüsse berücksichtigt:

1. Einfluß des Strahlfokus : Zur Berücksichtigung der Größe und Energieverteilung im Fokus des Laserstrahles wurde eine normalverteilte Wärmequelle zugrunde gelegt.

2. Einfluß des Impulsdauer : Die Wärmezufuhr erfolgt nicht momentan, sondern während einer endlichen Impulszeit t_p.

Somit ergibt sich das Temperaturfeld für einen Rechteckimpuls durch Superposition von elementaren momentanen Normalquellen der Größe $(Q/t_p)dt$

während der Zeit $t \leq t_p$ zu

$$T(r,Z,t) = \frac{Q/t_p}{\pi^{3/2}\lambda} \int\limits_{u=0}^{u=\sqrt{4at}} \frac{\exp\{-r^2/(u^2 + r_o{}^2) - Z^2/u^2\}}{u^2 + r_o{}^2} \, du$$

Dieses Integral läßt sich nicht in geschlossener Form integrieren bzw. auf eine tabellierte Funktion zurückführen. Die Lösung erfolgt deshalb über ein numerisches Integrationsverfahren (Simpsonsche Regel). Die Temperaturberechnung beim Laserschweißen nach der obigen Gleichung ergibt meist im Zentrum der Wärmequelle Temperaturen bis weit über die Verdampfungstemperatur (bis $3{\cdot}10^3$ K und darüber). Solche Temperaturen sind für den Schweißvorgang unrealistisch, da sonst die Schmelze verdampfen und durch den entstehenden Dampfdruck herausgeschleudert würde.

Um den wirklichen Verhältnissen näher zu kommen, muß bei der Energiebilanz an der Strahlauftreffstelle die Schmelz- und Verdampfungswärme S bzw. V mitberücksichtigt werden. Sofern die errechneten Temperaturen die Schmelz- bzw. Verdampfungstemperatur T_s bzw. T_v übersteigen, sind Betrachtungen für korrigierte Temperaturen entsprechend Tabelle 11 erforderlich.

Sofern die korrigierten Temperaturwerte unterhalb der Verdampfungstemperatur bleiben, kann davon ausgegangen werden, daß das zugrunde gelegte Wärmeleitungsmodell die Temperaturverhältnisse beim Laserschweißen zutreffend beschreibt. Liegen dagegen die korrigierten Temperaturen oberhalb der Verdampfungstemperatur, so tritt ein Werkstoffabtrag durch Verdampfen ein. Je nach Größe des Dampfdruckes ist mit

Tabelle 11: Zusammenhang zwischen berechneter und korrigierter Temperatur

Errechnete Temperatur T^*			Korrigierte Temperatur T
		$< T_s$	T^*
T_s	bis	$T_s + S/c$	T_s
$T_s + S/c$	bis	$T_v + S/c$	$T^* - S/c$
$T_v + S/c$	bis	$T_v + S/c + V/c$	T_v
$> T_v + S/c + V/c$			$T^* - S/c - V/c$

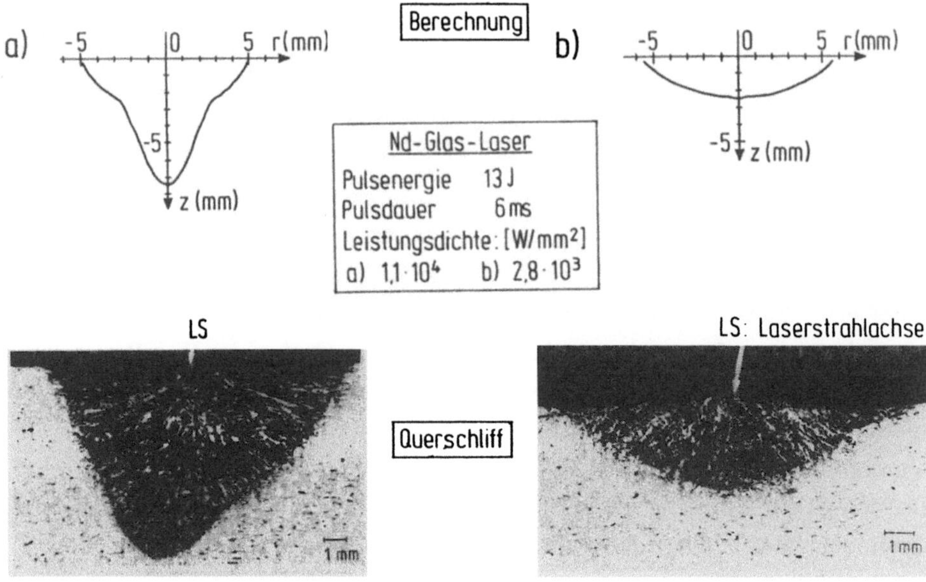

Bild 46: Schmelzzonen beim Laserpunktschweißen (Werkstoff St37)

dem Entstehen eines Dampfkanals bzw. des Tiefschweißeffektes zu rechnen. Die berechneten Temperaturverläufe und die Schliffbilder sind im Bild 46 gegenüber dargestellt.

Zur Wärmestaubildung und der sich ergebenden Größe des Schmelzbades gibt es auch für das Laserpulsschweißen verschiedene weitere Ansätze /18, 154, 177, 209-214/ und experimentell abgesicherte Rechenmodelle:

- für das Punktschweißen von Blechen /162, 215, 216/ und parallele Drähte /206/,
- für das Nahtschweißen /149/,
- für Puls-, Pulsnaht-, und kontinuierliche Nahtschweißungen /217/,
- für die Schmelzbadbewegung beim Punktschweißen /218/
- Einen Überblick über verschiedene mathematische Ansätze für das Schweißen mit Strahlquellen geben /4, 149, 209/.

6.7 Einfluß von Schutzgas bzw. Vakuum auf den Laserschweißprozeß

6.7.1 Einfluß von Schutzgas

Die meisten Schweißungen mit Pulslasern werden ohne Schutzgas ausgeführt, da das Metall an der Schweißstelle nur kurzzeitig erhitzt wird und somit die Zeitdauer für eine mögliche Gasaufnahme oder Oxidation bei höheren Temperaturen oder im schmelzflüssigen Zustand gering ist. Werden jedoch anlauffarbenfreie Schweißverbindungen gefordert oder ist das Metall im geschmolzenen Zustand sehr reaktionsfreudig, so wird vorteilhaft unter Schutzgas geschweißt. Dabei kann das Schutzgas entweder durch eine Düse zugeführt werden oder man schweißt in einer mit Schutzgas gefüllten Kammer mit einem Glasfenster für den Laserstrahl.

Das Schutzgas hat dabei die Aufgabe, das Schweißbad vor der Reaktion mit der umgebenden Luft zu schützen. Es kann aber auch noch für andere Aufgaben dienen, z.B. um den entstehenden Metalldampf oder das Plasma wegzublasen, und damit eine Laserstrahlbeeinflussung zu vermeiden. Beim Nd-Laserpulsschweißen sind für letzteres hohe Gasstromgeschwindigkeiten erforderlich, da der entstehende Metalldampf eine hohe Geschwindigkeit hat. Aufgrund der geringen Abschirmwirkung ist beim Nd-Laserpunktschweißen das Wegblasen des Metalldampfes wenig wirksam und wird daher selten angewandt.

Das Schutzgas kann auch die Energieübertragung beeinflussen. Je höher die Ionisierungsenergie des Schutzgases ist, desto besser ist die Energieübertragung des Gases. Die Ionisierungsenergien von Gasen und einigen Metallen zeigt Tabelle 12. In der Plasmawolke leicht ionisierender Gase sind mehr freie Elektronen vorhanden, die zu verstärkter Absorption des Laserstrahles beitragen können, weil die Photonen Energie zum Beschleunigen der freien Elektronen abgeben.

Beim Laserschweißen mit Nd-Laser wird hauptsächlich Argon benutzt. Untersuchungen zum Schutzgaseinfluß sind vorwiegend für den CO_2-Laser unternommen worden, wobei bei gleichen Laserparametern mit Helium in der Regel tiefere Schweißzonen erzielt wurden als mit Argon oder an Luft.

Helium weist ein höheres Energiepotential und eine bessere Wärmeleitfähigkeit auf als Argon. Beim CO_2-Laserschweißen mit Argonschutzgas kann es bei höheren Laserenergien zu Abschirmungseffekten durch Strahlabsorption im Plasma kommen. Durch Zusatz von Gasen mit hohem Ionisierungspotential, z.B. Helium, CO_2 oder Wasserstoff, kann die Einschweißtiefe erhöht werden /4/. Beim

Tabelle 12: Ionisierungspotential von Gasen und Metalldämpfen /207, 219/

Gas bzw. Metalldampf	Erstes Ionisierungspotential (eV)	Wärmeleitfähigkeit (J/s cm °K)
Wasserstoff	13,60	1614,08
Helium	24,46	1428,63
Argon	15,68	166,77
Neon	15,54	457,31
Sauerstoff (O_2)	12,50	247,23
Kohlendioxid (CO_2)	14,41	148,18
Wasserdampf	12,56	161,62
Aluminium	5,96	2,37
Chrom	6,74	0,91
Nickel	7,61	0,90
Eisen	7,83	0,80
Magnesium	7,61	1,59

Schweißen mit dem Nd-Hochleistungslaser in Argonatmosphäre ist ebenfalls eine verstärkte Plasmabildung beobachtet worden /187/.

Helium hat trotz verbessserter Energieeinkopplung des Laserstrahles auch Nachteile. Es ist erheblich teuer als Argon und durch das leichtere Atomgewicht ist ein laminarer Gasstrom schwerer zu erreichen als bei den schwereren Gasen wie z.B. Argon oder CO_2. Daher ist bei Schutzgaszuführung über eine Düse, wie sie den meistens zum Einsatz kommt, die Schutzwirkung des Schweißbades gegen Oxidation bei Helium weniger wirksam. Es strömt aufgrund der geringen Dichte des Gases nach dem Austritt aus der Schutzgasdüse eher turbulent und verflüchtigt sich leicht. Damit ist die Wahrscheinlichkeit größer, daß im Heliumgasstrom geringe Mengen von atmosphärischem Sauerstoff eingewirbelt werden. Auch das Wegblasen des Plasmas läßt sich mit schwereren Gasen besser erreichen als bei leichten. Allerdings kann dieser Nachteil durch Hinzusetzen von geringen Anteilen von schweren Gasen (z.B. 10 % Argon im Helium) weitgehend ausgeglichen werden /4/.

Auch nicht inerte Gase (CO_2, N_2) werden als Schutzgase eingesetzt, vor allem weil sie billiger sind als Edelgase. Allerdings besteht die Gefahr der Versprödung der Schweißstelle durch Reaktion des Werkstoffes mit dem Schutzgas (z.B. Titanversprödung durch Stickstoff und Sauerstoff). Vorteile nicht inerter Schweißgase können erhöhte Schweißtiefen (insbesondere bei geringfügigem

Sauerstoffzusatz von 1-2 %) sein. Grund dafür ist wahrscheinlich die herabgesetzte Oberflächenspannung des Schmelzbades, die eine bessere Stichlochausbildung und damit eine erhöhte Absorption zur Folge hat /187, 220/.

Das Schutzgas übt auch einen Einfluß auf die Ausbildung der Schweißnahtoberfläche aus. In oxidierender Atmosphäre (z.B. CO_2-Gase oder Inertgas mit O_2-Zusatz) geschweißte Verbindungen bilden Oxidschichten auf der Oberfläche der Schmelze, die zu unebener und verfärbter Nahtoberfläche führen.

Ein eventuelles Aufwölben einer Schweißpunktoberfläche rührt von einer veränderten Oberflächenspannung der Schmelze mit Oxidschicht her (Bild 47). Unter Inertgas geschweißte Verbindungen haben diese Oxidbildung nicht, und die Schmelze verfließt glatt bis zum Rand /162/.

Auch die Neigung zu Lunkerbildung wird durch Schutzgase beeinflußt. So zeigen mit gleichen Laserparametern und unterschiedlichen Schutzgasen (N_2, He) geschweißte Verbindungen annähernd gleiche Aufschmelztiefen, jedoch bilden sich in He-Atmosphäre verstärkt Lunker aus. Dahingegen zeigen die in N_2-Atmosphäre geschweißten Verbindungen (NiCr-Legierungen) ein porenfreies Gefüge, was möglicherweise auf eine Verringerung der Oberflächenspannung und somit besseres Fließen der Schmelze zurückzuführen ist /187/.

Je nach Gestaltung des Fügeprozesses in der Produktion und der verlangten Reinheit bestehen verschiedene Möglichkeiten der Schutzgaszuführung:

- Koaxial zum Laserstrahl: die Linse wird vor Verschmutzung ebenfalls geschützt,
- Querströmend: ein starker Quergasstrom bläst das Plasma weg. Der erzeugte Unterdruck kann nachteiligen Einfluß auf die Schmelze ausüben (die Schmelze wird evtl. hinausgezogen),
- Koaxial und querströmend: das koaxial zugeführte Heliumgas sorgt für eine gute Energieeinkopplung und das querströmende Argon für einen ausreichenden Schutz der Schweißstelle gegen Oxidation /208/ (Bild 48),
- Beidseitig: auch die Schweißnahtwurzel wird vor Oxidation geschützt,
- Schutzgas-Kammer: Luftbeimischungen im Schutzgas werden weitestgehend ausgeschlossen,

Bild 47: Aufwölben der Schweißpunktoberfläche bei erhöhter Oberflächenspannung infolge Oxidschicht /8/.

- Schutzgasgefüllte Wanne: hierbei wird das durch eine Düse der Schweißstelle zugeführte Argon in einer Wanne aufgefangen. Aufgrund der ähnlichen Dichte von Argon und Luft muß der Wanne kontinuierlich Argon zugeführt werden, damit die Luft weitgehend verdrängt wird. Vorteilhaft sind hier Schutzgase mit höherem spezifischen Gewicht (z.B. CO_2), die aufgrund der Schwerkraft in der Wanne verbleiben. Damit sind ein guter Schutz und eine gute Zugänglichkeit der Schweißstelle gewährleistet.

Die Gestaltung der Schutzgasdüse kann ebenfalls Einfluß auf den Schweißprozeß ausüben. Bei einem Vergleich von 3 Gestaltungsformen werden für das Schweißen mit Nd-Lasern (Punktschweißen von überlappt- und stumpfstoßgefügten Verbindungen von 0,5 mm dicken Blechen) /221/ unterschiedliche Eigenschaften hinsichtlich der Schutzwirkung und Gasverbrauch festgestellt. Untersucht wurden eine Einlochdüse mit 7,5 mm Innendurchmesser (direkt auf die Schweißstelle gerichtet), eine Vielfachdüse mit einer zentralen Bohrung für den Laserstrahl (durch die zentrale Bohrung wurde kein Schutzgas zugeführt) und eine den Laserstrahl vollständig umschließende Düse, d.h. der Laserstrahl und das Schutzgas treffen durch eine Düsenöffnung koaxial auf das Werkstück.

Mit der zuletzt erwähnten koaxialen Düse wurden günstigere Ergebnisse hinsichtlich der Eindringtiefe und Tragfähigkeit der Verbindungen erzielt als bei den anderen beiden Düsenformen, wo der Laserstrahl an den Grenzflächen zwischen umgebender Luft und Schutzgasstrom aufgrund der unterschiedlichen Brechungsindices der Gase durch Streuung geschwächt wird /221/. Der Gasstrom

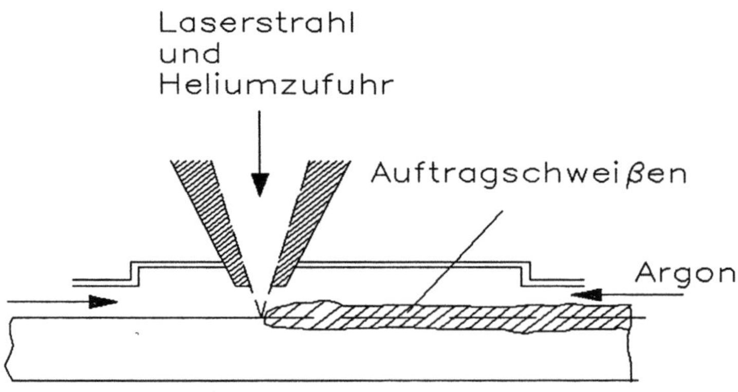

Bild 48: Schutzgaszuführung mit zwei Schutzgasen /208/

für den ausreichenden Schutz der Schweißstelle vor Oxidation war bei der Vielfachdüse am geringsten (0,25 l/min), gefolgt von der Einlochdüse (0,75 l/min) und der koaxialen Schutzgaszuführung (2 l/min). Allerdings hängt die optimale Schutzgasdüsengestaltung auch von der Schweißstellenform ab.

6.7.2 Einfluß verminderten Druckes

Es sind verschiedene Versuche zur Auswirkung des Gasdruckes auf den Energietransfer zwischen Laserstrahl und Werkstück gemacht worden. So beobachteten /158/ und /174/ für das Schweißen mit Nd:YAG-Lasern bei niedrigen Drücken eine geringere Partikelgröße des kondensierten Metalldampfes, was eine bessere Durchlässigkeit des Laserstrahles erklärt. Allerdings kann beim Schweißen unter Vakuum auch eine verstärkte Materialverdampfung (Bohreffekt) aufgrund des verringerten Gasdruckes auftreten /222, 223/. Dies gilt besonders für Metalle bzw. Legierungen mit Legierungsanteilen hohen Dampfdruckes, z.B. Cd oder Zn (siehe Kapitel 7.2.5).

6.8 Nahtschweißen

Zum Nahtschweißen werden sowohl kontinuierlich betriebene als auch gepulste Nd:YAG-laser verwendet /224, 225/. Der gepulste Laser erzeugt eine Nahtschweißung durch einander überlappende Schweißpunkte. Die Pulsfrequenzen zum Nahtschweißen liegen zwischen 10 und 500 Hz. Die maximale Schweißgeschwindigkeit hängt von einer ausreichenden Überlappungslänge (Ü) ab. Bei ungenügender Überlappungslänge haben die aufgeschmolzenen Zonen im Querschnitt ein sägezahnförmiges Profil, was zu einer unzureichenden Festigkeit und Dichtigkeit der Schweißnaht führen kann. Nachteilig ist eine zu kleine Überlappungslänge auch bei leicht verschmutzten Blechen. Wird während des Schweißens durch die Verdampfung an kontaminierten Oberflächen ein Loch in der Schweißnaht gebildet, so kann dies durch den nachfolgenden Impuls (bei ausreichender Überlappung) wieder zugeschmolzen werden. Bei unzureichender Überlappungslänge bleibt das Loch in der Schweißnaht erhalten /226/. Es werden normalerweise Überlappungsgrade $\ddot{U}_g$ (= $\ddot{U}$ / D_s) > 50 % gewählt (Bild 49). Die Schweißgeschwindigkeit v_s wird durch die Pulsfrequenz, durch den Schweißpunktdurchmesser und die gewählte Überlappungslänge bestimmt /227/.

$$v_s = f \cdot D_s \cdot \ddot{U}_k$$

f Pulsfrequenz,

D_s Aufschmelzdurchmesser,

$\ddot{U}_g$ Überlappungsgrad in %,

$\ddot{U}_k$ Überlappungskoeffizient $= (100 - \ddot{U}_g)\,/\,100$

Die Parameter sollten so gewählt werden, daß ein ausreichendes Anschmelzen der Schweißpunktwurzel gewährleistet ist. Pulsfrequenz und Dauer müssen dabei der Schweißgeschwindigkeit angepaßt werden.

Beim Nahtschweißen mit gepulstem Laser wird bei gleichen mittleren Leistungen ein höhere Schweißtiefe erreicht als mit dem kontinuierlichen Betrieb. Dies erklärt sich aus der höheren Leistung und Leistungsdichte während des Laserpulses und der daraus folgenden Stichlochausbildung mit besserer Energieeinkopplung. Zur Erzielung einer gegenseitigen Überdeckung der Schweißpunkte ist die Schweißgeschwindigkeit allerdings geringer als bei kontinuierlicher Energiezufuhr. Auch beim Vergleich zwischen gepulstem Nd:YAG-Laser und CO_2-Laser lassen sich bei gleicher durchschnittlicher Strahlleistung mit dem Nd-Laser höhere Eindringtiefen erzielen.

Beim Schweißen von dünnen Blechen mit gepulstem Festkörperlaser ist eine Fokuslage oberhalb der Materialoberfläche vorteilhaft, da der anwendbare Pulsenergiebereich größer ist. Fokuslagen im Material führen dagegen häufig zu Bohreffekten /228/. Bei dünnen Blechen sind aufgrund kleinen Punktdurchnesser bei der begrenzten Pulsfrequenz von gepulsten Festkörperlasern nur geringe Schweißgeschwindigkeiten möglich, um ausreichende Überlappungslängen zu erzielen /155, 229/. Hier sind kontinuierliche Laser /61, 248/ vorteilhaft. Mit

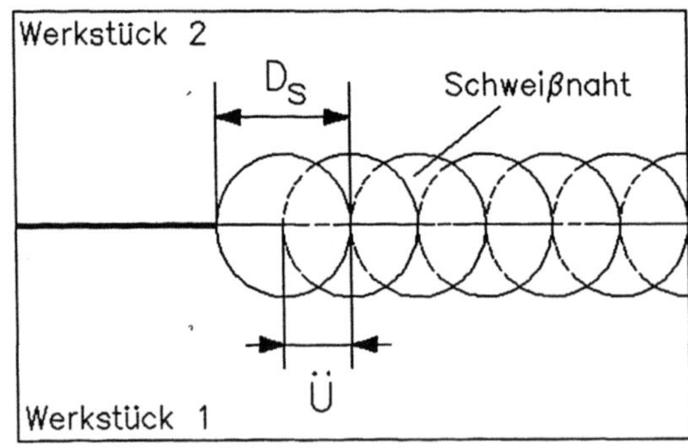

D_S = Aufschmelzdurchmesser

Ü = Überlappungslänge

Bild 49: Prinzip des Nahtschweißens mit Laserimpulsen

diesen können Bleche mit minimalen Dicken von rd. 0,06 mm geschweißt werden, wobei allerdings eine Neigung zum Durchhängen der Schmelzzone zu beobachten ist.

Ist es nicht möglich, die zu verbindenden Teile durch geeignete Spannvorrichtungen während des Schweißvorganges zu fixieren, so können die Teile vor dem Schweißen geheftet werden. Die Heftnaht besteht aus einzelnen Schweißpunkten, die die Werkstücke spaltfrei zueinander fixieren, und die beim Schweißen der Naht wieder aufgeschmolzen werden. Um einen Einfluß der Heftpunkte auf die Nahtausbildung zu vermeiden, sind diese möglichst klein zu halten, insbesondere bei kontinuierlichem Laserstrahl.

6.8.1 Schweißfehler

Für eine einwandfreie Laserschweißnaht muß eine Reihe von Verfahrensparametern aufeinander abgestimmt werden. Ungünstige Parameterwahl kann zu Schweißfehlern führen. In Tabelle 13 sind mögliche Schweißfehler, Ursachen und deren Beseitigungsmöglichkeiten aufgelistet.

6.8.2 Dichtschweißen

Metallgehäuse werden u.a. für Batterien, Herzschrittmacher elektrische/elektronische Baugruppen (IC's, Relais) mit Nd:YAG-Lasern dichtgeschweißt, ebenso wie Membrane /13/. Durch die geringe Wärmeeinbringung werden benachbarte dichtende und der elektrischen Isolation dienende Materialien nicht beschädigt. So können z.B. bei Herzschrittmachergehäusen Nähte geschweißt werden, hinter denen Kunststoffisolierungen liegen.
Auch ein Schweißen in der Nähe von keramischen Isolierungen oder Durchführungen ist möglich /230-233/, da durch die geringe Wärmeeinbringung der unterschiedliche Wärmeausdehnungskoeffizient von Metall und Keramik kaum zum Tragen kommt. Bei Batterien kann durch das Laserschweißen eine thermisch-chemische Reaktion des Batterieelektrolyten verhindert werden /234/.

Eine weitere Möglichkeit ist das Füllen des Gehäuses mit Gas (z.B. Helium) oder die Herstellung eines Vakuums im Gehäuse. Diese Maßnahmen schützen die Schweißnaht vor Oxidation und verhindern einen eventuellen Zutritt von Feuchtigkeit und oxidierenden Gasen /235/. Solche Gehäuse werden dabei in einer vakuum- oder gasgefüllten Kammer mit einem Glasfenster für den Eintritt des Laserstrahls geschweißt.

Ein Vergleich verschiedener Fügetechniken zum Herstellen dichter Verbindungen zeigt Tabelle 14 /236/.

Tabelle 13: Schweißfehler und deren Beseitigung

Schweißfehler	mögliche Ursachen	Beseitigungsmöglich-keiten
Porosität	Ungenügende Entgasung der Schweißnaht	geringere Schweißgeschwindigkeit, Erhöhung der Pulsfrequenz
	Gasaufnahme aus Umgebungsatmosphäre	Einsatz von Schutzgasen
	Oberflächenverunreinigungen	Reinigen, Entfetten
Rißbildung	Aufhärtung	Reduzierung der Schweißgeschwindigkeit, Vorwärmen
	Schrumpfspannungen	Änderung der Nahtform bzw. der Schweißfolge, Vorwärmen
Randkerben	Fügespalt, Kantenversatz	Änderung der Nahtvorbereitung
	Abkühlung der Schmelze zu schnell	Änderung von Schweißgeschwindigkeit und Pulsfrequenz
	hohe Oberflächenspannung	Änderung von Schutzgas bzw. Schutzgasdruck Fokussierung
Oberraupe bzw. Naht zu breit	ungünstige Fokuslage Fokusdurchmesser zu groß	Fokuslage näher zur Oberfläche, kürzere Brennweite, höhere Schweißgeschwindigkeit
Oberraupe und Schweißnaht unregelmäßig	Strahlparameter von Puls zu Puls unterschiedlich	Überprüfung des Lasers, Vermeiden des Arbeitens an der Leistungsgrenze
	Schutzgasgeschwindigkeit zu groß (Turbulenz)	Schutzgaszufuhr vermindern

Tabelle 14: Vergleich verschiedener Fügeverfahren zum Herstellen dichter Schweißverbindungen

Verfahren	Vorteile	Nachteile
Kleben	für fast alle Werkstoffe und Kombinationen, mittlere Investitionskosten, keine bzw. geringe Wärmeeinbringung	begrenzte Festigkeit (besonders in Wärme), Alterung, nicht vakuumdicht, sorgfältige Oberflächenvorbehandlung, Aushärtezeit, Klebstoffkosten, Arbeitsschutz
Weichlöten (< 500°C)	viele metallische Werkstoffe und Metallkombinationen, mittlere Investitionskosten, geringe Wärmeeinbringung	exakte Stoßvorbereitung, Flußmittel (anschließendes Reinigen), begrenzte Festigkeit (besonders in Wärme)
Hartlöten (> 500°C) und Hochtemperaturlöten (> 900°C)	viele metallische Werkstoffe und Metallkombinationen, mittlere Investitionskosten	hohe Wärmeeinbringung, exakte Stoßvorbereitung, Flußmittel)erfordern anschl. Reinigen) oder Schutzgas- bzw. Vakuum-, Lotkosten
WIG-Schweißen	kein Flußmittel, mittlere Investitionskosten	hohe Wärmeeinbringung (Verzug), nur für bestimmte Metalle und Metallkombinationen
Elektronenstrahlschweißen	viele metallische Werkstoffe und Metallkombinationen, geringe Energieeinbringung (Verzug), gute Schutzwirkung (Vakuum)	hohe Investitionskosten, Vakuum erforderlich (Evakuierung erhöht Taktzeit), exakte Stoßvorbereitung
gepulster YAG-Laser	viele metallische Werkstoffe und Metallkombinationen, kurze Taktzeiten, kein Vakuum	hohe Investitionskosten, starker Oberflächeneinfluß, exakte Stoßvorbereitung, Werkstückdickenbegrenzung

Beispiele für das Dichtschweißen mit Festkörperlasern sind: wärmeempfindliche Gehäuse für Hybridschaltungen/237/, Relais-Batteriegehäuse /237/, Druckmeßdosen /235, 237/. Geschweißte Werkstoffe sind dabei rostfreier Stahl, Titan, Kupfer, Nickel, Kobalt-Nickel-Eisen-Legierungen und Aluminium

/235/. Die Nahtlänge liegt im Bereich von einem bis mehreren Zentimetern Länge.

Zum Nachweis eventueller Undichtigkeiten in der Schweißnaht werden Massenspektrometer-Lecksuchgeräte verwendet (DIN 28411). Die bestehen aus einem Massenspektrometer und einem Hochvakuumpumpstand. Als Prüfgas wird meist Helium verwendet, das aufgrund seiner physikalischen Eigenschaften mit dem Massenspektrometer gut nachgewiesen werden kann. Das Prüfgas wird entweder auf die äußere Oberfläche des zu prüfenden Bauteiles geleitet oder - falls es sich um einen Vakuumtest handelt - in das Bauteil eingebracht. Im Massenspektrometer wird das Gas ionisiert, beschleunigt und durch elektrische oder magnetische Felder abgelenkt. Aufgrund der unterschiedlichen Massen verschiedener Gase ist der Ablenkungsgrad unterschiedlich, wodurch diese identifiziert werden können.

6.8.3 Nahtschweißen mit Hochleistungs-Festkörperlasern

Im Bereich < 100 W mittlerer Leistung ist die Wärmewirkung jedes einzelnen Pulses nahezu unabhängig von dem vorhergehenden Puls. Da das Pausen/Pulslängenverhältnis (Pulsrate) relativ groß ist, erfolgt eine weitgehende Abkühlung zwischen den Pulsen. Das Verhältnis Schweißtiefe/Breite ist daher kaum abhängig von der Pulsrate und von der Schweißgeschwindigkeit. Damit ist die Kopplung zwischen Schweißtiefe und Geschwindigkeit nur minimal, d.h. die Vorschubgeschwindigkeit wird durch einen ausreichenden Überlappungsgrad bestimmt und kann ansonsten unabhängig von der Schweißtiefe gewählt werden /217/.

Bei mittleren Leistungen zwischen 100 und 400 W ist die Pulsenergie abhängig von der Impulsrate. So können bei erhöhten Pulsfrequenzen höhere Schweißgeschwindigkeiten und niedrigere Pulsenergien für gleiche Überlappung und Schweißtiefe angewandt werden. Außerdem ist eine Verringerung der optimalen Pulsweite festzustellen.

Zwischen 400 und 1000 W mittlerer Leistung tritt eine Veränderung des Schweißprozesses ein. Hier bleibt das Schweißbad zwischen den Pulsen teilweise geschmolzen. Für einen optimalen Schweißprozeß sind hohe Pulsraten mit kurzen Pulsdauern bei gleichzeitig hoher Pulsleistung von Vorteil /61, 238/. Dabei sind Schweißtiefen bis 6 mm realisierbar /239-241/.

Die oben genannten Grenzen der einzelnen Prozeßwerte sind natürlich stark material- und querschnittsabhängig und können nur als grobe Näherungswerte gelten. Die einzelnen Bereiche sind in Bild 50 wiedergegeben.

Beim Nahtschweißen mit kontinuierlichem Hochleistungs-Nd:YAG-Laser tritt ein ähnliches Verhalten des Schmelzbades wie beim CO_2-Laser auf /243, 244/. Bei ausreichend hoher Leistungsdichte entsteht ein Stichloch, durch das der Laserstrahl in das Innere des Materials vordringen kann. Der Druck des verdampfenden Materials hält dem hydrostatischen Druck des umgebenden flüssigen Metalls die Waage. Bewegt sich das Werkstück relativ zum Laserstrahl, so bleibt bei geeigneter Wahl der Parameter der Dampfkanal auch dynamisch stabil. Er wandert durch das Werkstück, wobei an der Vorderfront ständig neues Material aufschmilzt, das an der rückwärtigen Front wieder erstarrt. Verringert sich die Schweißgeschwindigkeit, so ergibt sich durch die erhöhte Energieeinbringung ein tieferes Schmelzbad. Bei zu langsamer Geschwindigkeit kann der Dampfdruck den hydrostatischen Kräften in der Schmelze nicht das Gleichgewicht halten. Der Dampfkanal kollabiert und die Schweißtiefe reduziert sich drastisch. Kurz vor diesem Zusammenbruch ist die Schweißtiefe am größten /154/.

Beim Nahtschweißen mit einem kontinuierlichen Festkörperlaser von 1,2 kW wird unter bestimmten Bedingungen ebenfalls ein Tiefschweißen erzielt. Dabei ist insbesondere bei der Strahlübertragung mittels Lichtleitfasern darauf zu achten, daß der Strahl ausreichend fokussiert werden kann, um die nötigen Leistungsdichten für die Ausbildung des Stichloches zu erreichen /27/. Dies kann teilweise besser mit den zum Schneiden entwickelten Faserendoptiken (gute Fokussierung, kurze Brennweite) erreicht werden. Dabei entsteht gegenüber dem

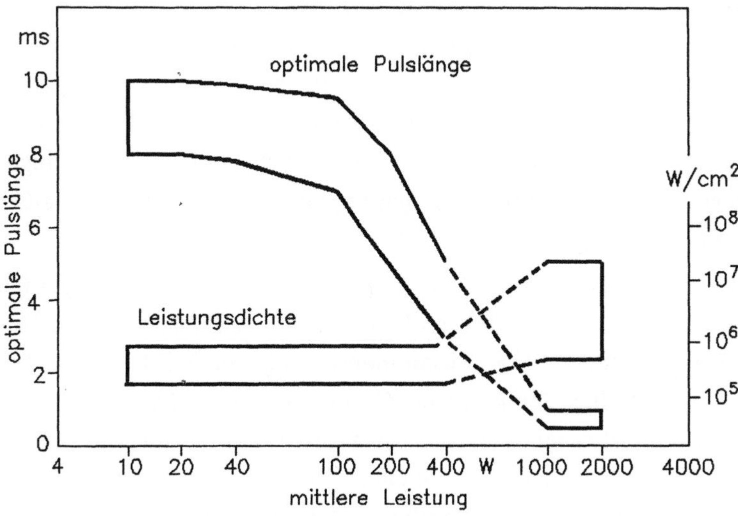

Bild 50: Pulslänge und Pulsleistungsdichten über der mittleren Leistung /242/

Wärmeleitungsschweißen eine Steigerung der Schweißtiefe um mehr als das Doppelte /27, 245, 246/.

Weiterhin tritt beim Nahtschweißen mit kontinuierlichen Lasern, die durch Ausgasen von Legierungsbestandteilen bedingte Porenbildung (z.B. bei Messing) und der damit verbundene Festigkeitsabfall weniger in Erscheinung als bei gepulsten Lasern. Offenbar ist ein Entweichen von Gasen aus der Schmelze beim kontinuierlichen Schweißen aufgrund des zeitlich längeren schmelzflüssigen Zustandes eher möglich. Auch die Gefahr des Aufhärtens und die Bildung hoher Schrumpfspannungen nimmt ab /247/.

Ein Vergleich beim Schweißen von rostfreiem Stahl zeigt, daß die gebildete Gefügestruktur beim kontinuierlichen Schweißen mit hohen Schweißgeschwindigkeiten der des gepulsten Nd:YAG-Lasers ähnelt /249/. Verzinkte Bleche für den Automobilbau können mit dem Nd:YAG-Laser überlappt und stumpf ohne Porenbildung geschweißt werden. Vorraussetzung ist eine genaue Kontrolle der Prozeßparameter /61/. Vernickelte Stahlbleche können ebenfalls gut geschweißt werden /250/.

6.9 Laserauftragsschweißen

Auftragsschweißen ist ein Verfahren, bei dem eine meist artfremde Legierung auf den Trägerwerkstoff aufgeschmolzen wird. Größere Flächen werden dabei durch einzelne sich überlappende Bahnen auftragsgeschweißt. Die Vermischung mit dem Grundwerkstoff ist dabei auf einen schmalen Übergangsbereich zu begrenzen, damit die Zusammensetzung des Schichtwerkstoffes weitgehend erhalten bleiben soll. Die Schicht dient als Schutz vor mechanischem oder korrosivem Abtrag, wobei durch die mögliche Schichtdicke bei einigen Millimetern liegen. Einige typische Legierungen zum Auftragsschweißen (hauptsächlich auf Stahl) zeigt Tabelle 15 (DIN 8555).

Vorteile des Auftragsschweißens mit dem Laser sind die geringe Aufschmelzung des Grundwerkstoffes und eine hohe Abkühlgeschwindigkeit, wodurch die Auftragsschicht in ihrer Zusammensetzung weitestgehend erhalten bleibt und ein vorteilhaftes feinkörniges Gefüge entsteht. Die Anteile an Grundwerkstoff in der auftragenen Schicht ist gering (häufig etwa 5 %). Durch die geringe Wärmeeinbringung ergeben sich gegenüber anderen Auftragsschweißverfahren geringere Verzüge, allerdings ist durch den hohen Temperaturgradienten die Dicke der aufzutragenden Schicht begrenzt (Rißbildung).

Das Laserauftragsschweißen wird bisher hauptsächlich mit kontinuierlichen CO_2-Lasern durchgeführt, wobei das Auftragsmaterial in Pulver-, seltener in Draht- oder Bandform, zugeführt wird (Bild 51). Dabei zeigen mit Pulver aufgebrachte Schichten im allgemeinen ebenere Oberflächen und die Energieeinkopplung während des Prozesses ist erhöht. Das Pulver mit vorwiegend gemischten Korngrößen wird dabei meistens durch ein Röhrchen mit Hilfe eines Gasstromes (z.B. Argon) zugeführt. Bei zu feinem Pulver besteht die Gefahr der Verstopfung, während bei zu großes Korn der Schichtauftrag ungleichmäßiger wird /251/.

Die Defokussierung und der Abstand der Pulver- bzw. Drahtzufuhr zum Schmelzbad müssen ein ausreichendes Anschmelzen des Grundwerkstoffes gewährleisten, um eine gleichmäßige Verbindung der aufgebrachten Schicht mit dem Grundwerkstoff sicherzustellen. Das zugeführte Material sollte dabei möglichst an der vorauseilenden Schmelzbadkante abgeschmolzen werden. Wird das Material zu sehr in die Schmelzbadmitte und damit in den Strahl geführt, so

Tabelle 15: Legierungen zum Laser-Auftragsschweißen

Werkstoff	Eigenschaften, Anwendung
hochlegierte Cr-Stähle (10-40 %Cr)	für verschleißbeanspruchte Oberflächen
Manganhartstähle (austenitsch) (12-14 % Mn)	für zähharte Oberflächen
Hartlegierungen (Stellite) (Co-Basis Legierungen mit hohem Cr- (W-) Gehalt)	sehr hoher Verschleißwiderstand hohe Temperaturbeständigkeit
Schnellarbeitsstahl Hartmetalle (Co oder Ni als Bindemittel)	für Zerspannungswerkzeuge

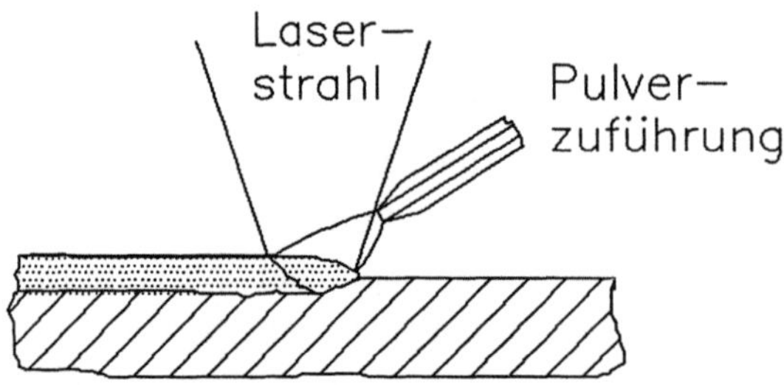

Bild 51:
Auftragsschweißen mit
Laser

entsteht eine starke Materialverdampfung, was zu Schmelzbadspritzern und ungleichmäßigem Schichtauftrag führt. Bei einer Zufuhr zu weit außerhalb des Schmelzbades wird es ungenügend angeschmolzen /251/.

Um ausreichende Auftragsraten und Schichtdicken zu erreichen, sind vergleichsweise hohe Laserleistungen erforderlich, z.B. 1-2 kW für 1-2 mm dicke Schichten mit einer Breite von 5 mm. Solche Leistungen sind mit kontinuierlichen Hochleistungs-Nd:YAG-Lasern erreichbar. Die Verwendung von Impulslasern beim Pulverauftragsschweißen ist dagegen nachteilhaft, weil das Pulver durch den Metalldampfdruck während des Impulses aus dem Schmelzbereich weggeblasen wird. Günstiger ist hier das Zuführen des Materials in Draht- oder Bandform, wobei jedoch nur Legierungen aufgebracht werden können, die sich als Draht oder Band herstellen lassen. Eine Ausnahme bilden solche spröde Legierungen, die als flexible amorphe Metallfolien bis zu 100μm Dicke hergestellt werden können. Bei ihnen ist meist B oder Si hinzulegiert, um die amorphe Erstarrung zu fördern.

Die Vorteile des Laserauftragsschweißen sind /252/:

- lokale Erwärmung mit kleiner Wärmeeinflußzone im Grundmaterial und geringem Verzug des Werkstückes,
- stabiler ruhiger Prozeßverlauf des Schmelzens,
- gute Verbindung mit dem Grundwerkstoff,
- geringes Auflegieren der aufgebrachten Schicht durch den Grundwerkstoff,
- Ausbildung eines feinkörnigen Gefüges mit guten mechanischen Eigenschaften durch schnelle Abkühlung,
- geringe Seigerung (Homogenisierungsglühen meist nicht erforderlich),
- bessere Oberflächenqualität im Vergleich zu anderen Verfahren,
- sehr dünne Auftragsschichten (bis 0,3 mm) möglich.

Weitere Möglichkeiten des Oberflächenveränderns mit dem Laser sind das Oberflächenhärten, -umschmelzen und das Verdichten plasmagespritzter Schichten.

6.10 Einfluß der konstruktiven Gestaltung auf das Schweißergebnis

Durch die konstruktive Gestaltung von lasergeschweißten Bauteilen wird sowohl die Fertigungsqualität (Fehlerfreiheit, Festigkeitsverhalten) als auch die Wirtschaftlichkeit (Schweißgeschwindigkeit, Vorrichtungsaufwand, Führungsgenauigkeit) erheblich beeinflußt. Oft werden ursprünglich für andere Fügeverfahren vorgesehene Bauteile aus Qualitäts- oder Kostengründen auf das Laserschweißen umgestellt. Dabei ergeben sich vielfach Schwierigkeiten durch eine nicht auf das Laserschweißen abgestellte Bauteilgestaltung.

6.10.1 Blech und blechähnliche Verbindungen

Verschiedene Stoßarten zeigen Bild 52 und Bild 53.

Nach DIN 1912 wird unterschieden zwischen Überlapp- und Stumpfstößen Dabei sind Stumpfstöße energetisch gesehen günstiger, da bei beiden Teilen gleichzeitig eine Schmelze entstehen kann. Jedoch ist die Gefahr der Rißbildung bei nicht ganz durchgeschweißten, bei punktförmig oder nur abschnittsweise geschweißten Verbindungen besonders groß. Außerdem müssen die Positionierung und die Stoßform der Fügeteile sehr genau sein. Bei durchgeschweißten, nicht unterbrochenen Schweißnähten sind der Kraftfluß und damit das Tragverhalten besonders günstig, auch bei schwingender Beanspruchung /254, 255/. Außerdem kann die Strahlenergie bei unterschiedlichen Werkstoffen oder Werkstoffdicken in geeigneter Weise auf die Fügeteile aufgeteilt werden /113/.

Vorteil der überlappten Schweißverbindung sind die weniger kritischen Stoßtoleranzen. Bei überlappten und in der Mitte der Überlappung geschweißten Blechen, ist vergleichsweise viel Energie zuzuführen, da das Oberblech völlig durchschmolzen und das Unterblech zusätzlich angeschmolzen werden muß. Deshalb können entweder nur dünne Bleche miteinander oder dünne Bleche auf dickere geschweißt werden. Besonders für Kupfer und Kupferlegierungen sind Überlappstöße aufgrund der hohen Verlustwärme wenig geeignet, sofern das zu fügende Teil nicht eine Dicke < 0.2mm hat, und das darunter liegende Werkstück nur eine geringe Wärmeleitfähigkeit hat, oder beide Teile jeweils nur < 0.1 mm dick sind /8, 256/. Die erforderliche Nahttiefe kann zum Teil durch Schweißen am Rande der Überlappung verringert werden (Bild 52c und Bild 53c).

Nachteilig ist weiterhin die an der Schweißstelle auftretende Kraftumlenkung. Dies führt zu hohen Spannungsspitzen, die das Tragverhalten, insbesondere bei Schwing- und Schälbeanspruchung, negativ beeinflussen.

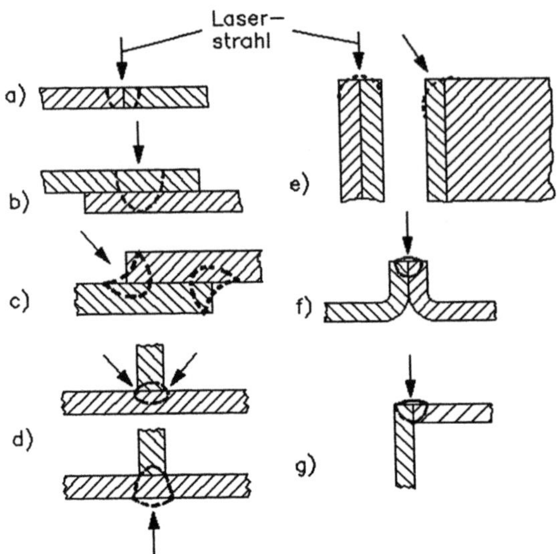

Bild 52: Stoßarten von Blechen
(a) Stumpfstoß, (b) Überlappstoß, mittig geschweißt, (c) Überlappstoß, an
Rändern geschweißt, (d) T-Stoß, (e) Parallelstoß, (f) Bördelstoß, (g) Eckstoß

Den Einfluß der Belastungsart auf die Tragfähigkeit des punktschweißten
Überlappstoßes zeigt Bild 54. Bei Scherzugbeanspruchung nimmt die Bruchkraft
annähernd proportional zum Punktdurchmesser zu. Der Spalt liegt in Richtung
der Beanspruchung und übt daher nur eine vergleichsweise geringe Kerbwirkung
aus. Anders verhält es sich bei Kopfzug- und besonders bei Schälbeanspruchung,
wo als Folge des quer zur Beanspruchungsrichtung liegenden Spaltes hohe
Spannungsspitzen entstehen, die für die Brucheinleitung maßgebend sind und
durch eine Vergrößerung des Nahtquerschnittes nur wenig abgebaut werden
können /162/. Mit dem Schweißen an der Stirnseite von überlappten Blechen
(Bild 52c) wird ein größerer Nahtquerschnitt erreicht, und das Blechende dient
als Zusatzwerkstoff, wodurch Schwankungen der Energie durch unterschiedliches
Abschmelzen ausgeglichen werden. Nachteilig ist die erforderliche sehr genaue
Positionierung.

Verbindungen im Bördel- oder Parallelstoß und ähnliche Nahtformen zeigen
günstiges Aufschmelzverhalten, geringen Einspanngrad und daher geringe
Rißanfälligkeit /162/ (Bild 52).

Dagegen sind Eckverbindungen besonders rißempfindlich. Durch geeignete
Gestaltung läßt sich die Rißanfälligkeit vermindern (Bild 55) /254/.

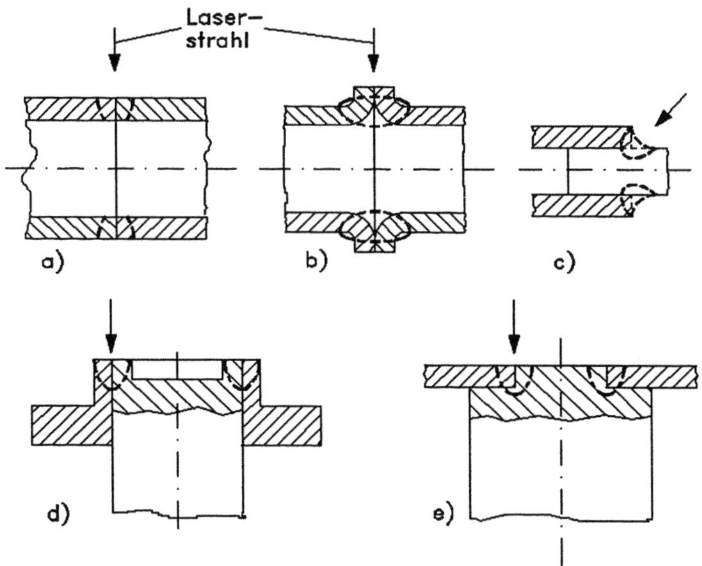

Bild 53: Stoßarten beim Nahtschweißen von rotationssymmetrischen Bauteilen /227/

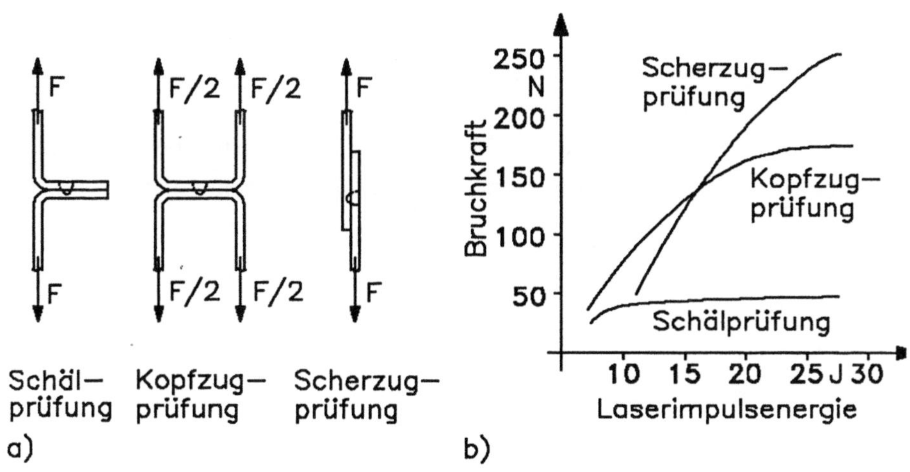

Bild 54: Einfluß des Spannungszustandes bei Überlappverbindungen /162/, Material X5 NiCo 28 23 Blechdicke d=0,2mm, Impulslänge t_p=6ms
a) Ausführung der Scherprüfung, b) Bruchkräfte

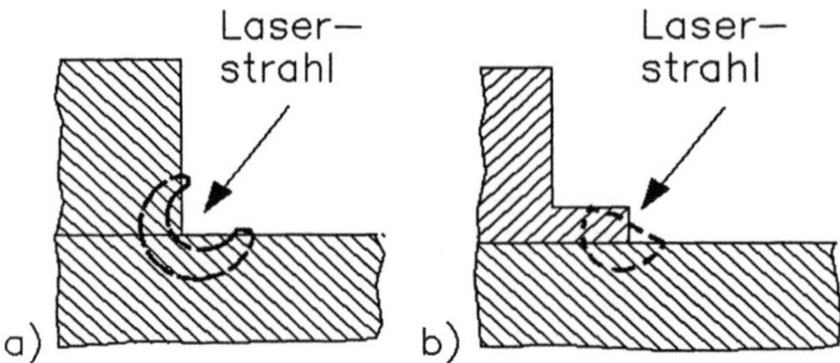

Bild 55: Laserschweißen von T- und Eckverbindungen /254/
a) große Rißneigung, b) geringe Rißneigung

Die Neigung zur Rißbildung durch Schrumpfspannungen kann demnach über die konstruktive Gestaltung vermindert werden. So ist es günstig, wenn durch die Gestaltung der Fügeteile das Schrumpfen der Naht möglichst wenig behindert wird. Dies läßt sich z.B. dadurch erreichen, daß dickere Teile nicht in Bereichen hoher Steifigkeit sondern möglichst hoher Nachgiebigkeit, wie z.B. an einem vorstehenden Kragen oder ähnlichem, geschweißt werden (Bild 56b). Auch sollte für die Aufnahme der Schrumpfkräfte ein ausreichend großer Nahtquerschnitt vorhanden sein. Dies läßt sich durch eine Gestaltung erreichen, die eine gute Wärmestaubildung ermöglicht. Das Aufschmelzvolumen ist dabei im Vergleich zur Erwärmungszone relativ groß. Eine entsprechende Gestaltung zeigt Bild 56b.

Zur Vermeidung von Heißrissen sollte eine von beiden Seiten zur Nahtmitte hin erfolgende Erstarrung vermieden werden, da die entstehende Anreicherung von niedrigschmelzenden Komponenten in der Nahtmitte die Heißrißbildung fördert. Bei der Schweißnaht in Bild 56 erfolgt die Anreicherung bevorzugt an der Nahtoberfläche. Somit entsteht keine heißrißfördernde Seigerung in der Naht selbst /254/.

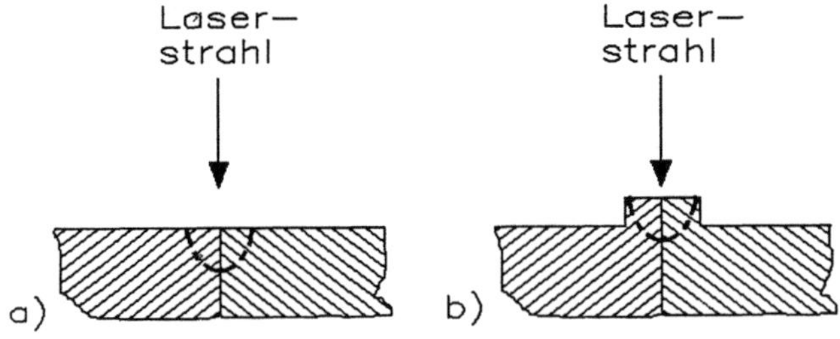

Bild 56: Verbinden dickerer Teile durch Laserschweißen, a) ungünstig, b) günstig
/254/

Durch gleichzeitiges Laserstrahlschweißen an mehreren Schweißstellen in symmetrischer Anordnung kann der Verzug minimiert werden /11/. Ein minimierter Bauteilverzug ist z.B. beim Schweißen von Laserdioden für die Nachrichtentechnik (wegen der Einkopplung in die Glasfaser) notwendig. Solche Laserdioden konnten nach vorherigem Justieren mit gleichzeitig angebrachten Punktschweißungen innerhalb eines axialen Verzuges von 0,5 μm gefertigt werden /196/.

6.10.1.1 Zulässige Stoßtoleranzen beim Punktschweißen von Blechen

Bei Überlappstößen von 0,5 mm dicken Blechen ist ein Spalt zwischen den Nickelblechen von bis zu 0,4 mm zulässig (10 % Festigkeitsabfall), Bild 57 /162/. Bei 0,75 mm dicken Stahlblechen wurde eine maximale Toleranz von 0,4 mm ermittelt /257-259/.

Bei Stumpfstößen von 0,2mm-Blechen sind Spalte von ca. 0,01 mm und ein Versatz von $\pm$ 0,1 mm zulässig. Bei 1 mm Blechen ist ein Spalt von maximal 0,2 mm zulässig und ein Versatz der Bleche von $\pm$ 0,5 mm (Bild 58) /162/. Bei Titanblechen von 0,1 mm Dicke sind Spalte von 20 μm und ein Versatz von 50 μm zulässig /260/. In /261/ wird eine Spalttoleranz von < 1/10 der Blechdicke bei stumpfgeschweißten Blechen angegeben.

Beim Schweißen von dünnen Blechen (ab d < 0,2 mm) im Stumpfstoß neigen die aufgeschmolzenen Schweißkanten durch die Oberflächenspannung zum Zurückfließen. Als Gegenmaßnahmen müssen die Toleranzen sehr klein gehalten werden. Bei dickeren Blechen (> 0,5 mm) dagegen wölbt sich die Schmelze vor, was für eine bessere Überbrückung des Schweißspaltes dient und die

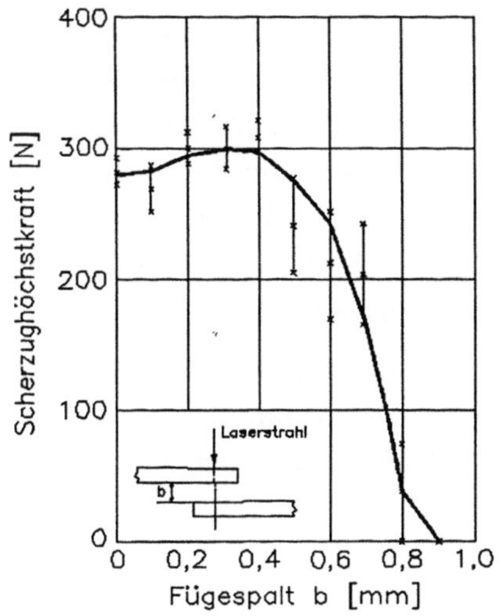

Bild 57: Zul. Stoßtoleranzen bei Überlapp-Punktschweißungen mit Nd-Laser, Werkstoff: Ni 99,6, Dicke: 0,5 mm, Pulsenergie: 71 J, Pulsdauer: 12 ms, Defokussierung: -4 mm, Überlapplänge: 7 mm /162/

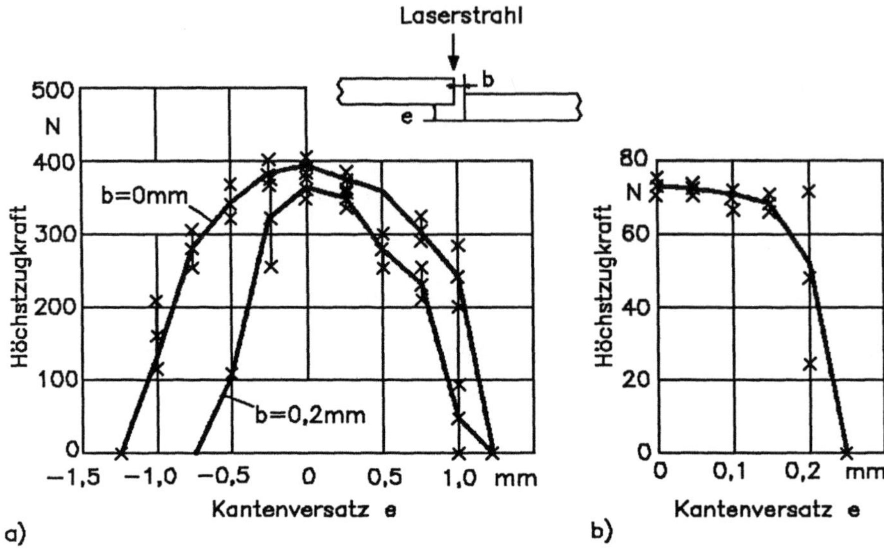

Bild 58: Zul. Kantenversatz bei Stumpfverbindungen mit Nd-Laser, Werkstoff: Ni 99,6, a) Banddicke: 1,0 mm, Laserenergie: 79 J, Pulsdauer: 12 ms, Defokussierung: -2 mm,   b) Banddicke: 0,2 mm, Laserenergie: 15 J, Pulsdauer: 6 ms, Defokussierung: -2 mm /162/

Stoßtoleranzen vergrößert /162/. Eine Vergrößerung der Spalttoleranz kann auch durch einen schrägen Einfall des Laserstrahles gegenüber den Blech erreicht werden /257/.

Bei überlappten Blechen ruft ein vorhandener Spalt zwischen den Blechen einen größeren Schweißpunkt im Oberblech hervor als bei spaltfrei übereinanderliegenden Blechen. Die Ursache ist, daß sich bei überlappten Blechen mit Spalt zuerst die Schmelze nur in dem Blech bildet, auf das der Strahl auftrifft. Durch das zweite Blech wird erst Wärme aufgenommen, wenn das Schmelzbad einen gewissen Durchmesser erreicht hat und auf das zweite Blech durchsackt. Sofern die Bleche bereits zu Beginn Kontakt miteinander haben, werden sie beim Schweißen gleichzeitig erwärmt /162/. Dieser Unterschied kann Schwankungen in der Festigkeit der Schweißpunkte hervorrufen, wenn die Spaltbreite variiert.

Aus den Ausführungen /162/ erkennt man, daß auch die Oberflächenspannung der Schmelze einen Einfluß auf die zulässigen Fügetoleranzen hat, wobei die Oberflächenspannung der Schmelze wiederum durch das Schutzgas beeinflußt wird.

6.10.2 Draht-Draht- und Draht-Blech-Verbindungen

Einige unterschiedliche Arten von Drahtstößen zeigt Bild 59. Drähte mit Durchmessern unter 1mm lassen sich im allgemeinen gut schweißen /162, 262-264/. Drahtverbindungen, die parallel geschweißt werden und bei denen die Enden mit aufgeschmolzen wurden (siehe Bild 60), weisen die höchsten Festigkeitswerte auf. Die hohen Festigkeitswerte resultieren zum einen aus dem großen Schmelzvolumen und zum anderen aus dem Zufließen der ursprünglichen Kerbe /162/. Ein weiterer Vorteil von überlappt gefügten Drähten ist die gute Energieumsetzung. Sie resultiert aus der Vielfachreflexion zwischen den parallelen Drähten (Strahlenfalle) (Bild 42 in Kapitel 6.6.1), wodurch die Anfangsabsorption stark erhöht wird /162/. Zu beachten ist auch, daß aufgrund des geringen Drahtquerschnittes beim Schweißen von Drähten wenig Wärme durch den umliegenden Werkstoff abgeführt wird.

Dagegen ist es ungünstig, den Laserstrahl direkt auf die Drahtmitte zu positionieren, weil dadurch der Draht erst ganz durchgeschmolzen werden muß, bevor der zweite Verbindungspartner angeschmolzen wird (Bild 61). Außerdem wird die Positioniertoleranz kleiner, da die Leistungsdichte des auftreffenden Laserstrahles bei Verschieben des Auftreffpunktes durch die runde Drahtoberfläche stark variiert.

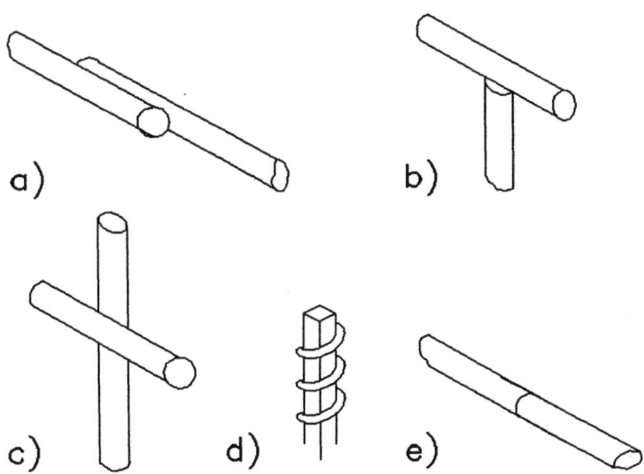

Bild 59: Drahtstöße
a) Parallelstoß, b) T-Stoß, c) Kreuzstoß, d) gewickelt, e) Stumpfstoß

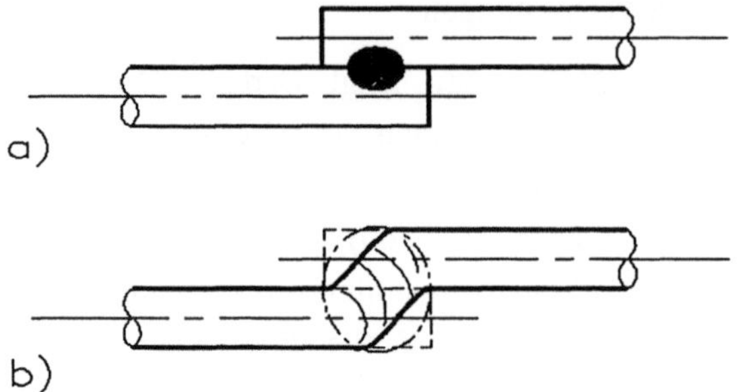

Bild 60: Parallel geschweißte Drähte a) ohne, b) mit Aufschmelzen der Drahtenden

Festigkeitsergebnisse an verschiedenen Drahtstößen enthält auch /265/. Überlapp- (ohne Anschmelzen der Drahtenden), Kreuz-, Stumpf- und T-Stöße erreichen hier ähnliche Festigkeiten (untersuchte Drähte und Drahtkombinationen: rostfreier Stahl, Kupfer, Nickel, Tantal und Kupfer/Tantal; Drahtdurchmesser 0,4 und 0,8 mm, Pulsenergie $\approx$ 10 J, Impulszeit $\approx$ 3 ms).

Bei Kreuzstößen ist eine starke Abhängigkeit von der Laserpositionierung festzustellen /254/. Die Festigkeit gegenüber Parallelstößen mit angeschmolzenen Drahtenden ist vergleichsweise niedrig und unterliegt einer starken Streuung.

Beim Schweißen zwischen Drähten aus gleichen Metallen werden die höchsten Tragfähigkeiten im allgemeinen bei kurzen Pulszeiten (keine Grobkornbildung) erreicht, wobei die Impulszeit allerdings noch ausreichen muß, die Schweißstelle vollständig aufzuschmelzen /266/.

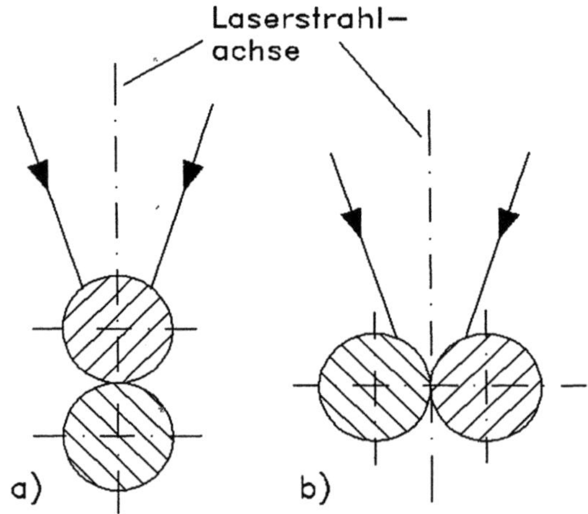

Bild 61: Auftreffen des Laserstrahles beim Drahtschweißen
a) ungünstig, b) günstig

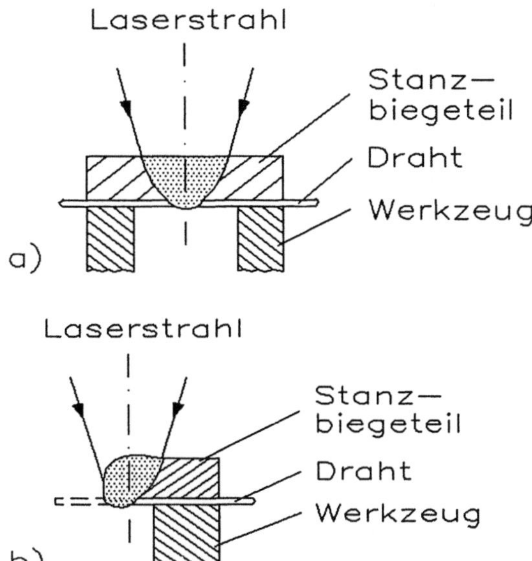

Bild 62:
Drahtblechverbindungen mit
Durchschmelzen des Bleches

Bei Drähten mit geringem Durchmesser (d < 0.05 mm) ergibt sich die
Neigung des Drahtdurchtrennens beim Schweißen. Solche Drähte werden (meist
als lackisolierte Kupferdrähte) in der Elektrotechnik oft mit Stanzbiegeteilen
verbunden (Durchmesserbereich der Drähte 0,01 bis 0,2 mm). Diese
Stanzbiegeteile haben erheblich größere Querschnitte als die zu kontaktierenden
Drähte. Um an den Stanzbiegeteilen ein Anschmelzen zu erzielen, ist die
Leistungsdichte und Pulsdauer so zu wählen, daß der Draht leicht abschmilzt bzw.
verdampft, bevor sich eine Schmelzbrücke zum Schmelzbad des Stanzbiegeteiles
bildet /11, 267/. Solche Schweißverbindungen können nur dann sicher geschweißt
werden, wenn die Schmelze zuerst im großvolumigeren Bauteil entsteht und dann
Wärme auf den Draht überträgt. Dies wird durch ein überlappendes Fügen
möglich, wobei von der Blechseite her auf den Draht durchgeschweißt wird /267/.
Der Draht darf dabei nicht unter Zugspannung stehen und muß an der
Schweißstelle sicher anliegen (Bild 62a).

Noch günstiger ist das Anschmelzen des Stanzbiegeteiles am Rand. Bei Zugentlastung das Drahtes kann dieser dann während des Schweißens durch eine
geringe Zugspannung am Drahtende abgetrennt werden (Bild 62b).

Durch die Gestaltung läßt sich der Draht vor dem Laserschweißen auch
fixieren, z.B. durch Einlegen des Drahtes in einen Einschnitt (Bild 63). Der Draht

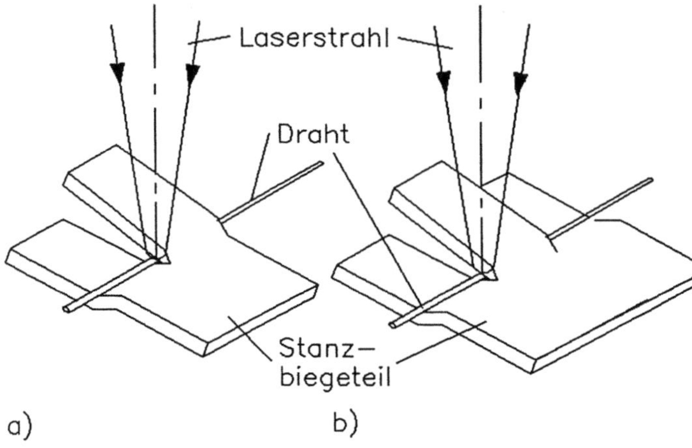

Bild 63: Draht-Blech-Verbindungen mit Blecheinschnitten, Positionierung
des Drahtes durch a) einen Einschnitt, b) zwei Einschnitte

wird dabei an der Schweißstelle durch das Stanzbiegeteil verdeckt. Außerdem
muß der Draht an der Schnittkante anliegen, damit er beim anschließenden
Schweißen durch die Schmelze erfaßt wird. Ein günstiges Schweißverhalten liegt
vor, wenn das Schmelzbad die gegenüberliegende Kante erfaßt hat und den
ganzen Grund des Einschnittes ausfüllt. Das überstehende Drahtende kann beim
Schweißen mit geringen Zugkräften abgetrennt werden. Dieses Verfahren kann
bei Drähten $\geq$ 0,1 mm Durchmesser angewendet werden /11/.

Drähte mit einem Durchmesser < 0,1 mm werden im allgemeinen in den
umgebenden Werkstoff eingebettet. Sie können z.B. mit Hilfe eines aufgelegten
Plättchens geschweißt werden (Bild 64) /202, 268/ (z.B 0,07 mm Cu-Draht mit
Cu Ni12 Zn24 0,4 mm Plättchen auf ein Stanzbiegeteil aus Cu Zn40, 0,8 mm dick
/11/). Dabei löst sich der Draht in der aus dem umgebenden Werkstoff
entstandenen Schmelze mit auf.

Die Dicke des Plättchens darf allerdings nicht zu gering sein, da sich sonst
aufgrund der Oberflächenspannung und des Metalldampfdruckes die Schmelze
zum Schmelzbadrand hin zurückzieht (Lochbildung im Plättchen) und kein
ausreichender Schweißquerschnitt entsteht; bewährt haben sich Dicken von 0,2
bis 0,4 mm und als Werkstoffe handelsübliche CuZn- oder CuZnNi-Legierungen.
Ein Andrücken des Plättchens ermöglicht ebenfalls ein Abtrennen des
Drahtendes, wobei das Plättchen eben oder mit der Gratseite anliegen sollte. Mit
dem Durchmesser des Schweißpunktes wird die Lagetoleranz des Drahtes
bestimmt, wobei Durchmesser kleiner 2 mm üblich sind /11/.

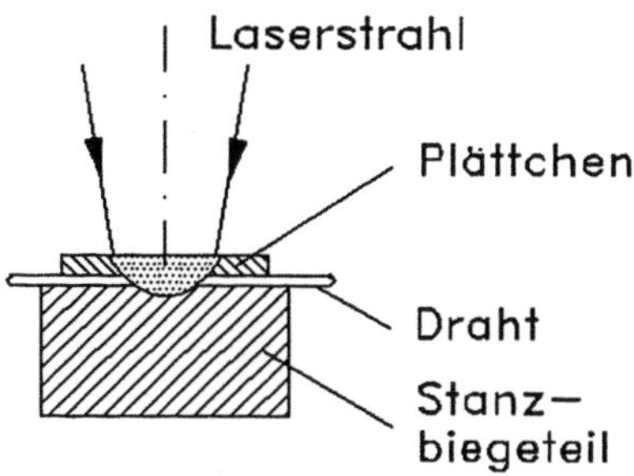

Bild 64: Schweißen von dünnen Drähten auf dickere Bleche

Bei geringerer Dicke des Stanzbiegeteiles (< 0,3 mm) kann das Einbetten des Drahtes auch durch Falten erzielt werden (Bild 65). Der Draht wird in das vorgeformte Stanzbiegeteil eingelegt und durch das Falten das Bleches fixiert. Durch die gute Fixierung des Drahtes kann bereits mit kleinem Schweißpunktdurchmesser hohe Tragkraft erzielt werden. Wird das Stanzbiegeteil nicht bis zum Rand hin aufgeschmolzen, so bleibt ein zusätzlicher Formschluß bestehen, der vor allem bei dünneren Drähten von Vorteil ist. Das Stanzbiegeteil sollte eine Mindestbreite von 1 mm haben. Um ein Abscheren des Drahtes zu vermeiden, darf der Druck beim Falten nicht zu groß sein. Die Technik des Faltens kann auch beim Laserlöten angewendet werden. Hierzu wird das Stanzbiegeteil verzinnt. Durch Aufschmelzen des Lotes schmilzt bzw. verdampft die Lackisolierung des Drahtes und der Draht wird vom Lot benetzt. Das Löten eignet sich besonders für dünne Drähte.

Eine weitere günstige Gestaltung im Hinblick auf das Laserschweißen zeigt Bild 66. Die Drähte werden mit mehreren Windungen um das Stanzbiegeteil gelegt, sodaß beim Punktschweißen eine Mehrfachverbindung entsteht.

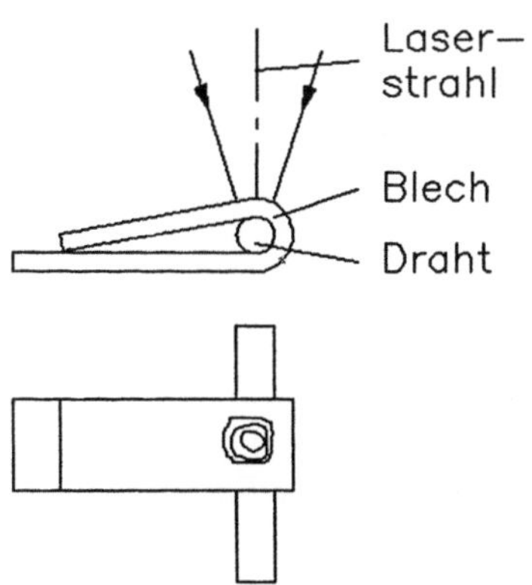

Bild 65: Laserschweißen einer Draht-Blechverbindung mit Fixierung des Drahtes durch Falten des Bleches

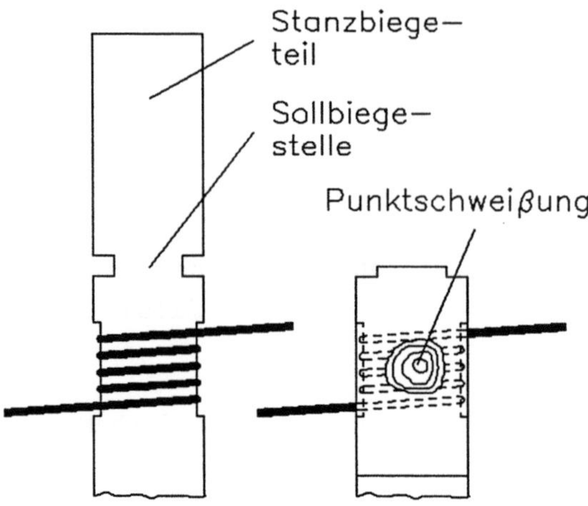

Bild 66: Gestaltung eines Stanzbiegeteils zum Laserschweißen von gewickelten Drähten auf Anschlußteile

Eine spezielle Gestaltung zeigt Bild 67. Der Draht wird dabei um den oberen Teil der Anschlußfahne gewickelt und mit dem Laser verschweißt. Durch Verjüngung des Querschnittes (ursprüngliche Gestaltung gestrichelte Linie) wurde eine bessere Reproduzierbarkeit der Schweißverbindung erreicht, was auf ein ausgeglichenes Massenverhältnis von Anschlußfahnen- zu Drahtmasse zurückzuführen ist /269/.

Gleichzeitiges Schweißen und Abtrennen des Drahtes ist auch mit einem geteilten Strahl möglich. Dabei muß die Aufteilung der Laserstrahlenergie so vorgenommen werden, daß die jeweiligen Brennpunkte des geteilten Laserstrahles entsprechende Leistungsdichten zum Schneiden bzw. Schweißen haben /196/.

Bei lötbaren lackisolierten Drähten ergeben sich in der Regel kaum Probleme beim Schweißen, da die Isolationsschichten durch die Lasererwärmung entfernt

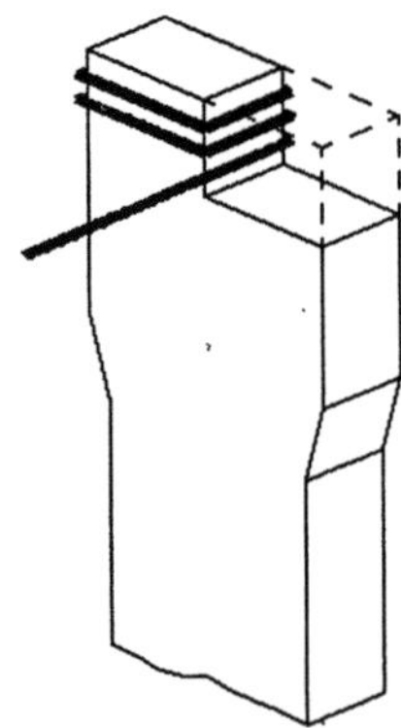

Bild 67: Gestaltung eines Stanzbiegeteiles zum Laserschweißen von gewickelten Draht an ein Anschlußteil

werden /263/. Bei Lacken mit einer Schmelztemperatur > 400 °C können dagegen verkohlte Reste des Lackes in die Schmelze gelangen. Besonders kritisch sind Isolierungen mit einer Schichtdicke größer 0,1mm, die eine Benetzung von Draht und Schmelze verhindern /11/ und zu Eruptionen in der Schmelze führen können. So lassen sich lackisolierte Drähte mit Lack aus Polyurethan gut schweißen, während Drähte mit hochtemperaturbeständigem Lack auf Polyamidbasis zu schlechten Schweißergebnissen führen /270/. Schweißen von lackisolierten Drähten mit und ohne Sandwichtechnik sind auch von /271, 272/ untersucht worden. Vorteilhaft sind Fügeteilgeometrien, bei denen der Isolationslack gut ausgasen kann (Tabelle 16 Fügeteilgeometrie 4 und 5).

Beim Verschweißen von Drähten ohne Einbettung in das Stanzbiegeteil ist ein vorheriges Laserstrahlanschmelzen des Drahtendes zu einer Kugel günstig /273/. Ein schräger Einfallswinkel kann bei Laserschweißen von Fügepartnern mit stark unterschiedlichen Querschnitten von Vorteil sein. Durch das Schrägstellen werden unterschiedliche Leistungsdichten auf der Oberfläche erreicht, wobei der Fügepartner mit dünnem Querschnitt im Bereich niedriger Leistungsdichte plaziert wird /273/ (Bild 68).

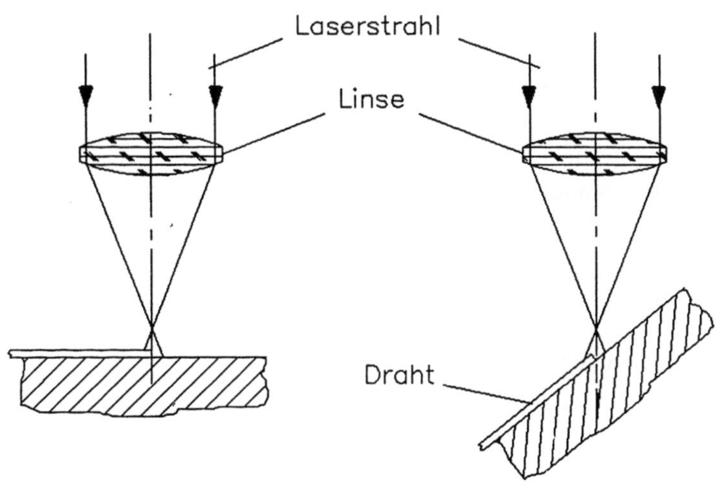

Bild 68: Schrägstellen der Oberfläche für unterschiedliche Leistungsdichten auf der Werkstückoberfläche

Tabelle 16: Verschiedene Fügegeometrien für das Schweißen von lackisolierten Drähten /272/

Fügeteilgeometrien	1	2	3	4	5
	Draht/ Blech	Draht/ Blech mit Nut	Draht/ laschenförmig gebogenes Blech	Draht/ laschenförmig gebogenes Blech	Draht-wicklung/ Stift
Anwendungsbereich					
Draht weiterführbar	ja	ja	ja	nein	nein
- Blechdicke (mm)	0,04-0,5	0,5-1,0	0,3-0,5	0,1-0,8	0,4-0,6
- Drahtdurchmesser (mm)	0,1-0,3	0,1-0,5	0,04-0,1	0,04-0,7	0,1-0,3
Funktionale Bewertung					
- elektrisch (Leitfähigkeit)	+	+	+	+	+
- mechanisch (Festigkeit)	+	o	o	+	+
Eignung zum Laserschweißen					
- Schmelzgutmenge zum Fügen	o	+	o	+	+
- Lackausgasung möglich	+	-	o	+	+
- Variation der Fügeteilabmaße	-	+	-	+	+
Handhabung					
- Positionierung der Fügepartner	-	+	o	+	+
- Fixierung der Fügeteile	-	o	+	+	+
- Positionierung zum Laserstrahl	o	o	o	+	+
Zusammenfassende Bewertung	o	+	o	+	+

+ gut, o eingeschränkt, - nachteilig

Beim Schweißen von Drähten auf Werkstücke dickeren Querschnittes kann der frühzeitig aufschmelzende Draht tropfenförmig auf der Werkstückoberfläche liegen bleiben und den Wärmeaustausch zwischen den beiden Fügepartnern behindern. Gegenmaßnahmen sind verstärktes Aufschmelzen des dickeren Werkstückes, z.B. durch Schrägstellen.

Laserstrahlstumpfschweißen von Draht-Draht-Verbindungen erfordert eine sehr genaue Justierung der Drahtenden. Ein vorhergehendes Laser-Anschmelzen einer Kugel an den Drahtenden ist besonders günstig, um eine Querschnittsverringerung im Nahtbereich zu vermeiden (Bild 69).

Beim Schweißen von Drähten auf Leiterbahnen von Platinen ergeben sich Schwierigkeiten aufgrund der engen Toleranzen der Energieeinbringung. Bei zu geringen Energien entsteht keine haltbare Schweißverbindung, bei zu hohen löst sich die Leiterbahn ab. Außerdem ergibt sich eine große Streubreite der Festigkeit bei Schweißungen mit optimaler Energie /274/.

Andere Untersuchungen zeigen für Leiterbahnen (70 μm Dicke) auf Epoxid- und Phenolharzträgern gute Ergebnisse /275/. Beim Schweißen von flexiblen gedruckten Leiterbahnen (Leiterbahnen sind dabei beidseitig mit einer dünnen Kunststoffolie beschichtet) wird zum Abisolieren der Leiterbahnen ein CO_2-Laser verwendet und zum anschließenden Verschweißen von TAB-Bauelementen ein Nd:YAG-Laser /276/.

Schweißverbindungen von Draht-Draht-Verbindungen treten häufig bei Thermoelementen auf /112, 206, 273, 277, 278/. Geschweißte Thermoelement-Drahtkombinationen zeigt Tabelle 17.

Eine weitere Anwendung sind Schmuckketten aus Gold, bei der die Drahtenden ohne Querschnittsverminderung im Werkzeug der Kettenmaschine geschweißt werden.

Das Schweißen von Drähten mit rechteckigen Querschnitt 0,012 · 0,11 mm auf Dünnschichtfilmsubstraten wird in /279/ beschrieben. Die Drähte (Gold) kommen von einem IC-Chip und werden auf ein Dünnfilmsubstrat mit Leiterbahnen aus

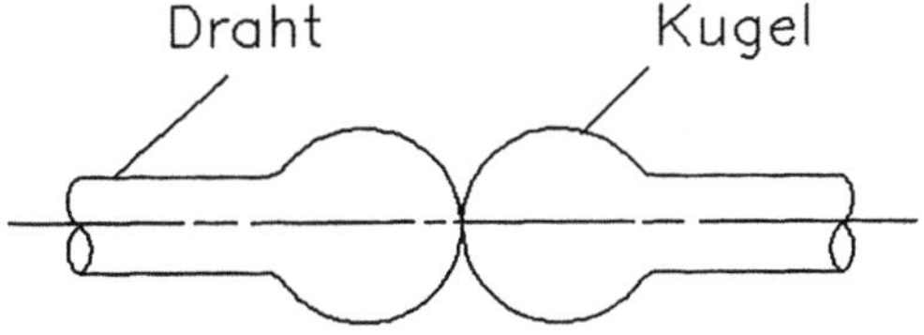

Bild 69: Stumpfstoß einer Drahtverbindung mit Anschmelzkugeln an den Drahtenden

Au-Ti geschweißt. Aufgrund der Feinheit der Drähte wurde eine spezielle Technik zum Niederhalten der Drähte entwickelt. Sie besteht aus einem dünnen Teflon-Foliensack, der um Draht und Chip gelegt und anschließend evakuiert wird. Anschließend werden die einzelnen Drähte des IC's durch die Folie hindurch (ohne Schädigung der transparenten Folie) mit einem einzigen Laserstrahlimpuls angeschweißt, wozu der Laserstrahl zu einem quadratischen Linienmuster geformt wird. Die Schweißverbindungen erreichten eine gute Qualität.

Beim TAB-Bonden werden erfolgreich Laser mit Pulsformung eingesetzt. Dabei werden 50 μm breite verzinnte oder vergoldete Kupferdrähte auf Goldhügel eines Si-Substrates mit einem Mittenabstand von 100 μm verschweißt. Eine Impulsspitze zu Anfang des Impulses erhöht die Reproduzierbarkeit der Verbindung /280-282/.

Zum Laserbonden von Golddrähten auf Siliziumsubstraten mit und ohne Aluminiumbeschichtung liegen bisher wenig Erfahrungen vor /216/. Drähte, die direkt mit Halbleitern verschweißt wurden, zeigen elektrisch nichtlinearen, z.T. gleichrichtenden Charakter mit großem Übergangswiderstand /283/.

Tabelle 17: Thermoelement-Drahtkombinationen auf Blech geschweißt (Rubinlaser) /278/

Grund-material		Thermo-paarung			
Art	Dicke (mm)	Art	Durch-messer (mm)	Pulslänge (ms)	Energie (J)
Molybdän	1,50	Pt-PtRh 10	0,25	4,00	3,20
	1,55	W-WRe26	0,25	4,35	4,20
Tantal	0,013	Pt-PtRh 10	0,075	2,75	0,03
	1,50	W-WRe26	0,50	5,20	6,50
Stahl	0,50	Pt-PtRh 10	0,075	3,00	0,04
Niob	0,025	Pt-PtRh 10	0,075	3,50	0,06
Wolfram	3,125	Pt-PtRh 10	0,25	4,50	4,60

6.10.2.1 Zulässige Toleranzen bei Drahtverbindungen

Bei überlappt laserpulsgeschweißten Kupfer- und Nickeldrähten (Durchmesser 0,5 mm) muß die Überlappungslänge mindestens dem Durchmesser des Drahtes entsprechen, um ausreichende Festigkeiten zu erreichen /162/. Beste Festigkeitswerte werden bei beidseitig verschmolzenen Drahtenden erreicht. Bei zu kurzen Überlappungslängen fallen die Festigkeitswerte ab, bei zu langen Überlappungen liegen die Drahtenden außerhalb des Schmelzbereiches, und die Festigkeit wird durch die entstehende Kerbwirkung geringer. Die Positionierungtoleranz des Laserstrahles zur Stoßstelle muß kleiner als $\pm$ 20 % des Drahtdurchmessers sein /259, 275/.

Bei stumpfgeschweißten Nickeldrähten (d = 0,5 mm) bildet sich aufgrund der Oberflächenspannung der Schmelze in der Mitte der Schweißstelle eine kugelförmige Verdickung mit anschließender Verringerung des Querschnittes in den angrenzenden Bereichen aus. Der Fügespalt zwischen den Drähten muß kleiner als 10 % des Drahtquerschnittes und die Positionierung des Laserstrahles genauer als 100 μm sein, um ausreichende Festigkeiten zu erhalten /267/. Bei Strahldurchmessern kleiner dem Drahtdurchmesser haben Positionierungstoleranzen einen verstärkten Einfluß.

Beim Laserschweißen von Kreuzstößen aus mit Permalloy plazierter Berylliumdrähte mit 0,13 mm Durchmesser ergaben sich die besten Schweißergebnisse beim 60°-Kreuzstoß; die Energieschwankungen des Lasers durften maximal 15 % betragen und die Pulsdauer lag bei 4 ms $\pm$ 1 ms /266/. Bei ungleichen Drahtmaterialien, die im Schweißgut intermetallische Verbindungen bilden, müssen noch engere Toleranzen eingehalten werden /284/.

Die Oberflächenspannung übt bei kleineren Drahtdurchmessern einen günstigen Einfluß aus:

1) Durch die Oberflächenspannung der Schmelze entsteht bei dünnen Drähten (insbesondere bei überlappt gefügten Drähten) eine zusätzliche Kraftwirkung durch die Oberflächenspannung der Schmelze, die die Drahtenden zueinander hinzieht.

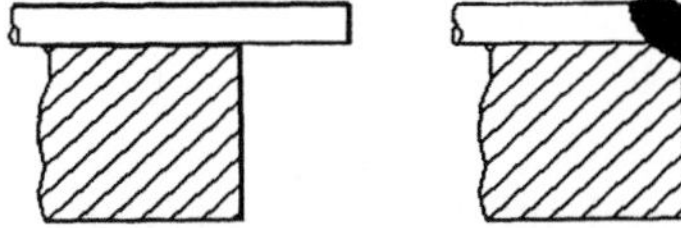

Bild 70: Überstehendes Drahtende als "Zusatzwerkstoff" /8/.

2) Das überstehende Teil des Drahtes dient als "Zusatzwerkstoff", wobei das Drahtende aufgrund seines geringen Querschnittes nachschmilzt, ohne daß es der Schmelze zuviel Wärme entzieht. Durch das Nachschmelzen bildet sich ein Gleichgewicht zwischen Aufschmelzenergie und der absorbierten Strahlungsenergie aus, wodurch sich ein günstiges Aufschmelzverhalten ergibt. Die Einstellung der Laserparameter ist damit unkritischer /8/ (Bild 70). Freie Drahtenden werden durch die Oberflächenspannung der Schmelze gehalten, wenn sie nicht zu lang und zu schwer sind.

6.11 Zusammenstellung von Strahlparametern zum Laserpunkt- und -nahtschweißen

Eine Zusammenstellung von Parameter zum Laserschweißen und deren Auswirkung auf das Schweißergebnis ist in Tabelle 18 und Tabelle 19 aufgelistet.

Geeignete Bereiche für das Laserschweißen mit Nd-Lasern zeigt Bild 71. Das Laserschweißen erfordert gegenüber der abtragenden Lasermaterialbearbeitung längere Pulsdauern und niedrigere Leistungsdichten, um ausreichendes Aufschmelzen zu gewährleisten und die Bildung von Bohreffekten zu vermeiden /146/.

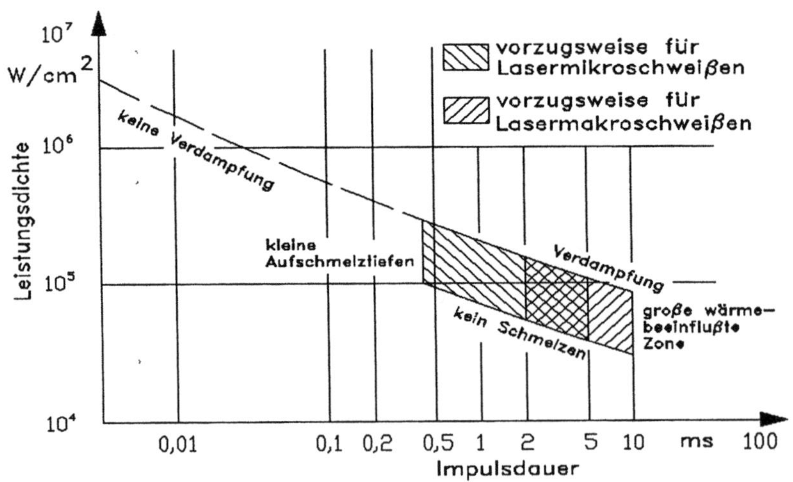

Bild 71: Geeignete Bereiche für das Lasermakro- und -mikroschweißen /146/

Tabelle 18: Einfluß des Lasersystems auf das Laserschweißprozeß

Einflußgrößen des Laseroszillators	beeinflußte Größen
-Wellenlänge	-Absorption der Strahlung
-mittl. Ausgangsleistung	-Nahtschweißen: Schweißgeschwindigkeit, max. Blechdicke
-Strahldurchmesser	-Fokussierung, Leistungsdichte, Schmelztiefe
-Divergenz	-Fokussierbarkeit
-Modenstruktur	-Fokussierbarkeit, Leistungsdichteverteilung
-Betriebsweise:	
-kontinuierlich	-Liniennähte
-Impuls	-Punktnaht, auch Liniennähte durch Punktüberlappung
-Impulsfrequenz	-Produktivität (Arbeitsgeschwindigkeit)
-Impulslänge	-Aufschmelztiefe, Durchmischung
-Impulsform	-Energieabsorption, Wärmezyklus
-Impulsenergie	-Schmelzzonengröße, max. Schweißvolumen, max. Blechdicke
-Stabilität	-Reproduzierbarkeit der Schweißungen

Einflußgrößen der Laseranlage	beeinflußte Größen
-Einfallswinkel der Laserstrahlung auf das Werkstück	-Schweißpunktdurchmesser, -geometrie, Schweißtiefe
-Fokussierungsoptik, Fokussierungsbedingungen (Brennfleckdurchmesser, Brennpunktlage)	-Leistungsdichte, Leistungsdichteverteilung
-Brennweite	-Arbeitsabstand, Fokussierbarkeit, Schärfentiefe
-Gasdüse (Höhentoleranzen, Führungsgenauigkeit)	-Reproduzierbarkeit der Schweißungen, Oxidation

Tabelle 18 (Fortsetzung): Einfluß des Lasersystems auf das Laserschweißprozeß

Einflußgrößen der Umgebung	beeinflußte Größen
-Umgebende Atmosphäre (Luft, Schutzgases)	-Energieeinkopplung, Oberflächenspannung, Schutzwirkung gegen Gasaufnahme, Ausbildung der Schmelzzonengeometrie
-Schutzgasstromgeschwindigkeit über der Schweißstelle	-Abkühlung der Schweißstelle, Schutzwirkung, Abschirmwirkung des Metalldampfes (Wegblasen)
-Schutzgasart	-Oxidation, Gasaufnahme, Porosität, Versprödung, Verfärbung der Oberfläche, Schmelzbadoberflächenausbildung

Tabelle 19: Einfluß der geometrischen und werkstofftechnischen Parameter des Werkstücks auf das Laserschweißen

Einflußgrößen des Werkstückes	beeinflußte Größen
-Werkstoffkennwerte: -Absorption, Transmission, Reflexion	-Umwandlung der Strahlungsenergie in Wärme
-Wärmeleitfähigkeit, Verdampfungspunkt, Schmelzpunkt, mittl. spez. Wärmekapazität, Schmelzwärme, Verdampfungswärme	-Wärmeleitungsverluste, Verdampfung, Materialauswurf, Vordringen der Phasengrenze, fest-flüssig im Material, Tiefe/Breite-Verhältnis, Spritzerbildung
-Umwandlungsverhalten	-Aufhärtung, Rißbildung, Erweichung
-Werkstoffdicke	-Leistungsbedarf, Verzug
-Oberflächenbeschaffenheit, Art der Reflexion auf der Werkstückoberfläche (z.B. gekrümmte Oberfläche, Strahlenfalle)	-Absorption, Reproduzierbarkeit der Schweißungen
-Ausbildung des Schweißstoßes (Toleranz, Spalt, Gestaltung)	-Reproduzierbarkeit der Schweißungen, Schweißquerschnitt

6.11.1 Laserschweißen von Blechen bzw. Bändern

An Tiefziehblechen aus Stahl, die bisher mittels CO_2-Laser geschweißt wurden, wurden vergleichende Schweißuntersuchungen mit Hochleistungs-Festkörperlasern durchgeführt. Der Vorteil des verwandten Impuls-Lasers mit einer Leistung über 1 kW gegenüber einem Dauerstrich-System liegt in der sehr hohen Spitzenleistung, die eine vielseitige Variation des Laserstrahles durch die gleichzeitiger unabhängige Steuerung der Durchschnittsleistung ermöglicht. Der Ausgangsstrahl wurde auf einen Fleck von ca. 0,6 mm Durchmesser fokussiert. Für die Schweißversuche wurde Argon mit einem Druck von 0,3 bar und einer koaxialen Schutzgaszuführung verwendet. Eine durchgehende Überlapp-Schweißnaht konnte bei einer Laserleistung von 1kW unter Verwendung von Argon als Schutzgas und einer Vorschubgeschwindigkeit von 1m/min erzielt werden. Die Schweißnaht weist weder eine starke Wölbung noch einen Einfall auf, so daß auf eine Nachbearbeitung verzichtet werden kann.

Wegen der hohen Wärmeleitfähigkeit und des Temperaturdiffusionskoeffizienten läßt sich dagegen Kupfer im allgemeinen sehr schwer schweißen. Eine Verbesserung des Absorptionsverhaltens von Kupfer kann durch mechanische oder chemische Veränderung der Oberfläche bzw. durch geeigneten Pulsbetrieb erreicht werden. Mit Nd:YAG-Lasern wurde das Bahnschweißen von 0,35mm starkem Kupferblech durchgeführt. Eine durchgehende Stumpfnaht wurde bei einer Laserleistung von 500W (cw) und einer Geschwindigkeit von 4m/min erreicht. Einige weitere Bearbeitungsbeispiele mit den dazugehörigen Schweißparametern sind als Übersicht in Tabelle 20 zusammengefaßt /256/.

Das Bild 72 stellt die Abhängigkeit der Schweißtiefe von unterschiedlichen Schweißgeschwindigkeit beim Schweißen von Edelstahl Typ304 bei verschiedenen Laserleistungen dar. Zum Vergleich dienen Versuchsergebnisse mit einem Dauerstrich-CO_2-Lasersystem. Es ist zu erkennen, daß die YAG-Laser im Hinblick der Schweißtiefe in dickem Material Vorteile bieten, d.h. sie sind so wirksam wie CO_2-Laser von 3- bis 5mal höherer Durchschnittsleistung. /155/.

Im /29/ wurde der Einfluß der Pulsparameter, wie Fokuslage, Vorschubgeschwindigkeit, Pulsfolgen und Pulsformen variiert und der Einfluß auf die Schweißtiefe untersucht, Bild 73. Ziel der gewählten Pulszyklen war, ein möglichst breites Spektrum der Pulsvariationsmöglichkeiten vom Einzelpuls hoher Pulsleistung bis zum quasi-cw-Betrieb bei konstanter mittlerer Leistung zu realisieren. Die mittlere Gesamtleistung betrug stets 1,2 kW.

Tabelle 20: Einige ausgewählte Parameter zum Laserstrahlschweißen unterschiedlicher Werkstoffe mittels 1 kW Nd:YAG-Laser /256/

Bearbeitung	Dicke [mm]	Werkstoff	Leistung [W]	Vorschub-geschwindig-keit [m/min]	Schutz-gas
Überlapp-Schweißen	2x0,8	unleg. Stahl	1000 cw	0,7	Ar
Stumpf-Schweißen	1,6	austenit. Stahl	600 cw	0,3	Ar
Stumpf-Schweißen	0,15	Aluminium	500 cw	6	Ar
Stumpf-Schweißen	0,15	unleg. Stahl	200 cw	0,6	-
Stumpf-Schweißen	0,3	unleg. Stahl	200 quasi cw	0,6	-
Stumpf-Schweißen	0,35	Kupfer *	450 cw	4	-
Stumpf-Schweißen	0,4	austen. Stahl	560 cw	5	Ar
Stumpf-Schweißen	0,1	austen. Stahl	100 cw	4	Ar

* mit absorptionserhöhender Beschichtung (Achsenson AERO 504 sputter release)

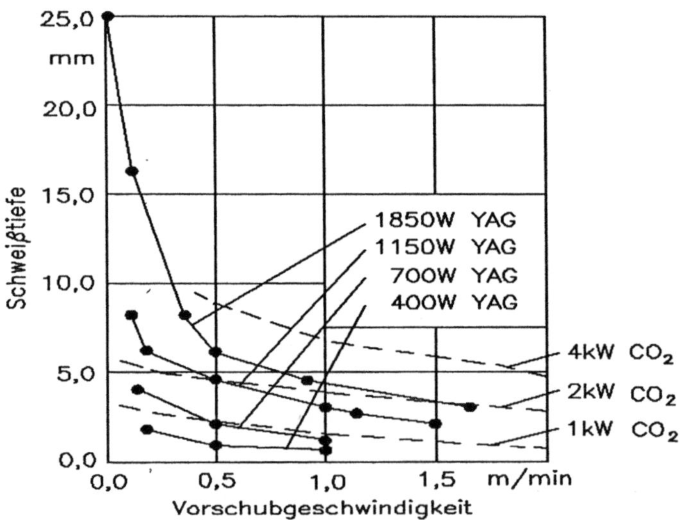

Bild 72: Schweißtiefe als Funktion der Geschwindigkeit beim Schweißen von austenit. Stahl mit Impuls-YAG-Laser (Pulsdauer von 0,6ms, Pulsfrequenz von 100Hz) und CO$_2$-Laser /155/

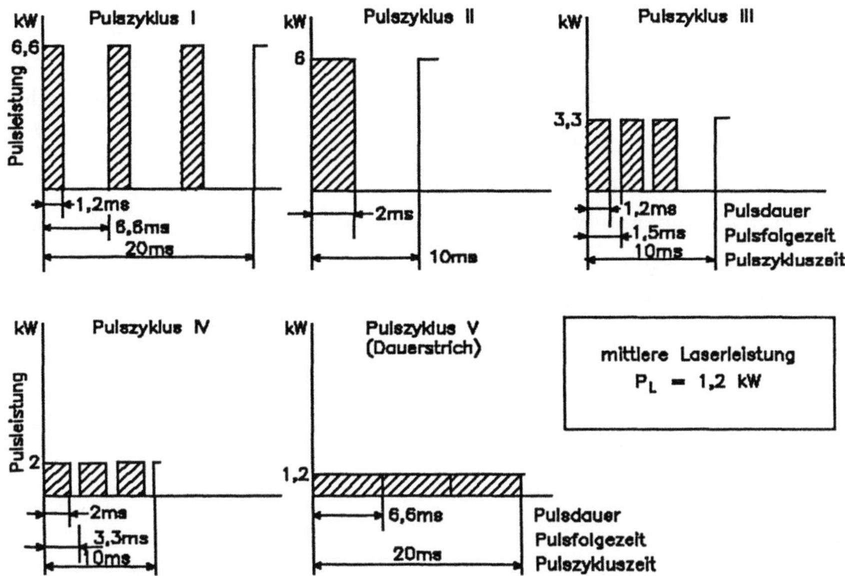

Bild 73: Verschiedene Pulsfolgen der Schweißversuche /29/

In Bild 74 ist die Schweißtiefe als Funktion der Fokuslage für die fünf verschiedenen Pulszyklen dargestellt. Die Kurven gelten für eine konstante Vorschubgeschwindigkeit von 150 mm/min, bei der sich die höchsten Schweißtiefen ergeben. Bild 75 zeigt, daß die Einschweißtiefe bei gleicher mittlerer Laserausagangsleistung entscheidend von der mittleren Pulsleistung bestimmt wird. Die Pulsfolge innerhalb eines Pulszyklus und die Höhe der Einzelpulsenergien haben eine untergeordnete Bedeutung /29/.

In der Regel ist jedoch die Höhe der Schweißtiefe nicht einziges Kriterium für die Wahl der Laserparameter. Die Oberflächenqualität der Schweißnaht, die Nahtgeometrie in Abhängigkeit der Nahtvorbereitung und die Reproduzierbarkeit der Schweißungen sind weitere wichtige Faktoren, die die Prozeßparameter bestimmen /29/.

Bei der Untersuchungen mittels eines 1,2kW cw-Festkörperlasers mit Lichtleitfaser /27/ wurde der Einfluß der Prozeßparameter auf das Schweißergebnis eines austenitischen Stahles analysiert. Die Abhängigkeit der Einschweißtiefe von der Bearbeitungsgeschwindigkeit ist in Bild 76 für verschiedene Fokuslage gezeigt. In dem dargestellten Geschwindigkeitsbereich von 100 bis 1000 mm/min nimmt die Schweißtiefe bei steigender

Vorschubgeschwindigkeit ab, da die zum Schweißen zur Verfügung stehende Streckenenergie sinkt. Die größten Schweißtiefen lassen sich bei der Fokuslage von +0,14mm erzielen. Je weiter die Fokuslage ins Werkstück gelegt wird, desto geringer werden die Schweißtiefen.

Der Einfluß der Laserleistung auf die Schweißtiefe für verschiedene Schweißgeschwindigkeiten ist in Bild 77 dargestellt. Bei steigender Laserleistung nimmt die Schweißtiefe zu. Die maximale Schweißtiefe ist bei Vorschubgeschwindigkeit von 100mm/min und Laserleistung von 1000W zu erzielen /27/.

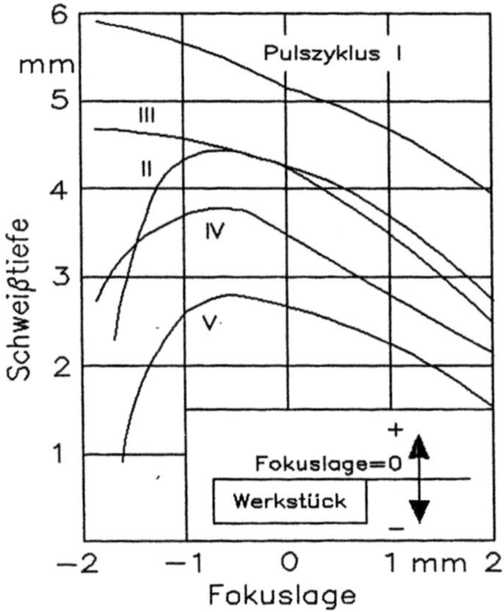

Bild 74: Schweißtiefe als Funktion der Fokuslage für verschiedene Pulszyklen, Werkstoff: 18 8 Cr Ni-Stahl, Materialdicke 10mm, Vorschubgeschwindigkeit von 150mm/min /29/

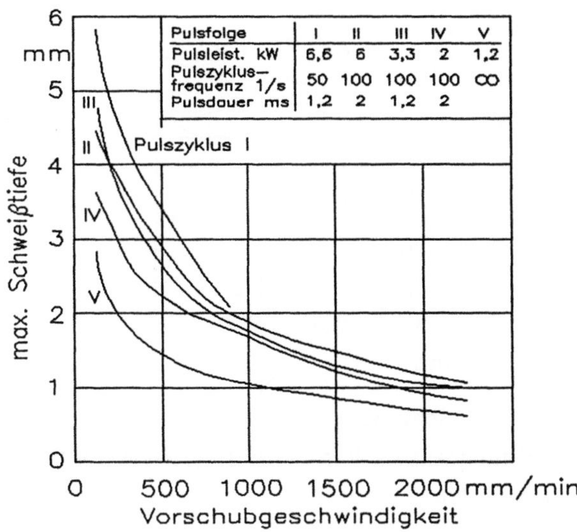

Bild 75: Maximale Schweißtiefe als Funktion der Vorschubgeschwindigkeit für verschiedene Pulszyklen, Werkstoff: 18 8 Cr Ni-Stahl, Materialdicke von 10mm /29/

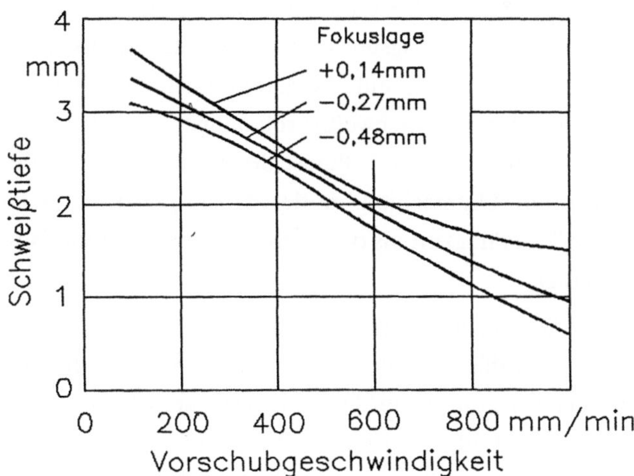

Bild 76: Schweißtiefe als Funktion der Vorschubgeschwindigkeit für verschiedene Fokuslagen, Laserleistung von 1 kW in cw-Betrieb, Werkstoff: 18 9 Cr Ni-Stahl, Materialdicke 10 mm /27/

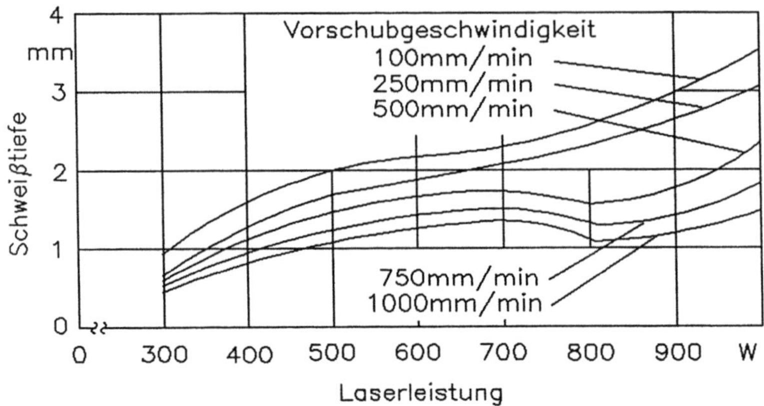

Bild 77: Einfluß der Laserleistung auf die Schweißtiefe für verschiedene Schweißgeschwindigkeiten, Laserleistung von 1 kW in cw-Betrieb, Werkstoff: 18 9 Cr Ni-Stahl, Materialdicke 10 mm /27/

6.11.2 Laser-Schweißen von Drahtverbindungen

Bei den Draht-Draht-Verbindungen aus Ag 99,999 mit 0,5mm Durchmesser wurden Untersuchungen für unterschiedlichen Stoßarten /162/ durchgeführt. Wie aus der Tabelle 21 ersichtlich ist, treten beim Überlappstoß die größten Höchzugkräfte auf.

Fast ebenso hohe Höchstzugkräfte erreichen Laser-Stumpfnähte mit Kugelenden als Schweißvorbereitung. Die Verbindungen mittels "Lasertrennen" vorbereiteter Drahtenden ergeben die niedrigsten Höchstzugkräfte, weil sich die Schmelze beim Trennen oft ungleichmäßig auf die Drahtenden verteilte und dadurch schlecht reproduzierbare Schweißverbindungen entstanden. Schweißvorbereitungen durch Schneiden und Planschleifen der Drahtenden zeigten hier keinen signifikanten Unterschied in der Höchstzugkraft. Beide besitzen jedoch eine geringere Tragfähigkeit als die Verbindungen im Stumpfstoß mit angeschmolzener Kugel /162/.

Bei den Draht-Blech-Überlappverbindungen besteht eine Abhängigkeit der Höchstzugkräfte von der Strahlpositionierung. Beim Verbinden von Kupferdrähten an Kupferbleche treten die größten Höchstzugkräfte bei einem Drahtüberstand $l_{ü}$ = 1,4 d auf (Bild 78). Dies entspricht der Länge, die von der zugeführten Laserenergie gerade noch voll aufgeschmolzen wird. Die Laserstrahl muß bei dieser Verbindungsart mit einer Genauigkeit < 20% des Drahtdurchmessers auf die Drahtmitte positioniert werden, da größere Abweichungen die absorbierte Laserenergie durch die gekrümmte Mantelfläche verringern /162/.

Tabelle 21: Draht-Draht-Verbindungen mit unterschiedlichen Stoßarten, Werkstoff: Ag 99,999 mit 0,5mm Durchmesser /162/

Stoßart		Symbol	Impuls−energie [J]	Impuls−zeit [ms]	Höchst−zugkräfte [N]	Zugkraft Verb. / Zugkraft Draht [%]
Überlappstoß $I_ü = 2d$			50	9	32,05	87
Stumpfstoß	Anschmelzen einer Kugel		42	9	31,78	86
	Anschmelzen einer Kugel		52	12	30,25	82
	Lasertrennvorgang des Drahtes		38	9	21,66	59
	mechanisches Schneiden		42	9	24,84	67
	geschliffene Stirnflächen		42	9	26,07	70
Kreuzungsstoß			28	6	19,89	54

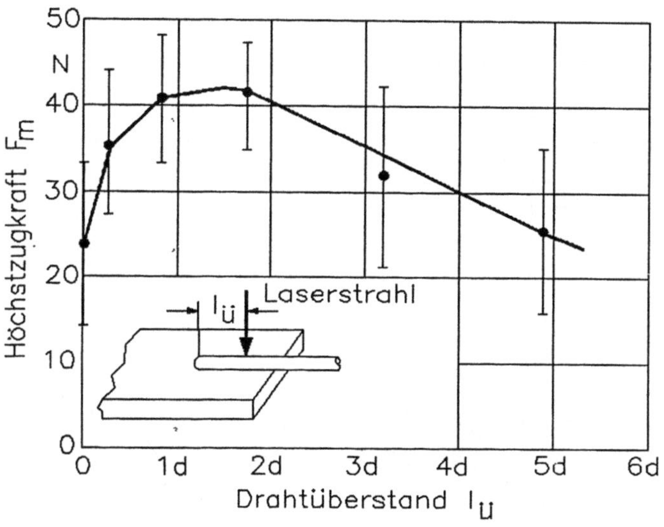

Bild 78: Einfluß der Überlappung an Draht-Blech-Verbindungen
Werkstoff: E-Cu Blech von 0,2mm Dicke, E-Cu Draht von 0,5mm Durchmesser, Laserstrahlenergie 55J, Impulszeit 9ms /162/

Die Tragfähigkeit von Laser-Punktverbindungen von Kupferdrähten an Messingbleche unterliegt großen Streuungen bei geringen Änderungen der Impulsenergie, Bild 79. Optimale Ergebnisse konnten bei den Strahlparametern Laserstrahlenergie 50J und Impulszeit 12ms erzielt werden. Hierbei wurden Tragfähigkeiten von 92% der Drahtbruchkraft erzielt /162/.

Günstigere Schweißergebnisse wurden beim Laserschweißen von Kupferdrähten an Nickelblechen erreicht. Die Tragfähigkeit entspricht der Drahtbruchkraft, Bild 80. Im Unterschied zu den Schweißungen an Kupfer- und Messingblechen kann eine hohe Tragfähigkeit über einen relativ großen Energiebereich von 50 ± 5 J erzielt werden /162/.

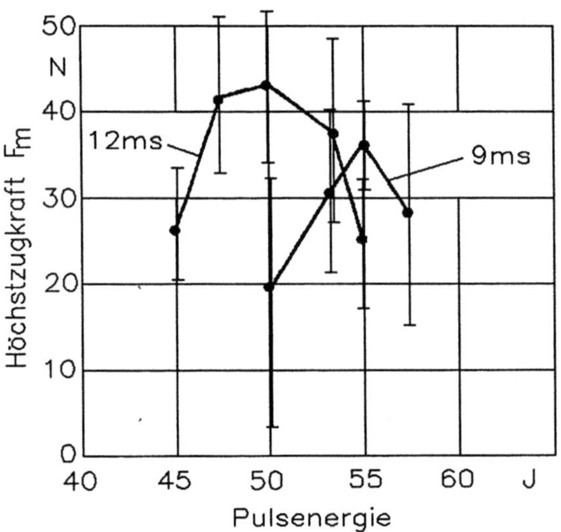

Bild 79: Einfluß der Laserimpulsenergie auf die Höchstzugkraft bei Draht-Blech-Verbindungen, Drahtüberstand $l_{\ddot{u}}$ = 1,4 d, Werkstoff: Draht E-Cu 57 von 0,5mm Durchmesser, Blech CuZn37 von 0,4mm Dicke /162/

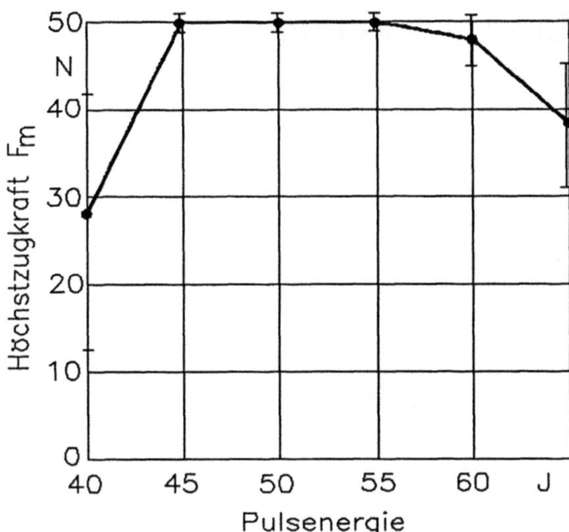

Bild 80: Einfluß der Laserimpulsenergie auf die Höchstzugkraft bei Draht-Blech-Verbindungen, Drahtüberstand $l_{ü}$ = 2 d, Werkstoff: Draht E-Cu 57 von 0,5mm Durchmesser, Blech Ni 99,6 von 0,2mm Dicke /162/

7 Metallurgie des Laserschweißens

7.1 Erstarrungsprozeß und Gefüge beim Laserstrahl-

pulsschweißen

7.1.1 Wärmezyklus beim Laserschweißen

Die Ausbildung des Schmelzzonengefüges wird durch den Wärmezyklus des Laserschweißens bestimmt. Kennzeichnend sind insbesondere die hohe Erwärmungs- und Abkühlungsgeschwindigkeit. Diese resultieren aus der großen Oberfläche im Verhältnis zum erhitzten Werkstoffvolumen und der guten Wärmeabfuhr über das umgebende Grundmaterial. So beträgt der maximale Wert des örtlichen Temperaturgradienten beim Abkühlen 10^8 K / cm und der des zeitlichen Temperaturgradienten 10^{10} K / s /19, 288/. Weitere Parameter, die sich auf die Ausbildung der Schweißstelle auswirken, sind folgende:

- Leistungsdichten von 10^5-10^7 W / cm^2 (bei diesen Leistungsdichten ist die Verdampfungsraten der Schmelze noch gering).
- zeitliche (Pulsform, -dauer) und räumliche Verteilung (Leistungsdichteverteilung, Strahloszillation) der Laserenergie.

Die Größe des Schweißpunktes oder des Schweißnahtquerschnitts wird hauptsächlich aus der eingebrachten Energie und dem Wärmeableitungskoeffizienten des Werkstoffes bestimmt. Den thermischen Zyklus für Schweißungen zeigt Bild 81. Mit zunehmender Entfernung vom Schweißpunkt wird sowohl die maximale Temperatur als auch die Abkühlungsgeschwindigkeit kleiner.

7.1.2 Erstarrung und Gefüge

Bei der Gefügeausbildung der Schweißnaht sind im allgemeinen drei Bereiche zu unterscheiden. Erstens das unbeeinflußte Grundmaterial, zweitens die Wärmeeinflußzone (WEZ), in der Gefügeveränderungen des Grundwerkstoffes stattgefunden haben, und drittens die Schmelzzone bzw. das Schweißgut, in der das

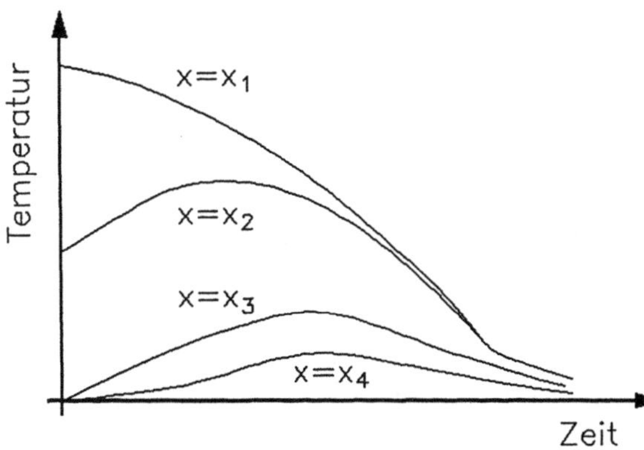

Bild 81: Thermischer Zyklus für zunehmende Entfernung vom Zentrum der Laserschweißstelle, $x_1 < x_2 < x_3 < x_4$ (x=Entfernung von der Schweißmitte) /289/

Material aufgeschmolzen war. Sowohl in der Wärmeeinflußzone als auch in der Schmelzzone können Aufhärtungen, Entfestigungen oder Versprödungen entstehen /287/.

In der wärmebeeinflußten Zone entsteht oft eine Kornvergröberung und in der Schweißzone bildet sich ein Gußgefüge. Beides ist in der Regel umso gröber, je langsamer die Abkühlung der Schweißstelle erfolgt. Besonders bei hohen Abkühlungsgeschwindigkeiten, wie z.B. beim Laserschweißen bleibt das Gefüge vergleichsweise feinkörnig, jedoch tritt ein bevorzugtes Kornwachstum in Richtung größter Wärmeabfuhr auf (gerichtete Kristallisation).

Die Ausbildung der verschiedenen Kristallstrukturen für erstarrende Metalle zeigt Bild 82. Der Erstarrungsprozeß wird hauptsächlich durch die schnelle Abkühlung bestimmt. Die Erstarrung geht von der Grenze zwischen festem und flüssigem Material aus, wo als Kristallisationskeime die in die Schmelze hineinragenden Kristallite des Grundmaterials wirken. Die Körner wachsen in die sich abkühlende Schmelze hinein und die Erstarrung endet mit dem Zusammenstoßen der gebildeten Körner in der Nahtmitte. Aufgrund des hohen Temperaturgradienten bildet sich bei Legierungen meist eine feinkörnige, oftmals feindendritische Struktur, wobei die Körner in der Nähe des gut wärmeabführenden Grundmaterials (wegen des höheren Temperaturgradienten zu Anfang der Erstarrung) etwas kleiner sind als in der Schweißnahtmitte. Bei reinen Metallen werden dendritische Strukturen selten beobachtet, vielmehr bilden sich Stengelkristallite aus /18, 162/.

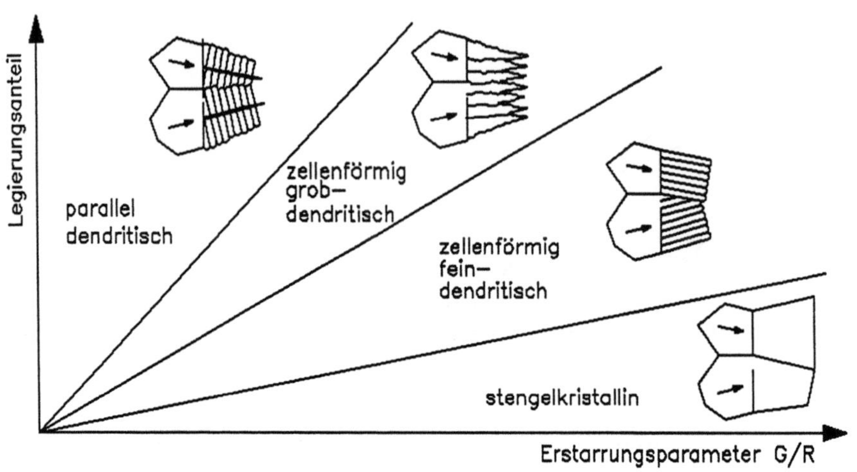

Bild 82: Erstarrung in Abhängigkeit von ihren Parametern,
(G=Temperaturgradient, R=Geschwindigkeit der Erstarrung) /286/

Die maßgeblichen Faktoren für den Erstarrungsprozeß sind:

- Wärmezufuhr
- gespeicherte Wärme
- thermische Leitfähigkeit.

Beim Punktschweißen im Stichlochmodus entsteht eine Gefügestruktur, bei der die Körner von dem Rand der Schmelzzone zur Schmelzachsenmitte verlaufen (Bild 83a). Bei Schweißungen im Wärmeleitungsmodus verlaufen die Körner sonnenstrahlförmig zum Mittelpunkt der Schweißpunktoberfläche (Bild 83b) /290/.

Niedrigschmelzende Verunreinigungen oder Legierungskomponenten neigen dazu, sich die Erstarrung möglichst lange zu entziehen und reichern sich daher

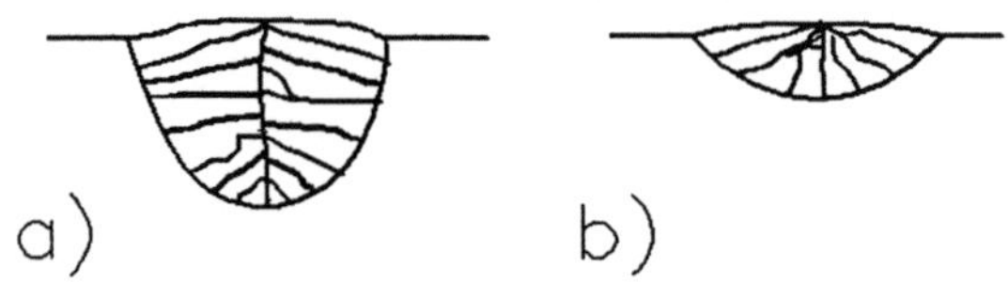

Bild 83: Einfluß des Schweißmodus auf die Gefügeausbildung   a) Stichlochmodus,
b) Wärmeleitungsmodus

bevorzugt an den Korngrenzen (Mikroseigerung) oder an der Erstarrungsfront zwischen den zusammenstoßenden Körnern am Erstarrungsende (Makroseigerung) an.

Beim Schweißen kann es zu einem Verspröden oder Aufhärten kommen. Eine mögliche Ursache ist die Gasaufnahme aus der Atmosphäre. Eine weitere mögliche Ursache ist bei Stahl und Titanlegierungen die Bildung von Martensitphasen in der wärmebeeinflußten Zone und im Schweißgut. Auch Verfestigungen durch Mischkristallbildung oder Ausscheidungen sowie Entfestigungen durch Anlassen, Kristallerholung oder Rekristallisation sind möglich.

Bei Schweißverbindungen zwischen ungleichartigen Metallen besteht zusätzlich die Gefahr der Bildung von spröden und harten intermetallischen Phasen. Ihre Bindungsart liegt zwischen der metallischen Bindung und der chemischen Bindung, d.h. zwischen den Atomen findet ein Elektronenaustausch statt, weshalb sie sich in einem bestimmten stöchiometrischen Verhältnis verbinden. Auch die Eigenschaften dieser Verbindungen liegen zwischen diesen beiden Bindungsarten. So sind zum Beispiel Metalle verformbar und leitend, chemische Verbindungen dagegen im allgemeinen spröde und nichtleitend. Intermetallische Verbindungen sind daher schlechtere Leiter als reine Metalle und ihre Härte und Sprödigkeit sind größer /285/. Die Bildung intermetallischer Phasen benötigt Zeit zur Diffusion. Durch die schnelle Abkühlung beim Laserschweißen kann daher die Bildung intermetallischer Phasen eingeschränkt oder sogar vollständig unterdrückt werden.

7.2 Schweißfehler - Ursachen und Vermeidung

7.2.1 Ursachen von Schweißfehlern

Eine Systematik der Einflußparameter auf die Entstehung von Schweißfehlern zeigt Tabelle 22. Sie enthält mögliche Entstehungsursachen von Schweißfehlern sowie Maßnahmen zu deren Beseitigung.

7.2.2 Heiß- und Kaltrisse

Die Neigung zur Rißbildung läßt sich nach der Tenperatur der Rißentstehung in Heiß- und Kaltrißbildung unterteilen. Risse in der Schweißnaht entstehen, wenn der Schweißbereich während des Abkühlens bei der Schrumpfung durch den umgebenden kälteren Werkstoff so stark behindert wird, daß eine Kompensation durch plastische Verformung nicht mehr möglich ist.

Tabelle 22: Einflußgrößen bei der Entstehung von Schweißfehlern

Konstruktion	Fertigung	Werkstoff
Gestaltung der Fügestelle Werkstoffauswahl	Laserparameter Fügespalt Positgeniergenauigkeit Kantenversatz Schweißfehler	phys. Eigenschaften metallurgische Schweißeignung (Risse, Hohlräume) Oberflächenbeschaffenheit

Heißrisse

Heißrisse entstehen als Folge von Mikroseigerungen, weil die zunächst erstarrenden Kornbereiche an den höherschmelzenden Legierungsbestandteilen angereichert sind, während die niedriger schmelzenden Komponenten sich an den zuletzt erstarrenden Korngrenzen ansammeln. Dadurch besitzen die Körner bereits eine gewisse Festigkeit, wenn die Korngrenzen noch teilweise schmelzflüssig bzw. erst teigig geworden sind.

Zwei Voraussetzungen müssen für das Auftreten von Heißrissen an den Korngrenzen gegeben sein :

- Mangel an Duktilität im Korngrenzenbereich,

- die Spannung muß die Zugfestigkeit im Korngrenzenbereich übersteigen.

Eine schematische Darstellung für Duktilität und Zugfestigkeit über die Temperatur zeigt Bild 84.

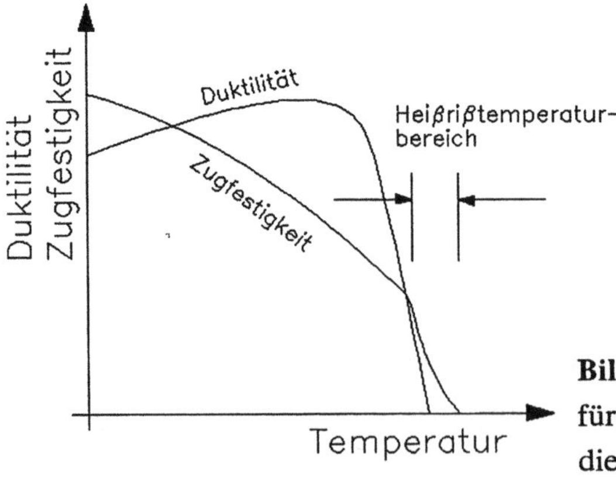

Bild 84: Schematische Darstellung für Duktilität und Zugfestigkeit über die Temperatur /286/

Je größer der Liquidus-Solidus-Temperaturbereich ist, desto größer ist die Neigung zur Mikroseigerung und die Gefahr von Heißrissen. In diesem Bereich hat das Metall geringe Duktilität, aber schon eine geringe Zugfestigkeit. Durch Schrumpfspannungen beim Abkühlen können sich Risse bilden, wenn das Metall diese Spannungen nicht durch Verformungen abbauen kann. Der Heißrißtemperaturbereich wird besonders durch das Anreichern von Verunreinigungen in der Restschmelze hervorgerufen, wobei Legierungen mit großem Liquidus-Solidusbereich besonders anfällig sind. Solche Legierungen haben während des Abkühlungsprozesses ausreichend Zeit, die niedrigschmelzende Verunreinigungen an den Korngrenzen auszuscheiden.

So können z.B. Heißrisse bei Nickel auftreten, wenn nur sehr geringe Verunreinigungen mit Schwefel vorliegen ist. Chemisches Vernickeln von Kupfer und Stahl kann ebenfalls zur Heißrißbildung führen. Grund ist der in der Nickelschicht verfahrensbedingt vorhandene Phosphor /294/. Auch Aluminiumlegierungen mit einem geringen Anteil von Mangan oder Magnesium können heißrißanfällig sein /270/. Gut zerspanbare Legierungen (sog. Drehqualitäten), die für bessere Kurzspanbildung Blei oder Schwefel enthalten (z.B. Cu Zn 40 Pb 2) oder Automaten-Stahl mit hohen Schwefelanteil /292/, neigen zur Heißrißbildung /202, 293/.

Kaltrisse /19/

Kaltrisse entstehen, wenn das Material die während des Abkühlens auftretenden Spannungen oberhalb der Fließgrenze nicht durch plastische Verformung abbauen kann, z.B. infolge Versprödens (Grobkornbildung, Aufhärtung, Gasaufnahme) beim Schweißen. So ist Stahl mit 0,2 %-1 % Kohlenstoffanteil aufgrund der Bildung harter Martensitphasen /295/ nur bedingt, über 1 % überhaupt kaum noch laserschweißgeeignet. Durch Verringerung der Abkühlungsgeschwindigkeit, z.B. über Vorwärmen, können die Abschreckhärtung und die Abkühlungsspannungen vermindert werden. Auch die Bildung von intermetallischen Phasen (z.B. beim Schweißen von Kupfer mit Aluminium) kann zur Rißbildung führen /291/.

7.2.3 Versprödung und Porosität durch Gas

Vom Schmelzbad aufgenommene Gase aus der umgebenden Atmosphäre können zur Hohlraumbildung und zur Sprödigkeitszunahme der Schweißnaht führen. Gase können aber auch schon vorher gelöst im Grundwerkstoff enthalten sein oder an der Oberfläche des zu schweißenden Materials haften und beim Schweißen in das Schmelzbad gelangen.

Eine Beeinflussung der Schweißnahteigenschaften ist vor allem nach Aufnahme von O_2, N_2 und H_2 zu erwarten, da diese die meisten Metalle versprÖden. Desoxidianten wie Mangan, Titan, Aluminium als Legierungsbestandteile von Stahl können insbesondere Sauerstoff weitgehend abbinden und damit die negativen Einflüsse auf die Schweißnaht vermindern /291/. Bei Titan und Reinsteisen kommt es beim Schweißen unter Luft trotz kurzer Schweißzeiten (4ms) zu einer erheblichen Sauerstoffaufnahme, die eine Porenbildung fördert /222/. Bei Aluminium kann bereits der in der Oxidschicht enthaltene Wasserstoff zur Porenbildung führen /270/.

Sauerstoffhaltiges Kupfer (E-Cu, Sauerstoffanteil 0,015 - 0,04 %) eignet sich nur schlecht zum Schweißen, da sich der Sauerstoff während des Schweißens ausscheidet und zu Poren in der Schweißnaht führt oder durch Ausscheiden an den Korngrenzen die Rißbildung fördert /263/.

Bei Schweißverbindungen zwischen verschiedenen Metallen kann einer Porenbildung im schweißungeeigneten Metall durch Anreichern mit Legierungselementen im anderen Fügepartners entgegengewirkt werden (z.B bei Verbindungen zwischen sauerstoffhaltigen Kupfer- mit Nickelblechen durch Auflegieren des Ni-Bleches mit Mn /291/).

7.2.4 Mikroporosität infolge Phasenumwandlung

Bei der Phasenumwandlung entsteht bei Legierungen mit niedrig schmelzendem eutektischen Punkt häufig Porosität (z.B. bei Ti-Fe-Legierung). Während des Abkühlprozesses wird zwischen den schon gebildeten Körnern eine niedrig schmelzende eutektische Legierung gebildet, die zuletzt erstarrt. Diese Region schrumpft dann bei der Phasenumwandlung fest/flüssig, und es entsteht in den Zwischenräumen eine eutektische Legierung mit Poren. Mit zunehmender Nähe zum eutektischen Punkt werden diese Bereiche größer /289/. Hierfür sind Legierungen mit einem großen Erstarrungsintervall stärker anfällig, da die Legierung während des Abkühlungsprozesses mehr Zeit hat, sich zu entmischen.

7.2.5 Verdampfung von Legierungskomponenten

Der Dampfdruck der einzelnen Metalle bestimmt die Neigung zur Verdampfung im schmelzflüssigen Zustand. So gibt es Metalle, bei denen der Schmelzpunkt nur wenig unterhalb des Verdampfungspunktes liegt. Bei solchen Metallen kann das Schweißen problematisch sein, da aufgrund der geringen Energiedifferenz das Metall leicht verdampft, und die Dampfbildung zum Schmelzauswurf (Bohreffekt) und zur Porenbildung in der Schweißnaht führen kann. Metalle mit großer Temperaturdifferenz zwischen Schmelz- und Siedepunkt sind daher günstiger zu schweißen (allerdings ist die Heißrißneigung größer). Bild 85 zeigt

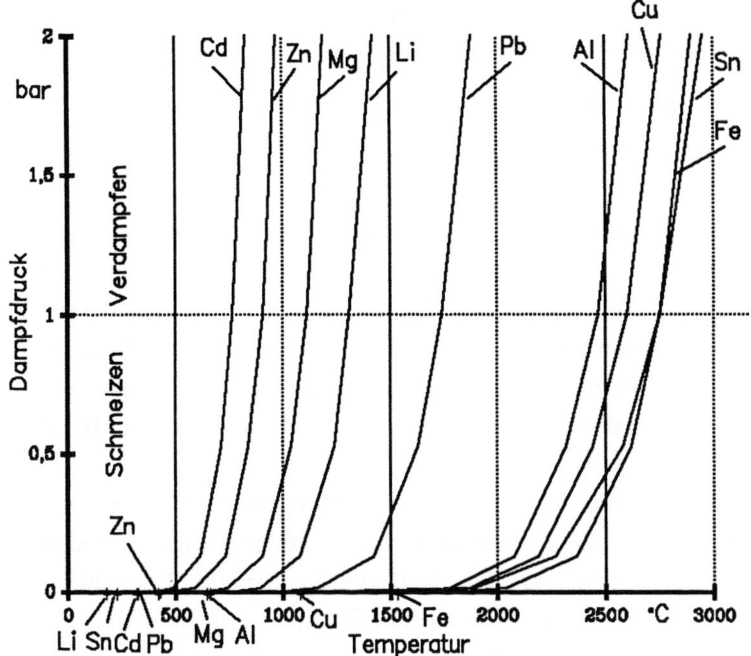

Bild 85: Dampfdruckkurven einiger Metalle /207/

den Dampfdruck verschiedener Metalle. Die Schmelzpunkte sind auf der Abszisse aufgetragen. Der Anstieg des Dampfdruckes verläuft bei allen Metallen ähnlich, allerdings ist die Temperaturdifferenz zwischen Siedepunkt und Schmelzpunkt stark unterschiedlich. So ist diese bei den Metallen Kadmium (Cd), Zink (Zn) und Magnesium (Mg) gering, was zu schnellem Verdampfen bei Überhitzung führt.

Legierungen von Elementen mit unterschiedlichem Siedepunkt neigen infolge des Verdampfens einzelner Legierungsbestandteilen zur Spritzerbildung /291/. Diese Gefahr ist aufgrund der hohen Leistungsdichte beim Laserschweißen besonders groß. Legierungen mit hohen Dampfdruck neigen zu Lunkern (bis hin zu einem Bohreffekt) und zur Änderung der Legierungszusammensetzung, wodurch die Schweißnaht eine verminderte Tragfähigkeit aufweisen kann. Daher sind bei diesen Legierungen die nutzbaren Leistungsdichten zum Schweißen eingeschränkt. Dies ist besonders der Fall bei Kupfer-Zink-Legierungen (Messinge) /156, 222/ und Neusilber (Cu Ni 25 Zn 15) /222/. Die gleiche Gefahr ist bei AlZn-Legierungen gegeben. CuSn-Legierungen lassen sich dagegen gut schweißen, weil Zinn zwar einen relativ niedrigen Schmelzpunkt (232 °C), jedoch eine hohe Siedetemperatur (2270 °C) aufweist. Auch bei Aluminium-Magnesium-

Legierungen führt das selektive Verdampfen von Magnesium zu einer verminderten Festigkeit in der Schweißnaht /296/.

7.2.6 Einflüsse von Überzügen auf das Aufschmelzverhalten

Auch Überzüge können Einfluß auf die Schmelze und auf den Erstarrungsprozeß haben /297/:

- Metallüberzüge haben - vom Einfluß auf die Strahlabsorption abgesehen - im allgemeinen nur geringe Auswirkung auf das Aufschmelzverhalten, insbesondere bei ähnlichem Schmelzpunkt wie der Grundwerkstoff. Zu Schmelzbadauswürfen und Porenbildung kann es bei höher schmelzenden Überzügen durch Verdampfungen des darunterliegenden Grundwerkstoffes sowie allgemein bei Überzügen mit hohem Dampfdruck (z.B. Zink) kommen.

- Farben, Primer und Oxidschichten zersetzen sich oft während des Schweißprozesses. Diese Zersetzungsprodukte können, sofern sie nicht als Gas entweichen, nicht nur den Reflexionskoeffizienten der Schmelze beeinflussen, da sie als Schlacke auf der Schmelze schwimmen,. sondern auch die Neigung zur Porenbildung fördern.

- Bei Überlappschweißungen können Lackschichten und Metallüberzüge hohes Dampfdrucks zwischen den Bauteilen (Lacke, Metallüberzüge) zu Eruptionen der Schmelze und Porenbildung führen.

- Ölfilme, die aus der Produktion von Halbzeugen auf der Oberfläche vorhanden sein, können verursachen bei Punktschweißungen an Nickel- und austenitischen Stahlblechen nur einen minimalen Festigkeitsverlust, während beim Vorliegen von Öltropfen ein starker Abfall der Festigkeit auftrat /156, 259/.

7.3 Laserschweißeignung der Werkstoffe

7.3.1 Laserschweißeignung von Metallen

In Tabelle 23 sind mögliche Schweißfehler einiger NE-Metalle und Legierungen zusammengefaßt. Stähle lassen sich in verschiedene Werkstoffgruppen mit unterschiedlicher Schweißeignung einteilen, Tabelle 24.

Die metallischen Sinterwerkstoffe sind wegen ihrer Rißgefahr bei hohen Aufheiz- bzw. Abkühlgeschwindigkeiten und Hohlraumbildung nur schlecht schweißbar. Lediglich bei Verbindungen mit niedriger schmelzenden Legierungen sind hartlotähnliche Verbindungen erreichbar /300/.

Tabelle 23: Laserschweißbarkeit von einigen NE-Metallen

	Rißbildung	Poren-bildung	Verdampfen von Legie-rungselementen
Leichtmetall:			
Al und Al-Leg.	bei höheren Anteilen von Mn, Mg (z.B. AlMg5) und Cu (z.B. AlMgCu)	durch H_2 (in der Oxidschicht, Luftfeuchtigkeit), durch Verdampfen von Zn, Mg	bei Legierungen mit Mg, Zn (aushärtbar)
Schwermetalle:			
Cu und Cu-Leg.	bei Drehqualitäten durch Pb,S,P und nicht dexodisierten Kupfersorten, Verspröden durch Pb,S,P	durch in der Grundmatrix eingebundenen Sauerstoff(insbesondere E-Cu)	bei Legierungen mit Zn, Cd
Ni	bei Anteilen von S, C	durch Gasaufnahme	toxische Dämpfe
Reaktive Metalle:			
Ti, Nb, Zr	Verspröden durch H_2-,N_2-, O_2-Aufnahme	Bei O_2-, H_2-,N_2- Aufnahme	
Toxische Metalle:			
Pb,Cd, Be	bei Be starke Sprödigkeit, durch Gasaufnahme noch verstärkt		stark toxische Dämpfe
Hochschmelzende Metalle:			
W, Mo, Ta	Verspröden durch Rekristallisation (Grobkorn)		

Tabelle 24: Schweißbarkeit verschiedener Stahlsorten

Stahlart	Schweißbarkeit
Un- und niedrig- legierte Stähle	Heißrißbildung bei erhöhtem S und P-Gehalt (P+S > 0,05 %), Porenbildung bei unberuhigten Stählen möglich, Kaltrißbildung bei Kohlenstoffanteil > 0,5 %
Feinkornbaustähle	aufgrund des geringen Kohlenstoffgehalts (max. 0,2 %) gut schweißgeeignet
Einsatzstähle	gut schweißgeeignet (C < 0,2 %), jedoch wegen Neigung zur Poren- und Rißbildung Einsatzschicht vorher entfernen
Nitrierstähle	teilweise mit Vorwärmen schweißbar, wegen Neigung zur Poren- und Rißbildung Nitrierschicht vorher zu entfernen
Vergütungsstähle	z.T. hohe Kohlenstoffgehalte (> 0,2 %), Versprödung, evtl. Kaltrisse möglich, (Vorwärmen günstig)
Werkzeugschnell- arbeitsstähle	kaum schweißgeeignet, da Versprödung durch hohen Kohlenstoffgehalt
Automatenstähle	Heißrißgefahr durch Pb, S oder P-Anteile
hochlegierte Stähle	ferritische oder austenitische Stähle im allg. gut schweißbar, perlitisch-martensitische Stähle: Neigung zur Rißbildung durch Aufhärtung (Vorwärmen günstig)

7.3.2 Schweißeignung von Metallkombinationen

Punktschweißverbindungen in der Elektro- und Feinwerktechnik werden oft an ungleichenMetallen durchgeführt /1, 112, 284, 301-305/.

Die Festigkeit bei diesen Verbindungen wird zusätzlich beeinflußt durch

- das Verhalten der thermophysikalischen Eigenschaften der Fügepartner und
- die Eigenschaften der beim Verschmelzen der unterschiedlichen Metalle entstehenden Legierung.

Bei Laserschweißungen zwischen verschiedenen Metallen sind im Schweißbereich oft Wirbelstrukturen zu erkennen, da die kurze Zeit der Temperatureinwirkung des Laserstrahls eine vollständige Vermischung nicht zuläßt /18, 284/. Insbesondere bei der Ausbildung eines Stichloches entsteht eine starke Verwirbelung des Schmelzbades. /306/.

Die Ausbildung des Gefüges hängt ab von:

- der mechanischen Durchmischung, hervorgerufen durch ungleiche Temperaturverteilung und Rückstoßkraft des Metalldampfes und
- der atomaren Durchmischung (Diffusion) der unterschiedlichen Metalle, die ihrerseits von der gegenseitigen Löslichkeit der Metalle, der Temperatur und der Zeitdauer der Erhitzung anhängt /307/.

Den Einfluß der Impulslänge auf die Ausbildung eines Schweißgefüges zeigen die Bilder 86, (a) und (b).

Bei Metallen mit geringer gegenseitiger Löslichkeit ist eine Ausbildung weitgehend unvermischter Schmelzbereiche zu beobachten /307/. Diese werden von einer Trennschicht mit durchmischtem Material durchzogen.

Bei Metallkombinationen von Werkstoffen unterschiedlicher Schweißeignung empfiehlt es sich, den weniger gut schweißgeeigneten Partner möglichst wenig anzuschmelzen. So wird bei einer Verbindung aus gesintertem Magnetmaterial (schlecht schweißgeeignet) mit einem Joch aus weichmagnetischem Material (gut schweißgeeignet) im wesentlichen nur das Joch angeschmolzen, der Magnet dagegen nur geringfügig /11/.

Auch die Legierungszusammensetzung der Schweißnaht kann durch mehr oder weniger starkes Aufschmelzen der Schweißpartner gezielt beeinflußt werden. So empfiehlt es sich, zu intermetallischer Verbindungsbildung neigende Partner so aufzuschmelzen, daß die Zusammensetzung der Schmelzzone vom stöchiometrischen Konzentrationsverhältnis der intermetallischen Verbindung stark abweicht, um das Entstehen intermetallischer Phasen im Schweißgefüge zu verringern. Allerdings können schon kleine Abweichungen der Positionierung

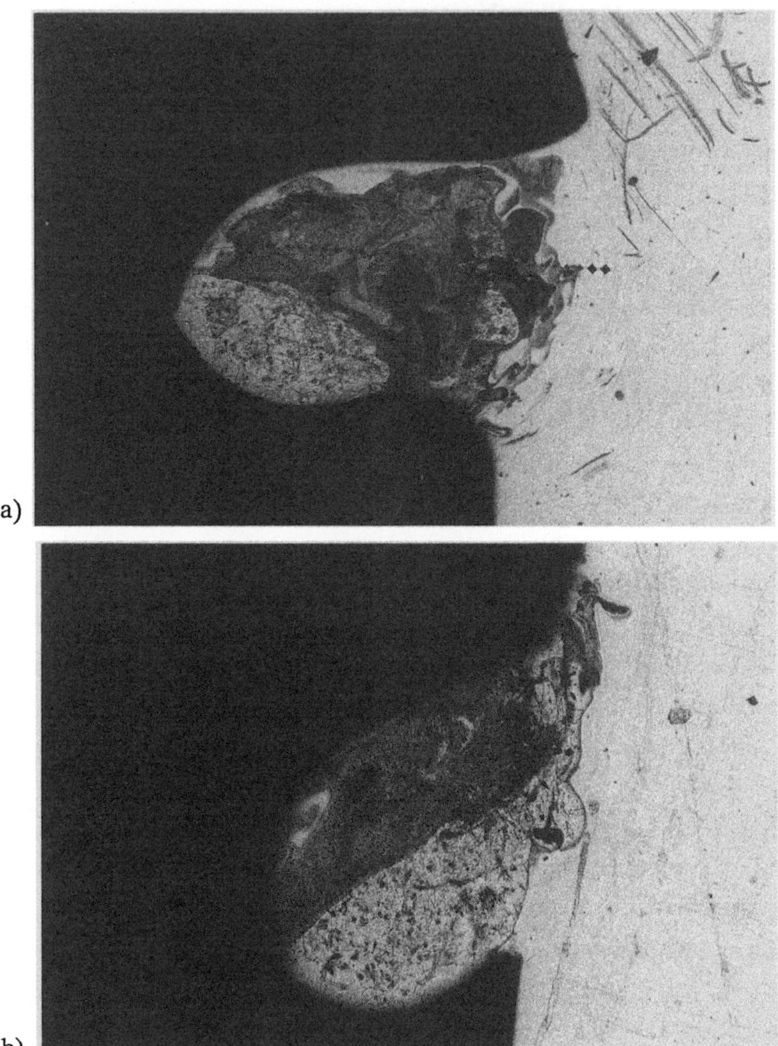

Bild 86: Schliffe durch eine mit unterschiedlicher Impulsdauer geschweißten
Draht-Draht-Verbindung (Nb-Ni), Nb-Draht im Querschnitt, Ni-Draht im
Längsschnitt, Laserstrahleinwirkung von links oben
a) t = 1,25 ms, W = 7,1 J, b) t = 5 ms, W = 9,8 J /308, 309/

starken Einfluß auf die Zusammensetzung der Schweißnaht und damit auf die
Reproduzierbarkeit der Schweißergebnisse ausüben.

Die Bildung spröder Phasen kann auch durch Zwischenschichten verhindert
werden. So entstehen bei einer direkten Schweißverbindung zwischen Niob und

rostfreiem Stahl (für eine elektrische Zelle) unvermeidlich intermetallische Verbindungen. Durch Anordnung einer Zwischenschicht aus Vanadium, das mit beiden Schweißpartnern im festen Zustand gut löslich ist, konnte die Bildung intermetallischer Phasen vermieden werden. Dabei wurde die Zwischenlage nicht vollständig aufgeschmolzen, sondern jeweils eine Schweißnaht zum Niob und zum rostfreien Stahl hergestellt /310/.

Wegen der schnellen Abkühlung beim Laserschweißen können auch anomale metallurgische Strukturen entstehen. So wird bei einem eutektischen Ag-Cu-System nach der Abkühlung statt der eutektischen Gleichgewichtsphase eine einheitliche Phase festgestellt /4/. Bei kleinen Schweißpunkten und guter Wärmeableitung können sich auch amorphe Strukturen (metallische Gläser) bilden /18/, was zur gezielten Oberflächenumwandlung genutzt werden kann.

Beispiele von Laserschweißverbindungen von ungleichen Metallen sind:

- 0,4 mm Bronzedraht auf 0,4 mm dickes NiCoFe-Blech /311/,
- Ni-Bändchen auf Cu-Folie: obwohl Cu und Ni im festen Zustand vollständig ineinander löslich sind, ergibt sich aufgrund der kurzen Schweißzeit nur geringe Diffusion /307/,
- Ni-Bändchen auf Ti-Folie: die aufgeschmolzenen Ni und Ti-Phasen bilden eine intermetallische Schicht in der Mitte der Schweißzone. Eine weitere Vermischung findet nicht statt /307/,
- Cu-Bändchen auf Ti-Folie: Es bilden sich ebenfalls intermetallische Verbindungen und das Schweißgefüge ist inhomogen /307/,
- 60 μm dicke Federstahllamelle auf Fe-Vollmaterial: durch eine 10 μm dicke Nb-Folie ließen sich die beim direkten Verschweißen entstehenden Risse verhindern /217/,
- C45 (Blech von 0,3mm Dicke) und Fe Co 50-Legierung (Blech von 2,5mm Dicke) sind gut verschweißbar /314/,
- Drahtschweißungen zwischen Cu-Cu, Ni-Ta, Cu-Ni, W-Ni /313/,

Eine Übersicht für das Laserpunktschweißen zwischen verschiedenen Metallen zeigt Tabelle 25.

7.3.3 Schweißen von Nichtmetallen

Nichtmetalle haben meist eine geringere Wärmeleitfähigkeit als Metalle. Sie lassen sich in anorganische und organische Nichtmetalle unterteilen (Tabelle 10, S.: 87). Nahezu alle organischen Stoffe schmelzen oder zersetzen sich bei mäßig hohen Temperaturen, während die meisten anorganischen Stoffe auch sehr hohen Temperaturen widerstehen können.

Tabelle 25: Laserschweißbarkeit von verschiedenen Metallkombinationen (nach /146/ modifiziert)

	W	Ta	Mo	Co	Ti	Be	Fe	Pt	Ni	Pd	Cu	Au	Ag	Mg	Al	Pb	Sn
W	o																
Ta	o	++															
Mo	o	+	+														
Co	o	−	o	+													
Ti	o	o	o	o	+												
Be	−	−	−	o	−	o											
Fe	o	o	+	+	o	o	++										
Pt	o	o	+	+	o	−	+	++									
Ni	o	+	o	+	o	o	+	++	++								
Pd	o	+	+	+	o	o	+	+	+	+							
Cu	−	−	−	o	o	o	o	++	++	+	+						
Au			−	−	o	o	o	++	++	++		++					
Ag	−	−	−	−	o	−	−	o	−	+		o	+				
Mg	−		−	−	−	−	−	−	−	−	o	o	o	o			
Al	−	−	−	o	o	−	o	−	o	−	o	o	o	o	+		
Pb	−		−	−	−		−	−	−	−	−	−	−	−	−	+	
Sn	−	−	−	−	−	−	−	o	−	o	−	o	o	−	−	o	+

++ =	sehr gut
+ =	gut
o =	mäßig
− =	schlecht

7.3.3.1 Kunststoffe

Nur Thermoplaste sind teilweise schweißgeeignet, Duromere und Elastomere dagegen. Voraussetzung zum Schweißen von Thermoplasten ist neben der Erwärmung ein Zusammendrücken der erwärmten Stoßflächen, d.h. im Gegensatz zum Laser-Metallschweißen ist das Laser-Kunststoffschweißen kein Schmelz- sondern ein Preßschweißen.

In der Kunststofftechnik sind Prüfverfahren bekannt, die das Verhalten von Kunststoffen bei hohen und mittleren Temperaturen beschreiben. Dazu wird u.a. die Glutfestigkeit und die Vicattemperatur T_{Vi} ermittelt.

Zur Ermittlung der Glutfestigkeit wird eine stabförmige Kunststoffprobe mit der Stirnseite gegen einen hellrot glühenden Glühstab (T ≈ 950 °C) gedrückt und an dem eintretenden Abbrand die Gütestufen BH1-BH3 ermittelt. Proben, bei denen keine Flammenbildung beobachtet wird, werden der Gütestufe BH1 zugeordnet. Bei der Gütestufe BH2 mit einem Abbrand kleiner 100 mm wird die Brennstrecke (z.B. BH 2-50 mm) und bei der Gütestufe BH3 mit größerem Abbrand die Brenngeschwindigkeit mit angegeben.

Die Vicat-Erweichungstemperatur ist die Temperatur, bei der ein Probekörper unter einer bestimmten Kraft 1 mm tief senkrecht in den Kunststoff

Tabelle 26: Kennwerte einiger Kunststoffe (da BH-Werte aus DIN53459 übertragen, hier keine Angabe der Brennstrecke/Geschwindigkeit) /154/

Werkstoff	Vicattemperatur T_V	Glutfestigkeit BH-Wert
PVC	80	BH2
Polyurethan	100	BH2
Polyethylen	60	BH1
Polypropylen	90	BH1
Polyamide	180	BH2
PTFE (Teflon)	110	BH1
PMMA (Acrylglas)	120	BH1
Polycarbonate	150	BH1
Polymethyloxid	160	BH1

eingedrungen ist (Kräfte 9,81N oder 49,05 N, Temperatursteigerungen von 50 oder 120 K/h). Als Probekörper wird ein Stift mit einem kreisförmigen Querschnitt von 1 mm Durchmesser verwendet.

Bei Materialien mit hoher Vicattemperatur und BH1 sind nur schwierig schweißbar. Materialen mit niedriger Vicattemperatur und BH1 lassen sich gut schweißen. Materialien mit BH2 und BH3 tendieren zum Verkohlen /154/. Für einige Kunststoffe sind die Werte in Tabelle 26 wiedergegeben.

Für das Schweißen von Kunststoffen werden hauptsächlich das Warmgas-, Heizelement-, Reib-, Hochfrequenz- und Ultraschallschweißen benutzt (DIN 16960). Mit dem Laser als Wärmequelle können jedoch Kunststoffe ebenfalls geschweißt werden. Hinsichtlich der Absorption zeigen thermoplastische Kunstoffe ein anderes Verhalten als Metalle. So findet die Absorption bei Metallen in einem Bereich von 10^{-5} mm statt und die Absorptionskoeffizienten liegen im allgemeinen unter 50 % (Nd-Laserstrahlung). Für Kunststoffe ergeben sich dagegen Absorptionstiefen bis in den Millimeter-Bereich, wobei die Absorptionstiefe von der Wellenlänge des Lasers und dem Material abhängig ist. So wird die Absorptionstiefe besonders durch Weichmacher, Pigmente oder Füllstoffe reduziert.

Ein weiterer Unterschied zum Metallschweißen ist die um 1 bis 3 Größenordnungen geringere Wärmeleitfähigkeit. Dadurch entsteht bei Kunststoffen eine starke Wärmestaubildung mit der Gefahr einer Überhitzung und Zersetzung das geschmolzenen Kunststoffes. Daher muß bei der Laserstrahlbearbeitung mit Leistungsdichten geschweißt werden, die um etwa 3 Größenordnungen unter denen des Metallschweißens liegen.

Für das Kunststoffschweißen werden somit Schmelztemperaturen von 160 - 200 °C genutzt /60/. Bei Kunststoffen mit geringen Absorptionstiefen lassen sich durch die beschränkte Wärmeleitfähigkeit nur kleine Schweißtiefen erzielen. Im allgemeinen liegt die Aufschmelzzone im Bereich der Zone, in der 63 % der Strahlung absorbiert worden sind /60/.

So ist für das Schweißen von Folien der CO_2-Laser gut geeignet, da die vom CO_2-Laser ausgesandte Wellenlänge von Kunststoffen (und anderen Nichtleitern) über Anregung von Wärmeschwingungen der Moleküle gut absorbiert wird. Beim Schweißen von dickeren Querschnitten bietet der kontinuierlich betriebene Nd:YAG-Laser den Vorteil, daß bei einigen Kunstoffen Absorptionstiefen bis zu 2 mm erreicht werden können und somit der gesamte Querschnitt bis zu dieser Tiefe aufgeschmolzen werden kann. So werden z.B. Polyamid 6-Werkstoffe vom CO_2-Laser nur an der Oberfläche aufgeschmolzen (wobei Materialverdampfung und Zersetzung beobachtet werden), während der Nd:YAG-Laser 2 mm dicke Platten durchschweißen kann /316/. Mit geringer Laserleistung ist es zwar möglich, auch Kunststoffe dickeren Querschnittes durch Wärmeleitung aufzuschmelzen, doch geht der Vorteil begrenzter Erweichung und hoher Prozeßgeschwindigkeit verloren, weshalb sich andere Fügeverfahren (z.B. Heizelementschweißen) meist als vorteilhafter erweisen.

7.3.3.2 Keramik und Glas

Schweißen von Keramik /317/ und Silizium ist wegen Neigung zur Rißbildung nur mit sehr hoher Vorwärmtemperatur möglich. Bei Gläsern kann der Grad der Transparenz für die Nd:YAG-Laserstrahlung die Schweißeignung beeinträchtigen bzw. unmöglich machen.

8 Laserlöten

Löten ist ein thermisches Verfahren zum stoffschlüssigen Fügen und Beschichten von Werkstoffen, wobei eine flüssige Phase durch Schmelzen eines Lotes (Schmelzlöten) oder durch Schmelzpunkterniedrigung infolge Diffusion an den Grenzflächen (Diffusionslöten) entsteht. Die Solidustemperatur der Grundwerkstoffe wird nicht erreicht, d.h. es entsteht eine Flüssig-Fest-Grenzflächenreaktion. Das Lot ist dabei eine als Zusatzwerkstoff zum Löten geeignete Legierung oder reines Metall in Form von Drähten, Formteilen, Pasten, Plattierungen etc..

Gelötet wird entweder mit Zusatz von Flußmitteln, d.h. nichtmetallischen Stoffen, die vorhandene Oxide an der Lötfläche beseitigen und ihre Neubildung verhindern oder unter Schutzgas bzw. im Vakuum. Herkömmliche Verfahren sind Flamm- , Kolben-, Bad-, Ofen-, Widerstands- und Induktionslöten. Man unterscheidet Weichlöten (Arbeitstemperatur $< 500\,°C$), Hartlöten (Arbeitstemperatur $> 500\,°C$) und Hochtemperaturlöten (Arbeitstemperatur $> 900\,°C$, flußmittelfrei). Bei Weichlötverbindungen stehen dichtende und/oder elektrisch leitende Eigenschaften der Verbindung im Vordergrund (DIN 8505), beim Hart- und Hochtemperaturlöten die Kraftübertragung.

Mittels Laser sind alle drei Verfahren des Lötens möglich. Die Prozeßenergie wird durch die Laserstrahlung in die Lötzone eingebracht, die im allgemeinen vorher mit Lot und eventuell mit Flußmittel versehen wird. Das Aufbringen des Lotes und Flußmittels kann entweder durch Pasten, galvanisches Auftragen des Lotes oder das Einlegen von vorgeformten Lot-(Flußmittel)-Formteilen erfolgen. Bei elektronischen Bauelementen werden hauptsächlich Lotpasten oder vorbelotete Anschlußflächen verwendet.

Während des Laserimpulses müssen die Oberflächenreinigung durch das Flußmittel, das Aufschmelzen des Lotes und das Benetzen der Fügeflächen mit Lot ablaufen. Dabei darf die Leistungsdichte nicht zu groß sein, da sonst das Flußmittel und Lot beim Aufschmelzen zu stark verdampfen können und die Gefahr der Spritzer bzw. Lotkugelbildung (Solderballing) entsteht /320/.

8.1 Laserlötanlagen

Für das Laserlöten werden vorwiegend CO_2- oder Nd-Laser genutzt. Die benötigten Laserleistungen sind je nach Lot, Fügestoßgestaltung und Laserart verschieden. So erfordern CO_2-Laser für die gleiche Lötaufgabe aufgrund der geringeren Strahlungsabsorption an Metalloberflächen höhere Laserleistungen als Nd-Laser.

Außerdem bietet der Nd-Laser bessere Möglichkeiten zur Strahlformung, da optische Bauelemente aus Werkstoffen (Glas) gefertigt werden können, wie sie auch für Licht eingesetzt werden.

Bei gepulsten Lasern ist auf eine geeignete örtliche und zeitliche Energiezufuhr zu achten. Dazu können eine gezielte Strahldefokussierung und ein Erwärmen mit einstellbarer Energieanstiegs- bzw. -abfallgeschwindigkeit oder mit mehreren Pulsen (eventuell bei gleichzeitiger Ablenkung des Laserstrahles über die gesamte Lötstelle) dienen. Die Strahlpositionierung kann auf drei Arten erfolgen:

- Bewegen des Werkstückes,
- Bewegen der Optik,
- Ablenken des Strahles mit Drehspiegeln (Scannern). Die geringe Spiegelmasse ermöglicht sehr schnelle Positionierungen /321/.

Diese Verfahren werden auch oft miteinander kombiniert.

8.2 Laserweichlöten

8.2.1 Löten von elektronischen Baugruppen

Der größte Teil der Weichlötverbindungen liegt im Bereich elektrisch leitender Verbindungen in elektronischen Baugruppen. Wegen der Bedeutung dieser Aufgabe wird auf das Löten elektrischer Verbindungen ausführlicher eingegangen.

Elektronische Schaltkreise bestehen aus einer Vielzahl von Bauelementen, die auf eine Trägerplatte aufgebracht werden. Die Trägerplatte hat im allgemeinen drei Funktionen:

- Fixieren der einzelnen Bauelemente,
- Aufnahme von Leiterbahnen, die die einzelnen Bauelemente miteinander verbinden,
- eventuelle Verbesserung der Wärmeabfuhr der Bauelemente.

Als Trägermaterialien werden hauptsächlich Kunststoffe (z.B. Epoxydharz mit Füllstoffen und eventueller Glasfaserverstärkung), Keramik oder Glas verwendet. Die Leiterbahnen sind entweder einseitig oder zweiseitig auf die Leiterplatte aufgebracht. Bei Multilayer befinden sich auch Leiterbahnen in Zwischenschichten des Trägers.

Bestückt werden die Leiterplatten entweder mit bedrahteten Bauelementen oder oberflächenmontierbaren Bauelementen. Bedrahtete Bauelemente erfordern Bohrungen im Trägermaterial. Die Anschlußdrähte werden dabei durch die Bohrungen gesteckt und auf der dem Bauteil gegenüberliegenden Seite mit den Leiterbahnen verlötet. Oberflächenmontierbare Bauteile haben nur kurze Anschlußbeinchen oder -flächen (z.B. Bumps). Sie werden üblich als SMD-Bauelemente (SMD = Surface Mount Devices) und die entsprechende Technologie als SMT (= Surface Mounted Technology) bezeichnet. SMD-Bauelemente erfordern keine Bohrungen im Trägermaterial, da sie direkt auf die Leiterbahnanschlüsse gelötet werden (Bild 87 a,b). Diese Art der Montage findet in letzter Zeit verstärkt Anwendung, da dadurch höhere Packungsdichten, eine Verringerung der Zahl an Produktionsschritten und eine Zuverlässigkeitssteigerung möglich sind. Bei Mischbestückung kommen gleichzeitig bedrahtete Bauelemente und SMD-Bauelemente zum Einsatz (Bild 87 c,d).

8.2.1.1 Herkömmliche Lötverfahren

Herkömmliche Lötverfahren für die Kontaktierung von Bauelementen auf Leiterplatten sind /129, 323-326/:

a) Bügellöten:

Beim Bügellöten drückt ein beheizter Stempel auf das Anschlußbändchen,

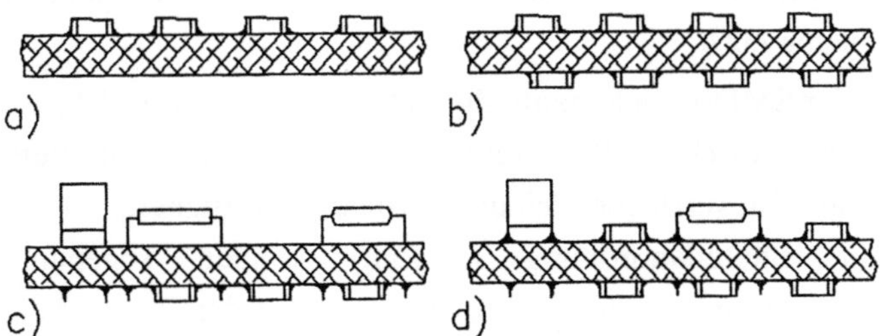

Bild 87: Montage von SMD-Bauelementen, a) einseitig, b) zweiseitig, c), d) gemischt, d.h. mit bedrahteten Bauelementen und SMDs /322/

und erwärmt damit die Verbindung auf Löttemperatur. Die Lotzuführung erfolgt meist durch Vorverzinnung (Reflowlöten).

Vorteile sind die lokale Wärmeeinbringung auf die Anschlußstellen und die Bauteilfixierung durch den Stempel, der gleichzeitig als Wärmequelle dient. Parallel liegende Anschlußfahnen können durch einen Stempel gleichzeitig gelötet werden. Nachteile dieses Verfahrens sind Druckeinwirkung, Verschmutzung und Verschleiß des Stempels. Außerdem ist das Verfahren zeitintensiv, da die Massenträgheit der Verfahrgeschwindigkeit des Stempels Grenzen setzt.

b) Ofenlöten:

Heißes Gas (Luft) wird in einem Umluftofen auf konstanter Temperatur gehalten. Bei Durchlauföfen werden die zu lötenden Teile kontinuierlich hindurchbewegt und dadurch ein hoher Ausstoß erreicht.

Beim Ofenlöten genügt die Lotpaste zur Vorfixierung. Als weiterer Vorteil ist bei inerten oder reduzierenden Gasen ein flußmittelfreies Löten möglich. Nachteilig sind die Erwärmung der gesamten Schaltung auf Löttemperatur mit der Gefahr einer Bauelementschädigung und der schlechte Wärmeübergang zwischen Gas und Fügestelle, weshalb sich hierzu nur niedrigschmelzende Lote eignen.

c) Wellenlöten (Schwallöten):

Das Wellenlöten ist ein leistungsfähiges Verfahren zum Löten von Leiterplatten mit bedrahteten Bauelementen. Die Zuführung des flüssigen Lotes erfolgt durch eine Lotwelle, die mittels Pumpe und Düse erzeugt wird. Dieses Verfahren wird hauptsächlich in Verbindung mit einem Flußmittel und einer Trockenstrecke (zum Trocknen des Flußmittels) eingesetzt (Bild 88). SMD-bestückte Platinen sind jedoch erheblich schwieriger mit diesem Verfahren zu löten, da nicht nur die Lötanschlüsse, sondern auch die Bauteile selbst durch das flüssige Lot beaufschlagt und daher thermisch sehr hoch belastet werden. Hinzu kommen folgende Probleme /327/:

- eine Vorfixierung der SMD-Bauelemente durch Kleben ist erforderlich,
- da die Fügefläche zwischen Pad und Pin gegenüber bedrahteten Komponenten kleiner ist, verringert sich die Verbindungsfestigkeit,
- bei ungeeigneter Bauteilanordnung (Layout) können sogenannte Abschattungen von Lötpunkten durch zu dichte Packung der Bauelemente oder ungeeignete Bauteilorientierung zur Lotwelle entstehen.

d) Dampfphasenlöten

Die erforderliche Löttemperatur wird durch die Kondensation des Dampfes

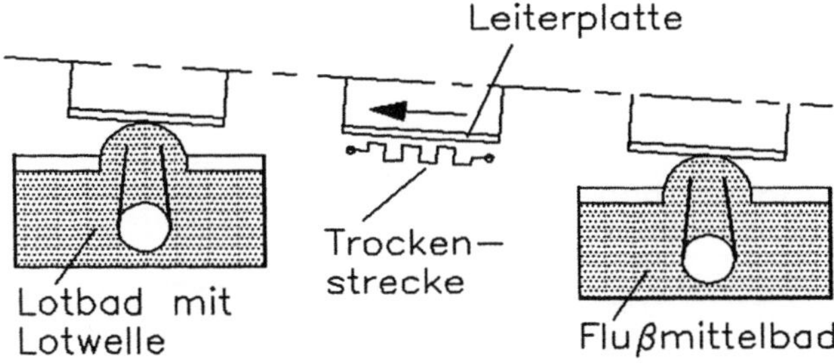

Bild 88: Wellenlöten nach DIN 8505

einer siedenden organischen Flüssigkeit erzeugt. Dazu wird die bestückte Leiterplatte in die Kondensationszone des Dampfes gebracht, so daß der Dampf an der Lötstelle kondensiert und die Kondensationswärme das Lot aufschmilzt. Haben die Bauteile die Dampftemperatur erreicht, kann keine Kondensation mehr stattfinden, womit eine weitere Erwärmung und Überhitzung des Bauteils ausgeschlossen ist (Bild 89).

Zur Erzeugung des Dampfes werden organische Flüssigkeiten benutzt, da sie eine hohe Wärmeübertragungsrate aufweisen. Im allgemeinen lassen sich SMD-Bauelemente gut damit löten. Die Vorteile des Dampfphasenlötens sind die genaue Temperaturkontrolle und damit hohe Zuverlässigkeit. Nachteilig sind die relativ hohen Betriebskosten infolge des Flüssigkeitsverlustes bei Entnahme der Leiterplatten. Der Nachteil der Toxizität der früher eingesetzten fluorierten Kohlenwasserstoffe ist bei den neueren organischen Flüssigkeiten nicht mehr gegeben.

e) Infrarotlöten

Beim Infrarotlöten durchlaufen die zu lötenden bestückten Leiterplatten eine Beheizungszone mit Infrarotstrahlern. Dabei wird die Platine über verschiedene Wärmestufen auf Löttemperatur erhitzt. Probleme ergeben sich aus der verschiedenen Wärmeabsorption und Größe der verschiedenen Bauelemente. Dadurch erreichen die einzelnen Bauelemente zu unterschiedlichen Zeiten ihre Löttemperatur. Eine gute Anpassung des zu durchlaufenden Wärmeprofils an den jeweiligen Aufbau der Leiterplatte ist dabei erforderlich und muß meist abhängig von der Bauelementanordnung empirisch ermittelt werden (Bild 90). Beim Löten unter Schutzgas kann auf Flußmittel u.U. verzichtet werden.

Vorteil des Verfahrens ist die hohe Produktivität bei mittleren Anlage- und Betriebskosten und /321, 328, 329/. Die Wärmebelastung der Bauelemente ist jedoch hoch und daher auch die Gefahr der Überhitzung. Außerdem sind

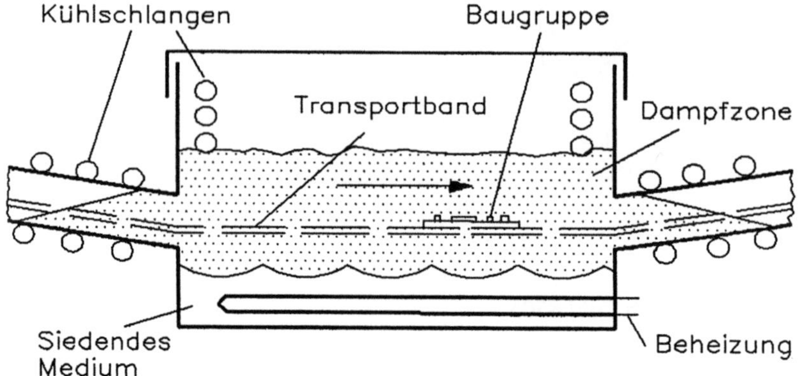

Bild 89: Dampfphasenlötanlage mit Durchlaufeinrichtung

Lötungen in Gemischtbestückung (oberflächenmontiert und bedrahtete Bauelemente) nicht möglich.

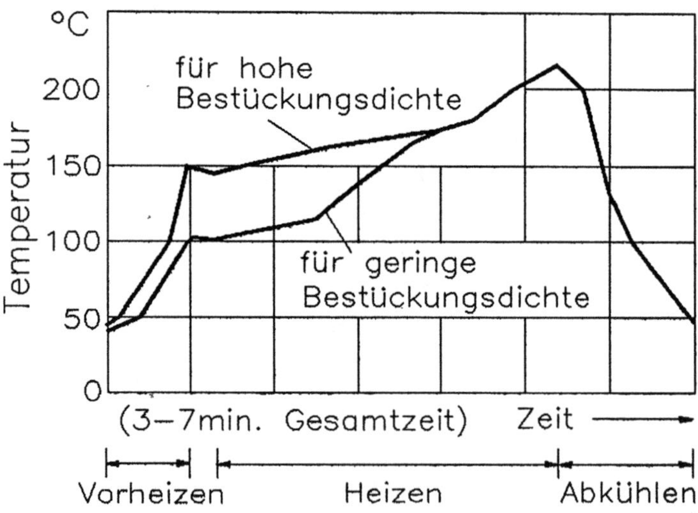

Bild 90: Temperaturprofil einer Infrarot-Reflow-Lötanlage

8.2.1.2 Laserlöten

Allen bisher beschriebenen Lötverfahren (bis auf das Bügellöten) ist gemeinsam, daß mit der gesamten Baugruppe alle Lötstellen gleichzeitig erwärmt werden. Das hat den Vorteil einer hohen zeitlichen Effizienz der Verfahren. Nachteilig ist jedoch, daß unterschiedliche Bauteil- und Anschlußgrößen kaum berücksichtigt werden können. Außerdem gehen diese Lötverfahren immer mit einer starken Erwärmung nicht nur der Anschlüsse, sondern der Bauteile selbst einher. Dadurch ergeben sich bei temperaturempfindlichen (z.B. optoelektronischen) Bauelementen oder bei Leistungskomponenten mit hoher Wärmekapazität Überhitzungsgefahren.

Weiterhin kann es durch die schnelle Wärmeübertragung zu Spannungsrissen bei keramischen Bauelementen kommen. Außerdem haben kleine Bauelemente, insbesondere Chip-Widerstände, die Tendenz, sich aufzustellen (Grabstein- oder Tombstoneeffekt). Beträchtliche Probleme treten bei Baugruppen hoher Wärmekapazität (z.B. Heatpipes und Heatsinks) auf, da sie den Lötstellen Wärme entziehen (Heatpipes dienen zum Abführen der Wärme, Heatsinks zur Aufnahme von überschüssiger Wärme).

Demgegenüber wird beim Laserlöten die Wärme nur lokal, d.h. am Lötanschluß eingebracht, daher wird das Bauteil kaum erwärmt. Die Fügepartner (z.B. Anschlußdraht und Leiterbahn) sollten Kontakt miteinander haben und die Prozeßparameter sehr genau eingehalten werden. Bei ihrer Ermittlung sind Menge und Art der Lötpaste, Padgröße, Werkstoff u.v.a. zu berücksichtigen /330-332/.

Wegen der sequentiellen Ausführung der Lötverbindungen ist das Laserlöten hinsichtlich Produktivität und Wirtschaftlichkeit den simultan arbeitenden Lötverfahren, wie z.B. Bad- oder Ofenlöten, unterlegen. Das Laserlöten von elektrischen und nichtelektrischen Verbindungen ist jedoch bei schwer zugänglichen Lötstellen und zur engen örtlichen Begrenzung der eingebrachten Wärmemenge (z.B. Löten in der Nähe von thermoplastischen Kunststoffen /333/ oder elektrischen Glasdurchführungen) vorteilhaft.

Ein Vergleich von CO_2- und Nd:YAG-Laser in Bezug auf Weichlöten auf Leiterplatten zeigt Tabelle 27 /320/.

Beim Laserlöten mit Nd-Laser wird ein höherer Strahlenergieanteil absorbiert. Bei elektrischen Baugruppen mit transparenten Trägermaterialien kann von der leiterbahnabgewandten Seite her gelötet werden.

Tabelle 27: Vergleich verschiedener Laserarten für das Laserweichlöten

	CO_2	Nd:YAG
Wellenlänge (μm)	10,6	1,06
Reflexion an:		
Zinn/Blei-Lot (in %)	74	21
Polyamid (in %)	5	27
Verbesserung der Absorption:		
durch Flußmittel	gut	mittel
Durchstrahlung des Trägermaterials	schlecht	gut/schlecht
Optik	aufwendig	einfach
Strahlenschutz	einfach	aufwendig
Betriebsart	gepulst oder kontinuierlich	gepulst oder kontinuierlich
Leistungsbereich zum Löten	30...400 W	kontinuierlich 30...100 W, gepulst bis 250W

Beim Löten mit dem CO_2-Laser kann die Energieeinbringung durch das Flußmittel erhöht werden. Nach Verdampfen des Flußmittels tritt allerdings wieder eine Abnahme der Absorption auf /334-337/. Vorteilhaft ist der CO_2-Laser auch beim Entfernen von Kunststoffisolierungen (z.B. von Kupferlackdrähten) unmittelbar vor dem Löten /338/.

Der Laserstrahl kann zur Produktivitätserhöhung durch Strahlteiler aufgeteilt werden, um mehrere Lötstellen gleichzeitig zu löten /25, 321/. So sind Laserlötanlagen mit maximal 4-facher Strahlteilung bekannt.

Die Strahlablenkung durch Verfahren des Werkstückes bzw. der Optik ist relativ langsam. Die Verfahrdauern von Punkt zu Punkt liegen in der Größenordnung von 1 /10 s /25, 339, 340/. Mit galvanooptischen Spiegeln (Scannern) liegen die Positionierungszeiten unter 10 ms bei Ablenkgeschwindigkeiten von 2 m/s /25/ (siehe Kap. 12.1).

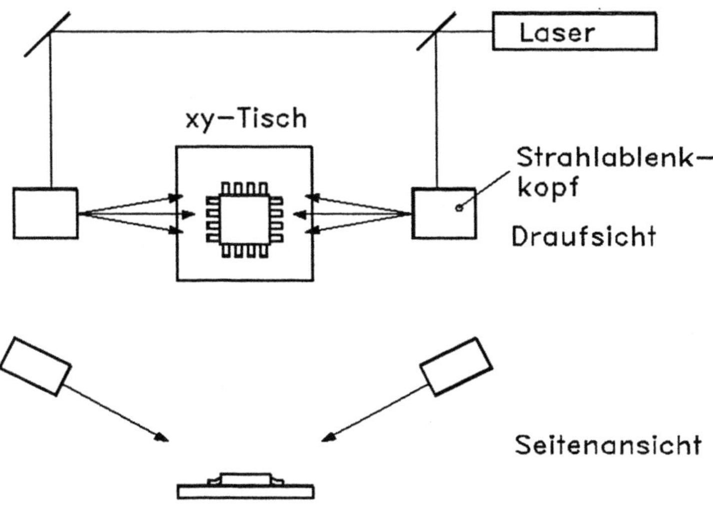

Bild 91: Laserlötanlage /302/

Das Lot und Flußmittel können als Paste oder Lotplattierung aufgebracht werden. Dabei kann ein Pastenauftrag schon vor dem Löten und Bestücken durch Sieb- oder Schablonendruck erfolgen /339/. Ein Beispiel einer Laserlötanlage zeigt Bild 91.

Zum automatischen Löten können die Lötdaten der Komponenten in einer Datenbank gespeichert und jeweils abgerufen werden /302, 341/. Zur Erreichung einer größeren Produktivität und der Vermeidung des Tombstone-Effektes

Bild 92: Lasergelötetes Flatpack (6x3mm) auf Dickschichtschaltung (Keramiksubstrat) /440/

(Aufrichten der Bauelemente insbesondere bei Widerständen der SMT) sollte mit mindestens 2 Laserstrahlen gleichzeitig gelötet werden. Dabei sollten beide Laserstrahlen unabhängig voneinander programierbar sein, vor allem zum Löten asymmetrischer Bauelemente. Beim Löten mit Flußmittel ist darauf zu achten, daß die Impulszeiten größer als 50 ms sein müssen.

Bei hochintegrierten SMD-Bauelementen mit vielen Anschlußdrähten, Bild 92, sind auch Lötanlagen bekannt, die entweder diese Anschlüsse mit kontinuierlich überstreichenden Laserstrahl löten (wobei der Laserstrahl zwischen den einzelnen Anschlüssen nicht unterbrochen wird) oder gleichzeitig mehrere Anschlußbeinchen mit über Blenden und zylindrische Linsen geformten länglichen und rechteckigen Laserstrahl anlöten /340, 342/. Beim zuletzt genannten Verfahren können sich Probleme dadurch ergeben, daß die Leistungsdichte im Laserstrahl nicht konstant ist. Bei geeigneter Lotpastendosierung und Laserparameterwahl wird eine Beschädigung des Leiterplattenmaterials sowie eine Lotbrückenbildung verhindert und ein reproduzierbares Anlöten der Beinchen erreicht. Die Bauelemente werden z.B. mit einem Roboter mit Bilderkennungssystem positioniert /342, 343/.

Mit Hilfe eines IR-Sensors läßt sich der Temperatur-Zeit-Verlauf beim Laserlötprozeß verfolgen. Weiterhin kann das Reflexionssignal der Laserstrahlung zur Prozeßüberwachung genutzt werden. Den mit Hilfe eines IR-Sensors ermittelten Temperatur-Zeit-Verlauf zeigt Bild 93 /344/. Danach steigt die Temperatur relativ rasch auf ein bestimmtes Niveau an und verweilt dort. Bei

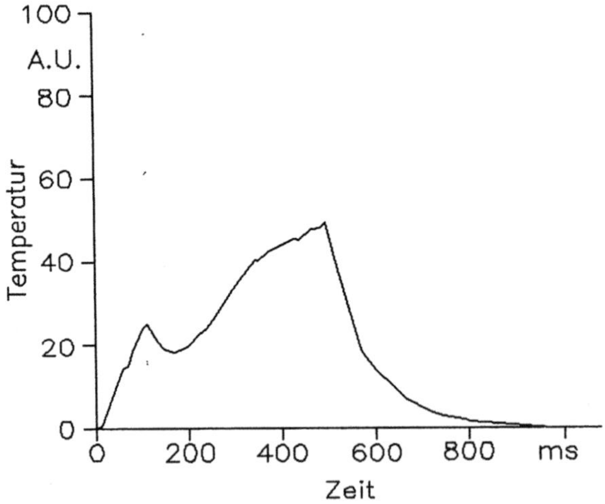

Bild 93: Pyrometersignal einer Laserlötstelle /344/

dieser Temperatur erfolgt ein Verdampfen des Flußmittels und ein Aufschmelzen des Lotes. Danach steigt die Temperatur weiter. Damit das Lot nicht verdampft, ist die Energiezufuhr rechtzeitig abzubrechen. Dies kann durch eine entsprechende Wahl der Pulslänge oder auch durch eine Regelung der Pulslänge bzw. der Laserstrahlenergie erfolgen /315, 344-350/. Als Regelgröße kann ein leichter Abfall des IR-Signals zu Beginn des Aufschmelzens verwendet werden, der durch die verringerte Emission der Schmelze gegenüber dem festen Lot entsteht /346/. Weitere geeignete Meßgrößen sind Reflexionssignale des Lötlaserstrahles oder eines externen Sondenlaserstrahles /344/.

Vorteil der Kontrolle des Temperaturverlaufes ist die Überwachung der Verbindungsbildung beim Löten. Stehen zum Beispiel Draht und Leiterplatte nicht in Kontakt miteinander, so wird nur der strahlbeaufschlagte Fügepartner erwärmt und die Aufheizung erfolgt wesentlich schneller. Mit einer entsprechenden Diagnostik des IR-Signals kann somit ein zu fehlerhafter Verbindung führender Prozeß erkannt werden.

Mit Hilfe einer Regelung können auch Toleranzen der Positionierung und anderer Prozeßgrößen ausgeglichen werden. So kann eine geringe Fehlpositionierung durch eine verlängerte Lötzeit kompensiert werden. Auch Schwankungen der Lotmenge und das Flußmittels verändern die benötigte Energie, was durch Regelung der Laserleistung und/oder der Impulszeit ausgeglichen werden kann. So wird z.B. als Regelungsgröße das Temperatursignal eines Pyrometers verwendet /344, 351/ und durch Vergleich mit einem Sollsignal-Verlauf der Ist-Verlauf der Laserleistung angepaßt; den Aufbau eines Regelkreises zeigt Bild 94 /344/. Zur Steuerung der Laserleistung wird ein akusto-optischer Modulator verwendet. Der Signalverlauf für eine einwandfreie Lötung

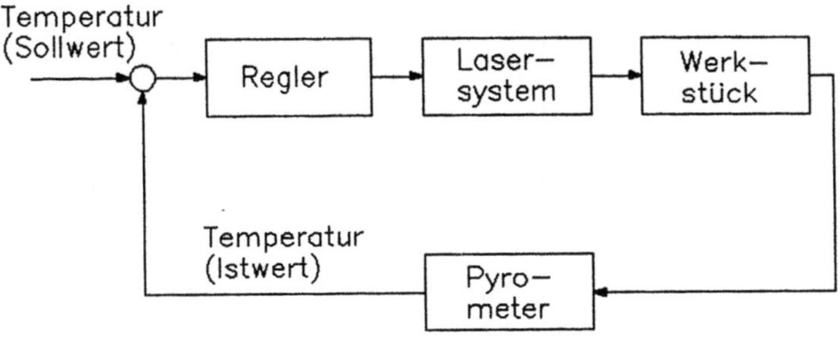

Bild 94: Regelkreis beim Laserlöten/344/

ist in Bild 95 a dargestellt; Soll- und Istsignal liegen aufeinander. Im Falle der fehlerhaften Lötung (Bild 95 b) war trotz Regelung keine Übereinstimmung zwischen Ist- und Sollsignal zu erzielen, weil das Lot die Lötstelle nicht ausreichend benetzt hatte.

Anhand von Hochgeschwindigkeitsaufnahmen kann der Prozeßverlauf beim Löten von Anschlußdrähten auf Leiterbahnen zeitlich erfaßt werden. Es zeigen sich einzelne gut unterscheidbare Phasen des Lötprozesses. Zu Beginn der Laserstrahleinwirkung beginnt das Lot zu schmelzen, wobei sich das flüssige Lot aufgrund der Oberflächenspannung und der Temperaturverteilung zur heißesten Stelle hin zusammenzieht und eine Kugel bildet. Erst wenn das gesamte Lot der Lötstelle aufgeschmolzen ist und die Reduktion der Oberfläche durch das Flußmittel abgeschlossen ist, zerfließt das Lot und benetzt die gesamte Lötstelle /321, 352, 353/.

Die Impulszeiten für das Laserlöten von SMD-Bauelementen mit Flußmitteln liegen zwischen 50 und 1500 ms je nach Größe der Lötstelle /321, 352, 353/. Solche Impulszeiten sind mit Impulslasern nicht erreichbar; zum Löten wird deshalb normalerweise ein kontinuierlicher Laser verwendet, der akusto-optisch geschaltet wird. Bei Zeiten kürzer als 70 ms tritt explosionsartiges Verdampfen der Lösungsmittelanteile, verbunden mit der Bildung von Lotkugeln (Solderballing), auf.

Kurze Impulszeiten sind dagegen beim Löten ohne Flußmittel in Schutzgasatmosphäre möglich. So wird ein 250 μm-Draht an einem Pad mit einer

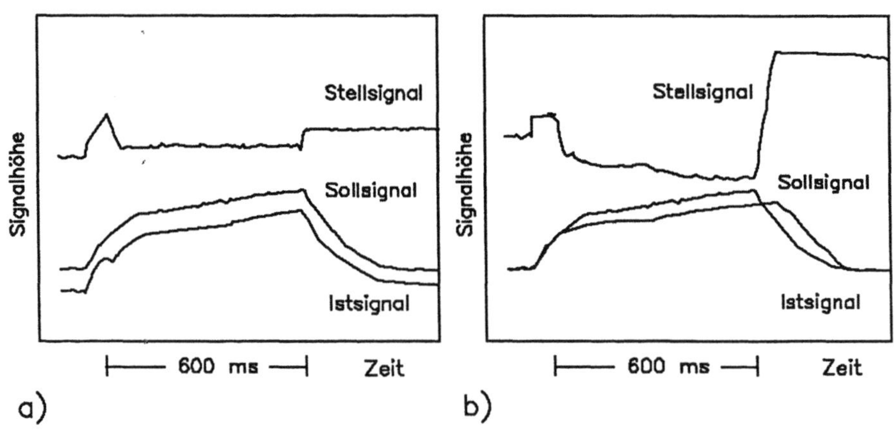

Bild 95: Temperaturverlauf beim Laserlöten /344/
a) Einwandfreie Lötstelle, b) Fehlerhafte Lötstelle

Impulszeit von 5 ms gelötet /354/. Schliffproben zeigten dabei eine einwandfreie Lötung ohne Lunker und mit guter Benetzung. Für das flußmittelfreie Löten sind Impulslaser gut geeignet.

Die mittleren Leistungsdichten zum Löten liegen bei 10^4-10^5 W / cm^2 /354/. Bei zu hohen Leistungsdichten können Teile der Lotpaste verdampfen, bevor andere Bereiche aufschmelzen. Deshalb muß entweder defokussiert werden oder der Strahl wird auf der Oberfläche kreis- oder achterbahnförmig bewegt /321, 345/. Letzteres geschieht durch Ablenkung des Strahles über galvanische Spiegelanordnungen. Die Strahlleistungen für das Löten normaler SMD-Bauelemente liegen bei 12 W pro Pad und die durchschnittlichen Impulszeiten um 100ms. Bei SMD-Keramik-Chipkondensatoren sind aufgrund der großen Anschlußfläche höhere Lötzeiten (bis zu 1000 ms pro Pad) erforderlich /321/.

Auch die in der SMD-Technik verwendeten Chipträger (Bild 96) sind mit dem Laser erfolgreich gelötet worden. Bei diesen Bauelementen befinden sich die Anschlußflächen direkt unterhalb des Chipträgers, der aus Kunststoff oder Keramik besteht. Die Anschlußflächen der Leiterbahnen werden verzinnt und die des Chipträgers mit einem badgetauchtem Lötüberzug versehen. Ein Löten mit schräg einfallenden Laserstrahl reicht nicht aus (Bild 97 a, b) sondern erst ein dickes Verzinnen der Pads und ein Abflachen der lotgetauchten Anschlüsse des Chipträgers führt zu guten Ergebnissen (Bild 97 c). Das Abflachen kann durch erneutes teilweises Anschmelzen auf einer Heizplatte erfolgen /334, 355, 356/.

Die Benetzung wird durch die konvexen Lotflächen im schmelzflüssigen Zustand gefördert. Von großer Bedeutung ist die Wahl des Lasers und des galvanischen Abscheidungsverfahrens für die Verzinnung der Pads. So wird beim

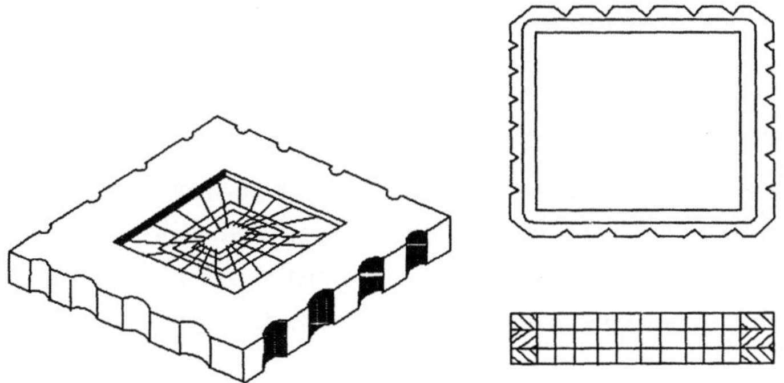

Bild 96: Chipträger /322/

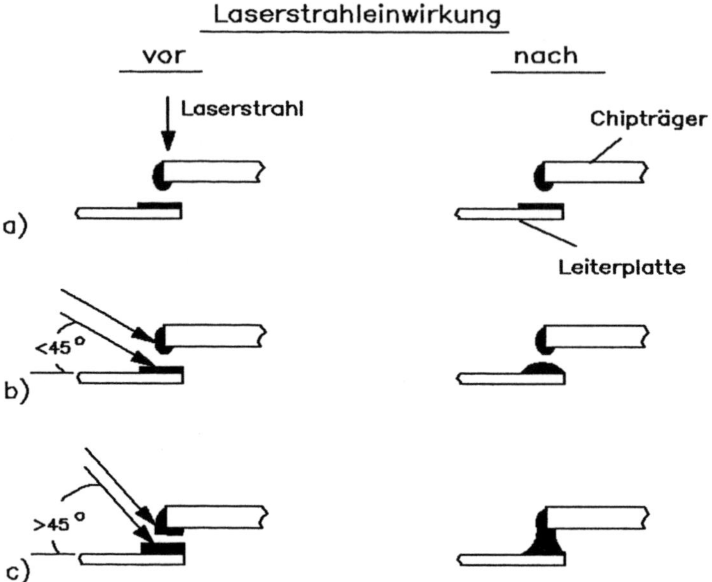

Bild 97: Laserlöten von Chipträger-Bauelementen mit Vorverzinnung
a) lotgetauchte Anschlußfläche des Chipträgers / aufgeschmolzene Verzinnung
der Pads; b) lotgetauchte Anschlußfläche des Chipträgers / dünne, nicht
aufgeschmolzene Verzinnung der Pads; c) abgeflachte Anschlußfläche des
Chipträgers / dicke, nicht aufgeschmolzene Verzinnung der Pads

CO_2-Laser durch die reflektierte Strahlung an den Metallflächen das
Kunstoffgehäuse des Chipträgers leicht beschädigt, beim Nd:YAG-Laser jedoch
nicht. Bei der Verzinnung mittels Säuregalvanobädern mit organischen
Bestandteilen wird die Benetzung verschlechtert, kann jedoch durch
Verlängerung der Impulszeit verbessert werden /322/.

8.2.3 Vor- und Nachteile des Laserlötens von elektronischen Bauelementen

Die Vorteile des Laserlötens ergeben sich aus den speziellen Eigenschaften des
Laserstrahles, insbesondere der guten Positionierbarkeit und reproduzierbaren
Steuerung der Wärmezufuhr durch Variation der Impulszeit und Leistungsdichte.
Dadurch läßt sich die Lötenergie individuell an die Größe der Verbindung und an
die Menge des zu schmelzenden Lotes anpassen. Durch die gute
Positionierbarkeit sind auch Bauelemente mit hoher Integrationsdichte lötbar.
Bei unterschiedlich großen Anschlußpins ist es möglich, die Energie entsprechend
dem Bedarf zuzuführen.

Durch die kurze Lötzeit entsteht an der Lötstelle ein hoher Wärmestau, der die Menge der benötigten Energie begrenzt und damit zu einer nur unwesentlichen Aufwärmung des Bauteiles bzw. der Baugruppe führt. Die Temperaturerhöhung in der Nähe der Lötstelle ist kleiner als 5 °C /354/, wodurch die Gefahr der Überhitzung und damit der Zerstörung von Halbleiter- und anderen Bauelementen, wie z.B. Chipkondensatoren /357/, auf ein Minimum reduziert wird. Durch die geringe Wärmeeinbringung kann auch eine unerwünschte Initialisierung von Alterungsprozessen vermieden werden /321/. Weiterhin bleiben benachbarte Lötstellen thermisch unbeeinflußt und gemischt bestückte Leiterplatten oder Platinen mit Heatpipes oder Heatsinks sind lötbar.

Durch die gezielte Energiezufuhr bleibt die übrige Leiterplatte weitgehend thermisch unbelastet. Dadurch bleiben die Eigenspannungen, die aus einem unterschiedlichen Ausdehnungskoeffizienten von Bauteilen und Trägermaterial herrühren, gering, weshalb bei der Gestaltung und Werkstoffauswahl der Trägerplatte der Ausdehnungskoeffizient keine so entscheidende Rolle spielt.

Während die herkömmlichen Lötverfahren Lote erfordern, die auf die maximale Temperaturbelastbarkeit der temperaturempfindlichen Bauelemente abgestimmt sind, ist beim Laserlöten diese Beschränkung weitgehend aufgehoben, d.h. auch höherschmelzende Lote können verarbeitet werden.

Bei einigen konventionellen Lötverfahren kann es zu Problemen durch das Fließen des zur Chipbefestigung dienenden Klebstoffs bei Erwärmung kommen. Dadurch sind die Lötpartner nicht mehr genau zu einander positioniert, was vor allem bei hoher Integrationsdichte zu Problemen führen kann. Beim Laserlöten tritt dieses Problem nicht auf, da die Klebstelle nicht erwärmt wird /358/. Weiterhin vermeidet die berührungslose Arbeitsweise des Laserstrahles eine mechanische Krafteinwirkung, wie z.B. beim Bügellöten. Daher lassen sich auch miniaturisierte temperatur- und druckempfindliche Bauelemente löten.

Im Unterschied zum Dampfphasenlöten erfolgt das Laserlöten zumeist in normaler Atmosphäre oder unter Schutzgas; giftige Dämpfe können deshalb nicht freigesetzt werden.

Große Vorteile weist das Laserlöten gegenüber konventionellen Verfahren im Hinblick auf die Gefügeausbildung auf /320/:

- Es entsteht eine schmale Diffusionszone zwischen dem Lot und den Verbindungspartnern /359-361/. Für Lötungen ohne Flußmittel mit Impulszeiten um 5 ms wird die Dicke der intermetallischen Schicht mit 10 μm angegeben (Cu-SnPb). Im späteren Betrieb kann es allerdings bei Temperaturen über 100 °C zu einem Anwachsen der intermetallischen Schicht kommen /362/.

- Das Gefüge ist feinkörnig und weist daher eine hohe Belastbarkeit auf. Durch anschließende Erwärmungszyklen zwischen -55 und 85 °C (Zyklenzeit $^1/_2$ Std) kann allerdings eine Kornvergröberung eintreten, so daß das Gefüge sich dem konventioneller Lötverfahren angleicht und sich die Zugscherfestigkeit um ca. $^1/_5$ bis $^1/_3$ vermindert /360/.
- Infolge kurzzeitiger Erhitzung entstehen geringe Eigenschaftsänderungen durch Seigerung
- Durch herabgesetzte Schrumpfung ist die Neigung zu Lunkern gering /360/.

Nachteilig beim Laserlötverfahren ist die erforderliche exakte Festlegung der zahlreichen Prozeßparameter (Laserstrahldaten, Positionierung des Laserstrahles und Dosierung von Lot und Flußmittel). Dies geschieht zweckmäßigerweise über eine rechnergesteuerte oder auch -geregelte Lötmaschine. So ist gegenüber konventionellen Lötverfahren ein umfangreiches Softwareprogramm und ein hoher meßtechnischer Aufwand zur Einstellung, Kalibrierung, Bedienung und Überwachung erforderlich /315, 320, 321, 354, 358, 360, 363/.

Weiterhin besteht durch den ähnlichen Absorptionskoeffizienten von Leiterplatte und Lot die Gefahr der Zerstörung der Leiterplatte bei einer Fehlpositionierung des Laserstrahles, insbesondere bei CO_2-Lasern. Durch die kurze Erwärmungszeit ist eine ausreichende Benetzung nicht immer gewährleistet.

Die Hauptnachteile, die bisher dem breiten Einsatz des Laserlötens entgegenstehen, sind jedoch die vergleichsweise geringe Produktivität infolge sequentieller Arbeitsweise und die hohen Investitionskosten für den Laser, die Werkstückshandhabung, die Positionierungseinrichtungen sowie die Steuerungshard- und -software, an die alle höchste Ansprüche bezüglich Genauigkeit und Zuverlässigkeit zu stellen sind.

8.3 Beispiele des Laserweichlötens

Das Laserlöten ist für die SMD-Technik nur beim Vorliegen besonderer Anforderungen interessant, da konventionelle Lötverfahren wirtschaftlicher und produktiver arbeiten. Laserlöten ist z.B. vorteilhaft zur Erzielung erhöhter Temperaturbelastbarkeit durch Einsatz höherschmelzender Lote, da erhöhte Arbeitstemperaturen beim Infrarot- und Schwallöten zur Zerstörung der Bauelemente führen können. Auch bei druckempfindlichen Baugruppen (berührungslose Energieeinbringung) sowie bei wärmeempfindlichen Bauteilen, insbesondere optischen Hochfrequenzbauelementen (z.B. GaAs-Bauelemente in der Nachrichtentechnik mit Glasfasertechnologie), kann das Laserlöten vorteilhaft angewendet werden. Weiterhin bietet sich das Laserlöten für die TAB-Technik (Tape-automatic-bonding) zum Kontaktieren der sog. outer-leads an.

Außer beim Löten von SMD-Bauelementen wurde das Laserlöten bisher für folgende Aufgaben angewendet:

- Löten durch durchsichtige flexible Leiterbahnträger hindurch. Für die vom Nd-Laser ausgesandte Wellenlänge sind einige flexible Schaltungsträger transparent. So wurde ein Piezokeramikröhrchen von der Rückseite her auf die Leiterbahn aufgelötet /320/.

- Verhinderung der Versprödung der Zuführungsdrähte bzw. Bändchen durch Grobkornbildung /320/.

- Löten von Leistungshalbleiterbauelementen und Bauelementen mit Kühlkörpern, wo infolge hoher Wärmeaufnahme dieser Bauelemente ein Schwall- oder Infrarotlöten gemeinsam mit anderen Bauelementen nicht möglich ist (die eingebrachte Wärme reicht durch die hohe Wärmekapazität des Bauelementes nicht aus, um das Lot zu schmelzen). Durch die kurzen Lötzeiten und die lokale Energieeinbringung ergibt sich beim Laserlöten ein Wärmestau, der zu einem schnellen Löten der Anschlusses mit nur sehr geringer Wärmebelastung des Bauelementes führt /320/.

- Löten von 0,25 mm Cu-Drähten an Anschlußflächen eines Thermoelementes, wo Lötverfahren mit großflächiger Energieeinbringung zur Zerstörung des Bauelementes führen /354/. Als Lot wurde ein Zinn/Blei-Lot (40% Pb, 60% Sn, $T_s=183\,°C$) auf Draht und Anschlußfläche aufgebracht. Da kein Flußmittel verwendet wurde, war es möglich, die Lötung mit einer Impulszeit von 5 ms auszuführen. Der Laserstrahl wurde dabei stark defokussiert ($I=5\times10^4\,W/cm^2$). Die mechanischen Eigenschaften bei Cu-Drähten (Durchmesser = 0,2 mm) wurden in Abhängigkeit von der Laserpulsenergie untersucht. Weiterhin war es auch möglich, Ag-Pd-Drähte mit dem höherschmelzenden Zinn/Blei-Lot (92,5 % Pb, 5 % Sn, 2,5 %Ag, $T_s=280\,°C$)) ohne Zerstörung des Thermoelementes auf die Anschlußflächen zu löten /354/.

- Laserlöten von Dickschichtschaltungen /352, 364/ auf Al_2O_3- und BeO-Substraten. Sowohl die Pads (2·2 mm) als auch die Anschlußbändchen (Messing 1,02·0,23 mm) waren verzinnt (Lot: 88 Pb, 10 Sn, 2 Ag). Es wurde mit Schutzgas und Flußmittel gelötet. Die erforderlichen Impulszeiten betrugen je nach Größe des Pads und je nach Trägermaterial 50 bis 1000ms. Ein Vorheizen des Substrates auf 150 °C verkürzte die Lötzeiten auf 20 bis

150 ms (kontinuierlicher CO_2-Laser, 300 W). Intermetallische Schichten wurden nicht festgestellt. Zur Bestimmung ausreichender Wärmezufuhr wurden theoretische Ansätze für die Temperaturverteilung und der aufgeschmolzenen Lotmenge entwickelt /352, 365, 366/, und auch der Radius des aufgeschmolzenen Lotes (der sogenannte kritische Radius) berechnet /352/.

- Löten von lackisolierten Kupferdrähten (Durchmesser der Drähte = 36 μm) auf Anschlußfahnen. Bisher wurden diese Drähte im Löttauchbad gelötet, wobei die erforderliche hohe Temperatur zum Abschmelzen der Isolierung auch zum Anschmelzen des Spritzgußgehäuses führte, in das die Anschlußfahne eingebettet war. Zudem erfolgte ein Ablegieren des Cu-Drahtes, wodurch der ohnehin kleine Drahtdurchmesser verringert und eine Bildung intermetallischer Phasen in der Grenzschicht hervorgerufen wurde. Durch das Laserlöten konnten diese Probleme beseitigt werden. An der Lötstelle wurde eine ausreichend hohe Temperatur zum Abschmelzen der Lackisolierung erzeugt, wobei das Ablegieren und die Wärmeeinbringung durch die kurze Einwirkungszeit des Laserstrahles stark vermindert werden konnten. Die Prozeßparameter wurden dabei über eine mathematische Modellrechnung optimiert /333/.

8.4 Laserhartlöten

Hartlötverbindungen (siehe auch Kapitel 4.2.2.1) sind bisher nur selten mit dem Laser als thermische Energiequelle durchgeführt worden. Die Vorteile des Laserhartlötens gegenüber konventionellen Verfahren ergeben sich aus der begrenzten Wärmeeinbringung, dem berührungslosen Arbeiten sowie der raschen Erstarrung und Abkühlung (kein Anlegieren bzw. Werkzeugverschleiß) während des Lötvorganges /145/.

Untersuchungen zum Hartlöten mit Nd:YAG-Laser wurden für T-Stöße von dünnen Blechen bzw. Folien (0,025-0,32 mm) vorgenommen /145/. Das Hartlot wurde in Pulverform oder als dünner Folienstreifen in die Fügestelle eingebracht. Es wurde in Schutzgasatmosphäre mit und ohne Flußmittel gelötet. Der Laser erwärmte das Hartlot durch direkte Strahleinwirkung. Aufgrund des hohen Dampfdruckes des Hartlotes und des Flußmittels mußte hierbei der Strahl ausreichend defokussiert werden. Bei zu hohen Leistungsdichten kam es beim Löten mit Pulver zu einem teilweisen Wegblasen des Pulvers durch den Metalldampfdruck. Beste Lötergebnisse wurden mit einem in den Fügespalt eingelegten

Folienstreifen und mit Flußmittelzugabe erzielt. Löten ohne Flußmittel erforderte trotz Schutzgasatmosphäre eine vorherige Reinigung der Fügeflächen. Bei Versuchen, das Lot über die Wärmeleitung der Bleche zu erwärmen, kam es zu fehlerhaften Hartlötverbindungen mit teilweisem Anschmelzen des Grundmaterials. Das Gefüge lasergelöter Verbindungen ist feinkörniger und um bis zu 2-fach härter als bei flammgelöteten /145/.

Beim Laserhartlöten von kaltgewalztem rostfreien Stahlblech wurden in der Nähe der Lötstelle entlang der Korngrenze Risse beobachtet. Diese Lotbrüchigkeit als Folge des Eindringens von Lot entlang der durch Kaltverformung und Wärmespannung aufgeweiteten Korngrenzen tritt in austenitischen Stählen besonders bei zinkhaltigen Loten auf. So zeigt der Drucktest von eingelöteten Röhrchendurchführungen verfahrensabhängiges unterschiedliches Rißverhalten. Bei konventionellen Verfahren fand ein Versagen direkt in der Lötstelle statt, während bei laserhartgelöteten Durchführungen das Grundmaterial in der Nähe der Lötzone riß /145/.

8.5 Laserhochtemperaturlöten

Durch den Entfall von Flußmitteln können sehr enge Lotspalte (< 0,05 mm) angewendet und daher hohe kapillare Fülldrücke erreicht werden. Dies führt zusammen mit der Verunreinigungsfreiheit des Lötvorganges zu einer hohen Qualität der Lötverbindungen (Vermeidung von Flußmittel oder Oxideinschlüssen und Hohlräumen in der Lötzone, guter Schutz des Grundwerkstoffes gegenüber Sauerstoff oder Stickstoff der Luft). Die Hochtemperaturlote dürfen jedoch keine Elemente enthalten, die bei der hohen Arbeitstemperatur verdampfen, wie z.B. Zink oder Cadmium, da sonst infolge selektiver Verdampfung und Hohlraumbildung mit einem Festigkeitsabfall zu rechnen ist.
Ein wesentlicher Vorteil des Hochtemperaturlötens besteht darin, daß die Hochtemperaturlote wegen der mit dem Schmelzpunkt zunehmenden Rekristallisationstemperatur eine hohe Warmfestigkeit erreichen. Dagegen können die hohen Arbeitstemperaturen zu starker gegenseitiger Vermischung von Lot und Grundwerkstoff infolge Diffusion und damit zur Bildung spröder intermetallischer Phasen führen. In dieser Hinsicht erweist sich die kurzzeitige Erwärmung der Lötstelle mittels hochkonzentrierter Laserstrahlenergie als vorteilhaft, weil die gegenseitige Vermischung klein gehalten und Versprödungserscheinungen örtlich eng begrenzt oder unter Umständen ganz vermieden werden können.

9 Ermittlung der Laserstrahlparameter

Eine Bestimmung der Laserstrahlparameter ist besondere dann notwendig, wenn die Kontrolle am Laser eingestellter Daten (wie z.B. Spannung und Kapazität des Ladekondensators der Blitzlampe beim Nd:YAG-Laser) nicht ausreichen, um den Laserprozeß reproduzierbar zu steuern. Damit ist es auch möglich, die Wirkgrößen für die Lasermaterialbearbeitung und geeignete Kennwerte für den Vergleich unterschiedlicher Laseranlagen zu ermitteln /367, 368/.

Für Dauerstrichlaser sind vor allem folgende Laserstrahlparameter von Bedeutung:

- Leistung des Strahles,
- Durchmesser des Strahles auf der Werkstückoberfläche,
- minimaler Fokusdurchmesser
- Leistungsdichteverteilung,
- Strahlöffnungswinkel,
- Fokuslage (zur Werkstückoberfläche).

Bei Pulslasern sind zusätzlich von Bedeutung:

- Pulslänge,
- Pulsform,
- Wiederholungsrate.

Für Laser, die in der Nähe des sichtbaren Lichtes arbeiten (z.B. Nd:YAG-Laser), sind herkömmliche photooptische Verfahren zur Erfassung der Strahlparameter anwendbar. Für Laser im Infrarotbereich (z.B. CO_2-Laser) bieten sich Methoden an, die auf der Erfassung von Wärmestrahlung beruhen.

9.1 Meßsysteme zur Erfassung der Strahlparameter

Messungen der Strahlparameter können entweder am gesamten Strahl oder nur an einem Teil des Strahls vorgenommen werden. Ein Nachteil beim Messen des gesamten Strahls ist die Unmöglichkeit, die Strahlparameter bzw. die Leistung während der Bearbeitung zu messen. Dies ist besonders bei kontinuierlichen Lasern bzw. bei Lasern mit schnell aufeinanderfolgenden Pulsen von Nachteil. Hier ist es günstiger, einen definierten Teil der Laserstrahlung auszukoppeln und zu messen. Eine weitere Schwierigkeit ergibt sich beim Messen des gesamten Strahles, wenn die Laserleistung sehr hoch ist.

Methoden, einen Teil des Strahles auszukoppeln bzw. abzuschwächen, zeigt Tabelle 28.

9.1.1 Messung der Leistung

Die Erfassung der Leistung des gesamten Strahles erfolgt oft mit Kalorimetern, da sie auch bei hohen Leistungen einsetzbar sind. Es gibt folgende Arten von Kalorimetern:

- Oberflächenabsorber, d.h. nicht transparente Materialien, die die Energie an ihrer Oberfläche absorbieren,
- Volumenabsorber mit teilweise transparenten Materialien.

  Diese sind im allgemeinen günstiger, da bei ihnen sowohl die Maximaltemperatur als auch der entstehende Temperaturgradient geringer ist. Außerdem ist es möglich, nur einen Teil der Strahlung zu messen und den größten Teil der Strahlung durchzulassen. Somit beinhaltet das Meßprinzip schon das Prinzip der Strahlabschwächung.
- Erhitzen von Gas im Strahlengang des Lasers.

  Gemessen wird die Ausdehnung des Gases oder dessen Temperatur .

Kalorimeter zum Messen hoher Leistungen müssen gekühlt werden, um eine Zerstörung zu verhindern. Es gibt luftgekühlte und (für hohe Leistungsdichten) wassergekühlte Absorber. Die Absorberfläche kann entweder konisch (für hohe Leistungen, siehe Bild 99) oder flach (für niedrige Leistungen bis 1 kW) gestaltet sein.

Bei einem Volumenabsorber läßt sich die absorbierte Energie mit folgendem Ansatz berechnen (der Einfluß der Wärmeleitung wird vernachlässigt): Bei einer Schwächung des Laserpulses um $dI = -I / a\, dx$ erfolgt eine Wärmeaufnahme von $c\,A\,dx\,T = dI\,A$. Damit errechnet sich die Temperaturerhöhung an der Oberfläche zu $T = W / (a\,c\,A)$ /372/ (I = Leistungsdichte, a = Absorptionskonstante, x = Eindringtiefe, c = spezifische Wärme, A = Querschnittsfläche des Laserpulses, W = Energie, T = Temperatur).

Viele Methoden können sowohl für die Messung der Leistung des gesamten Strahles (bei geringeren Laserenergien) als auch für die Messung eines ausgekoppelten Teilstrahles verwendet werden (bei hohen Laserenergien). Die Meß-

Tabelle 28: Methoden der Strahlauskoppelung bzw. -abschwächung

Methode	Messung während der Laserstrahlbearbeitung möglich	Vorteile	Nachteile
Strahlteiler	ja	gut definierte Auskopplungsgrade erzeugbar	teuer, eventuelle Beschädigung bei hohen Leistungsdichten, absorbiert eventuell einen Teil der Laserenergie
Rotierender Spiegel oder Stab bzw. Draht /111, 369, 370/ (Bild 98)	ja	gut für CO_2-Laser geeignet, da keine optisch transparenten Materialien erforderlich	Modulation des Bearbeitungsstrahles durch einen durch den Strahl bewegten Spiegel
teilweise transparenter (oder auch perforierter) hinterer Resonatorspiegel	ja	im eigentlichen Laserstrahlengang keine weiteren optischen Elemente	bei hohen Leistungsdichten Gefahr der Zerstörung des Spiegels
optische Streuung (z.B. von der Ecke einer Linse)	ja	keine zusätzlichen optischen Elemente	Erzeugen einer definierten Streuung problematisch
Absorption in transparenten Materialien	nein	einfach	es entsteht Absorptionswärme
Abstands-Quadrat-Gesetz	nein	einfach	divergierender Strahl erforderlich
Reflexion an definiert streuenden Oberflächen	nein	bei geringen Anforderungen an die Genauigkeit einfaches Verfahren	definiert streuende Oberfläche schwierig herzustellen, bei hohen Leistungsdichten Gefahr der Zerstörung
partielle Ausblendung beim Kugelfotometer	nein	genaues Verfahren zur Messung der Gesamtstrahlung	Meßaufbau aufwendig

methoden werden nachfolgend aufgeführt:

- fotoelektrische Detektoren (die meisten fotoelektrischen Sensoren sind spektral selektiv),
- Photomultiplier (unterteilbar in schnelle und langsame),

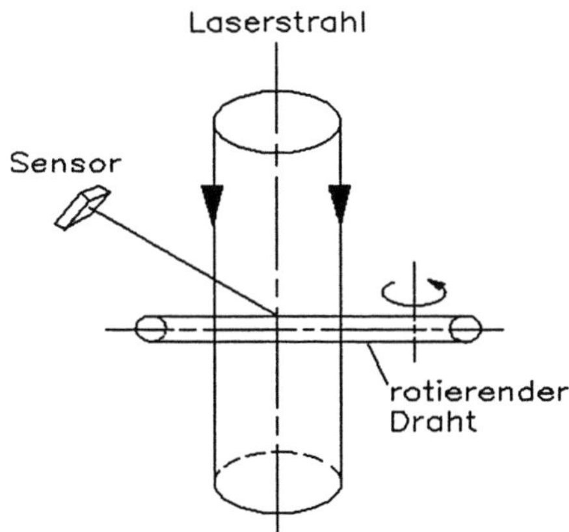

Bild 98: Rotierender Draht im Laserstrahlengang zur Messung der Strahlparameter /370/

- Drahterhitzung (Temperaturbestimmung aus Änderung des Drahtwiderstandes),
- Photonendragdetektoren (bestehend aus p- oder n-dotiertem Germanium, das bei Photonenbestrahlung ein Spannungssignal abgibt).
- pyroelektrische Detektoren /373/ (pyroelektrische Detektoren liefern eine elektrische Oberflächenspannung infolge von Oberflächenladung, die in einem pyroelektrischen Material unterhalb seines Curiepunktes durch temperaturbedingte Polarisation induziert wird /19/. Sie liefern nur ein Signal bei Änderung der Leistung der einfallenden Strahlung, weshalb bei kontinuierlichen Lasern der Meßstrahl zerhackt oder der Detektor durch den Strahl bewegt wird. Bei Pulslasern ist dies meistens nicht notwendig, da sich hier die Strahlung im Verlauf des Impulses ändert. Vorteilhaft ist die hohe Empfindlichkeit, nachteilig dagegen die Überhitzungsgefahr.
- durch Photonen erzeugte mechanische Spannung .

Um die Leistung genau bestimmen zu können, sind meistens zwei Systeme zur Erfassung der Laserleistung notwendig. Eines dient zur Erfassung der totalen Strahlenergie für Kalibrierzwecke, kombiniert mit einer während des Laserschweißprozesses durchgeführten Messung an einem teilweise ausgekoppelten Strahl /374/.

9.1.2 Meßmethoden für den Fokusdurchmesser und die Energieverteilung

Es ist schwierig, den tatsächlichen Fokusdurchmesser direkt zu bestimmen /4, 371/. Das liegt an der hohen Leistungsdichte des Laserstrahls im Fokussierungspunkt und an der Natur des Laserstrahles.

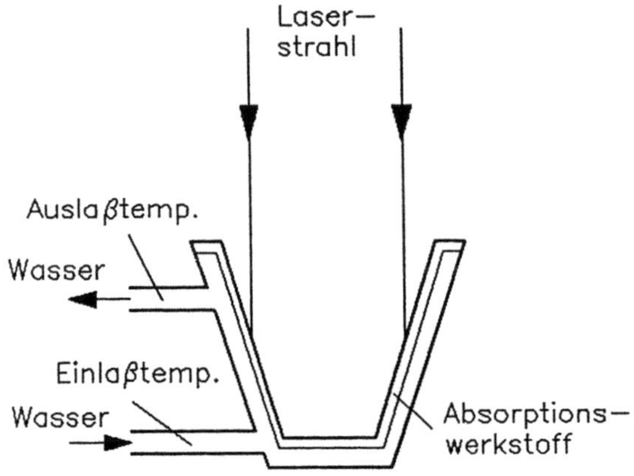

Bild 99: Wassergekühltes Kalorimeter /371/

Methoden zur direkten Strahldurchmesserbestimmung:

a) Bestimmung isothermischer Konturen: Bohren von Löchern mit dem fokussierten Strahl in Asbest, Papier, Acryl, Kohle oder Metall. Da die eingebrannte Kontur sowohl leistungs- als auch zeitabhängig ist, eignet sich diese Methode mehr für vergleichende als für absolute Messungen /375/. Es läßt sich allerdings gut die Symmetrie des Laserstrahls feststellen.

b) Bestimmung chemischer Veränderungen von Materialien (Fotofilm, Phasentransformation in Metallen): vorteilhaft ist der geringe Aufwand an speziellen Meßeinrichtungen, nachteilig sind die große Meßungenauigkeit und die Beschränkung auf geringe Leistungsdichte (z.B. Teilstrahl).

c) Bestimmung der Oberflächenerwärmung /4/: bei dieser Methode wird die Zeit gemessen, die eine erhitzte Stelle braucht, um 90 % der Gleichgewichtstemperatur zu erreichen. Mit Hilfe eines mathematischen Modells wird dann der Strahldurchmesser ermittelt. Nachteilig ist die geringe Meßgenauigkeit dieser Methode ($\pm$ 30 %).

Bei der Messung der Leistungsdichteverteilung im bzw. in der Nähe des Fokus kann die hohe Leistungsdichte zur Überlastung und Zerstörung des Sensors führen. Durch Auskoppeln eines Teilstrahles mit Hilfe von Strahlteilern läßt sich die Leistungsdichte reduzieren. Auch rotierende Spiegel bzw. Stäbe oder Drähte können dazu dienen (Bild 98). Weiterhin kann eine Aufweitung des Laserstrahles die Leistungsdichte vermindern, wobei sich allerdings die Leistungsdichteverteilung gegenüber dem Fokus verändert.

Methoden zur Energieverteilungsmessung:

- Bestimmung von Materialverdampfung (z.B. von Acryl /376/): aus dem 3-dimensionalen Print kann man auf die Energieverteilung innerhalb des Strahles schließen. Um ein Zünden des entstehenden Acryldampfes zu verhindern, wurde der Dampf mit Hilfe eines Schutzgases weggeblasen (Untersuchung mit Polystyrenen und für Laserleistungen bis 100 W bei kurzen Impulszeiten /376/). Mit Hilfe dieser Methode läßt sich mit geringem Aufwand gut die Verteilung der Energie im Laserstrahl darstellen. Nachteilig ist die geringe Genauigkeit dieser Methode.

- Absorptionsmessung mit einer rotierenden Hohlnadel /11, 377, 378/ (Bild 100): vorteilhaft ist hier die geringe Sensor-Belastung durch kurze Meßzeiten (erlaubt höhere Leistungsdichten), nachteilig ist der hohe mechanische Aufwand.

- Photonendragdetektor mit Schlitzblende: eine Schlitzblende fährt über den Strahl und läßt das Laserlicht auf den Photonendragdetektor fallen. Man erhält damit die Laserleistungsdichte in Abhängigkeit von der Schlitzblende. Ein Nachteil der Methode ist die Voraussetzung des rotationssymmetrischen Strahles.

- Photonendragdetektor mit Lochblende: hier kann die Leistungsdichte an jedem Punkt des Strahles gemessen werden. Die Messung des Strahlprofils über den gesamten Querschnitt ist allerdings zeitaufwendig und zeitliche Schwankungen der Intensitätsverteilung können das Ergebnis verfälschen.

- Photonendragdetektor mit Irisblende: gemessen wird entweder die gesamte Leistungsdichte des vom Laser kommenden Strahles, oder die Irisblende

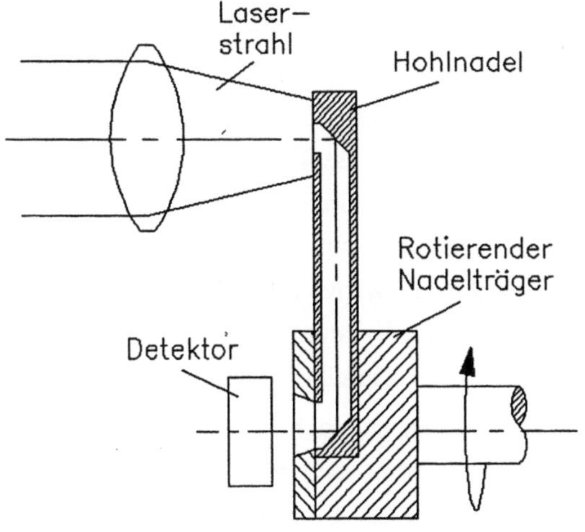

Bild 100: Prinzip der Leistungsdichtemessung mit einer Hohlnadel /380/

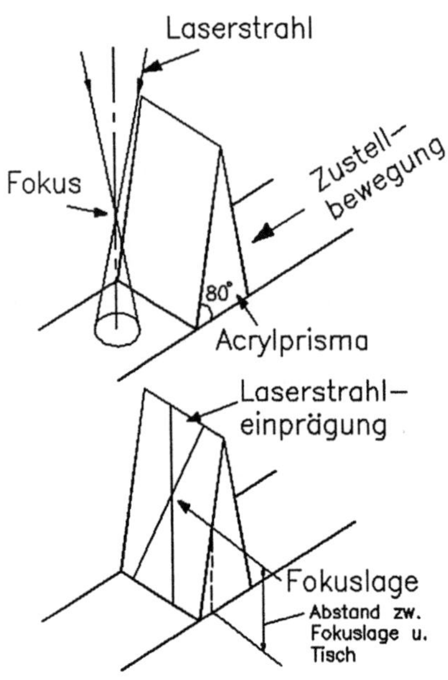

Bild 101: Schematisches Diagramm zur Bestimmung der Lage des Fokus mit einem Acrylprismenkeil /371/

schließt bei gleichzeitiger Leistungaufnahme. Bei letzterem erhält man ebenfalls die Intensitätsverteilung im Querschnitt, allerdings lassen sich nicht rotationssymmetrische Verteilungen mit diesem Verfahren nicht erkennen.

- Pyroelektrische Videokamera /19/: besonders vorteilhaft ist hier die zeitgleiche Messung im gesamten Querschnitt und die Erfaßbarkeit nicht rotationssymmetrischer Querschnitte. Durch Strahlteiler muß die Leistungsdichte für die Videokamera stark reduziert werden.

Weitere Methoden für kontinuierliche CO_2-Laser sind in /379/ beschrieben.

Bestimmung der Brennpunktlage (Fokuslage):

Bei Festkörperlasern kann die Bestimmung der Brennpunktlage über das Scharfstellen der mit der Laseroptik gekoppelten Beobachtungsoptik erreicht werden. Eine zweite Möglichkeit ist die Abstandsbestimmung von der Werkstückoberfläche zur Sammellinse des Systems, wofür zusätzliche Meßfühler oder ähnliches benötigt werden. Es sind auch kapazitive Sensoren oder optische Meßsysteme (z.B basierend auf dem Prinzip der Triangulation) denkbar, wobei eine Regelung des Arbeitsabstandes ausreichend schnell erfolgen muß.

Eine Möglichkeit, den Strahlenverlauf sichtbar zu machen, zeigt Bild 101 /371/. Hier fährt ein Acrylprismenkeil durch den Strahl und wird von diesem entsprechend dem Strahlenverlauf des Laserstrahles an seiner Oberfläche eingeprägt. Dieses Verfahren ist besonders für kontinuierliche Laser geeignet.

10 Qualitätssicherung von Laserschweißverbindungen

Die Qualität einer Schweißverbindung wird durch bestimmte Qualitätsmerkmale (z.B. Zugfestigkeit, Schmelzzonenform) festgelegt. Die Grenzwerte, ab denen eine Schweißverbindung als qualitatitv ausreichend zu bewerten ist, hängen von den Anforderungen an die Schweißverbindung hinsichtlich ihrer Funktion (z.B. Belastbarkeit und Zuverlässigkeit) ab /381/. Mögliche Einflußgrößen auf die Schweißqualität zeigt Tabelle 18, Seite 123.

Andererseits können sich infolge der engen Stoß- und Positionierungstoleranzen, der vielfältigen Oberflächen-, Werkstoff- und Umwelteinflüsse sowie der erforderlichen Konstanz der Laserparameter bereits geringe Streueinflüsse auf die Güte der Schweißverbindung sehr nachteilig auswirken /382/.

10.1 Qualitätsplanung

In Anlehnung an die Begriffserläuterung der Deutschen Gesellschaft für Qualitätssicherung (ASQ) ist die Güte einer Schweißverbindung diejenige Beschaffenheit, die sie für ihren Verwendungszweck geeignet macht.
Sie hängt ab von:

    a) dem Grad der Funktionserfüllung (Eignung)

    b) der Verfügbarkeit unter Betriebsbedingungen während der Gebrauchsdauer (Zuverlässigkeit).

Bei den Qualitätseigenschaften unterscheidet man:

    a) meßbare Merkmale (z.B. Zugfestigkeit)

    b) zählbare Merkmale (z.B. Schwingspielzahl bis zum Bruch),

    c) subjektiv klassifizierbare Merkmale (z.B. Aussehen der Schweißung).

Tabelle 29 gibt einen Überblick über die Qualitätsmerkmale von Laserschweißverbindungen.

Die Ausführung der Schweißverbindung ist qualitativ einwandfrei, wenn die erzeugten Istwerte qualitätsbestimmender Merkmale innerhalb von der Konstruktion vorgegebener Grenzen bleiben.

Je nach Anforderung können unterschiedliche Bewertungen der Kriterien erfolgen. Deshalb müssen für eine Prüfung der Verbindung die Anforderungen eindeutig formuliert sein. Für die Auslegung müssen die zu erwartenden Betriebsbeanspruchungen definiert werden, was wegen der zu erwartenden Komplexität oftmals schwierig ist. Neben mechanischen Belastungen durch Kräfte und Momente sind auch Zusatzbeanspruchungen infolge thermischer Einflüsse mit einzubeziehen. Abweichungen vom Sollwert bzw. Ungänzen sind nur dann als Fehler anzusehen, wenn sie außerhalb der vorgegebenen Toleranzgrenzen liegen.

Den Anwender interessiert die Qualität des Schweißbauteiles, den Hersteller aber darüberhinaus die Qualität der Fertigung, d.h. wie viele unbrauchbare Teile produziert werden und mit welchem Aufwand sie vermieden werden können. Die Qualität einer Fertigung sollte daher sorgfältig geplant werden. Hierzu sind folgende Festlegungen eindeutig zu beschreiben:

   - Qualitätsmerkmale (Soll- und Grenzwerte),
   - Meß- und Prüfverfahren,
   - Stichprobenentnahme,
   - Bewertungsrichtlinien,
   - Aufzeichnung der Prüfergebnisse,
   - Informationsrückmeldung an die Fertigung (Qualitätskreis).

10.2 Qualitätssicherungsmaßnahmen vor dem Schweißen

Beim Laserschweißen sind an die Vorbereitung der Teile besonders hohe Anforderungen hinsichtlich exakter Positionierung, präziser Passungen und sauberer Oberflächen zu stellen. Die Qualitätskontrolle sollte bereits zu diesem Zeitpunkt einsetzen, um die geeignete Beschaffenheit der Einzelteile und den korrekten Zusammenbau für das Schweißen sicherzustellen. Für die Fertigung sind jeweils Toleranzfelder vorzugeben, innerhalb derer die geforderten Güteeigenschaften erreicht werden. Die wichtigsten Einflußgrößen des Werkstoffes, der Werkstückgeometrie und der Schweißmaschine auf die Qualität von Laserschweißverbindungen sind in Tabelle 30 zusammengestellt.

Tabelle 29: Qualitätsmerkmale von Laserschweißverbindungen

Geometrie
Naht- und Punktschweißverbindungen:
  - Gleichmäßigkeit der Schweißnaht- bzw. -punktausbildung
  - Fügespalt (Klaffen), Nahtversatz, Verzug
Nahtschweißverbindungen:
  - Nahtbreite (Oberraupe, Unterraupe), Nahttiefe
Punktschweißverbindungen:
  - Schweißpunktdurchmesser, -tiefe

Ungänzen (Größe, Anzahl, Lage)
  - Risse, Hohlräume (z.B. Poren, Lunker), feste Einschlüsse, Bindefehler, Oberflächenfehler, Oxidschichten (Anlauffarben)

Gefügeeigenschaften
  - Härte, Festigkeit, Duktilität, E-Modul und Korrosionsverhalten bei hoher und niedriger Temperatur

---

mechanische Eigenschaften
Naht- und Punktschweißverbindungen:
  - statisches Tragverhalten, z.B. Scherzugkraft, Streckkraft
  - dynamisches Tragverhalten, z.B. Zeit-, Dauerfestigkeit, Stoßbelastbarkeit
Punktschweißverbindungen:
  - Torsionsmoment,
  - Verdrehwinkel,
  - Kopfzugkraft,
  - Ausknöpfen (Abrollen),

Korrosionseigenschaften
  - Rost-, Säurebeständigkeit
  - Zunderbeständigkeit

---

elektrische Eigenschaften
  - elektrische und thermische Leitfähigkeit

Sonstige Eigenschaften
  - Vakuumdichtheit
  - Eloxierbarkeit

Die Ermittlung optimaler Einstellwerte ist durch Versuche zu ermitteln; Richtwerttabellen stellen stets nur eine grobe Annäherung dar. Die günstigste Maschineneinstellung ist dann erreicht, wenn die qualitätsbestimmenden Merkmale, z.B. die Scherzugkraft, auch bei geringfügigen Abweichungen der Einstellwerte innerhalb der zulässigen Grenzwerte verbleiben. Zur Ermittlung geeigneter Einstellwerte können verschiedene Optimierungsverfahren, z.B. die Simplexgitterplanung oder die Gradientenmethode, herangezogen werden /383-385/.

10.3 Prozeßkontrolle und -regelung

Verfahrenskontrollgeräte beschränken sich darauf, die Überschreitung eines vorwählbaren Toleranzbereiches für die Kontrollgröße(n) optisch oder akustisch anzuzeigen. Die entsprechende Korrektur erfordert einen Eingriff von außen.

Bei der Prozeßregelung wird die Abweichung des Istwertes von einem vorgegebenen Sollwert der Führungsgröße(n) dazu verwendet, über eine geeignete Stellgröße den Istwert wieder dem Sollwert anzunähern. Als Führungsgrößen können die bei der Verfahrenskontrolle verwendeten Kontrollgrößen genutzt werden. Der Vorteil der geschlossenen Wirkungskette liegt im selbsttätigen Ausgleich von Störgrößen, ohne daß die Laseranlage hierzu stillgesetzt werden muß.

Für die Kontrolle bzw. Regelung der Leistung des Laserstrahles können entweder die Strahlleistung selbst oder Meßgrößen des Schweißvorganges ausgewertet werden. Letzteres ist mit der Erfassung folgender Meßgrößen durchführbar:

- Plasmadynamik
- Schallwellen
- reflektierte Strahlung des Bearbeitungslasers
- reflektierte Strahlung eines Meßlasers
- quer durch die Metalldampfwolke gerichteter Meßlaserstrahl zur Messung der Absorption.

10.3.1 Plasmadynamik und Strahlreflexion

Die Auswertung der Plasmadynamik erfolgt bisher hauptsächlich beim Schweißen mit dem CO_2-Laser, wobei eine Änderung der Plasmadynamik beim Übergang vom unvollständigen zum vollständigen Durchschweißen von Blechen registriert wird /386, 387/. Auch bei Einschlüssen von niedrig schmelzenden Legierungsbestandteilen ist eine Veränderung der Plasmadynamik zu beobachten. Diese bewirken eine starke Verdampfung, was zu Löchern in der Schweißnaht und zu einer Erhöhung der Plasmaaktivität führt.

Tabelle 30: Einfluß des Werkstoffes, der Werkstückgeometrie und des Lasers auf die Schweißqualität

Bezeichnung	Fehler	Abhilfe
Werkstoff:		
chem. Zusammensetzung	Streuung	kleinere Toleranzen
Oberfläche:		
Al	ungleichmäßigee Oxidschicht	Beizen
Stahl	Zunder, Rost	mechanisches Entfernen
Oberflächenschichten (z.B. Einsatzstahl)	Heißriß- oder Porenneigung	Entfernen der Randschicht
Werkstückabmessungen und schweißgerechte Gestaltung:		
Hoher Einspanngrad	starke Schrumpfbehinderung (Rißgefahr)	Konstruktionsänderung
Fügespalt	zu groß bzw. schwankend	geringere Toleranzen
Laseranlage:		
Schutzgaszufuhr	schwankend	Durchflußkontrolle, Düsengestaltung
Strahlenergie, -qualität	schwankend	Warmlaufen des Lasers, Energieregelkreis
Blitzlampe	Alterung	Energie neu einstellen, Blitzlampen wechseln

Die Analyse der Plasmastrahlung beim Schweißen von Relaisstiften ermöglicht die Unterscheidung, ob die Metallverbindung geschweißt oder infolge Fehlpositionierung durch Anschmelzen der Träger aus Kunststoff beschädigt wurde. Hierzu wurden die unterschiedlichen Spektrallinien der Plasmawolke für Metall und Kunststoff mit Hilfe von Filtern bestimmt /392/.

Beim Nd-Pulslaserschweißen besteht ein Zusammenhang zwischen dem Aufschmelzverhalten und der reflektierten Laserstrahlung sowie der UV-Strahlung der Plasmawolke /388/.

10.3.2 Schallemision

Es bestehen Zusammenhänge zwischen Schallwellen und Plasmaausbildung. Die Schallerzeugung während des Schweißprozesses kann durch verschiedene Quellen verursacht werden/389, 390/:

- durch Wärmespannungen bedingte Verformungen,
- Erstarrung,
- Spritzerbildung,
- Rißbildung,
- Phasenumwandlungen im festen Zustand,
- Verdampfung, Plasmaausbildung.

Auch Rückschlüsse auf Schweißpunktdurchmesser und -tiefe sind durch Prozeßkontrolle u.U. möglich.

Die Registrierung von Schallwellen kann kontaktlos oder durch mechanische Kopplung zwischen Werkstück und Schallaufnehmer (Körperschallwellen) erfolgen. Bei der kontaktlosen Schallregistrierung wird ein Sensor oberhalb der Schweißstelle angebracht. Hierdurch werden hauptsächlich durch die Plasma/Metalldampfwolke hervorgerufene Druckänderungen aufgenommen. Vorteil dieses Verfahrens ist die geringere Fehleranfälligkeit des Meßaufbaus, da die Gefahr der unzureichenden und nicht reproduzierbaren Kopplung wie bei der Erfassung von Körperschallwellen nicht besteht. Allerdings können Strömungsgeräusche (z.B. eines Schutzgasstromes) das eigentliche Signal stören bzw. vollständig überdecken.

Bei der Erfassung von Körperschallwellen lassen sich prinzipiell auch Vorgänge im Gefüge, wie Rißbildungen, Kristallisation etc., erkennen, wofür das kontaktlose Verfahren zu unempfindlich ist. So könnten an Schweißungen zwischen Stiften (quadratisches Profil, 0,6 mm) und Federn durch Beobachten der Körperschallwellen Aussagen über die Güte der Schweißverbindungen abgeleitet werden /389, 391/. Es hat sich allerdings gezeigt, daß Heißrisse bei der Analyse von Körperschallwellen nicht erkannt werden, da die abgebauten Spannungen nur minimal sind.

Die Schallemission ist bei einer einwandfreien Schweißung am Anfang des Laserpulses am größten. Ursache sind starke Wärmespannungen aufgrund des hohen Temperaturgradienten. Eine Amplitudenerhöhung ist ebenfalls beim Aufschmelzen der strahlabgewandten Seite zu registrieren. Nichtaufschmelzen eines Fügepartners durch zu großen Schweißspalt führt zu niedrigen Amplituden und abweichenden Kurvenverläufen /389/. Beim Anschmelzverhalten besteht somit eine Korrelation zwischen Schall- und Plasmasignal (Bild 102).

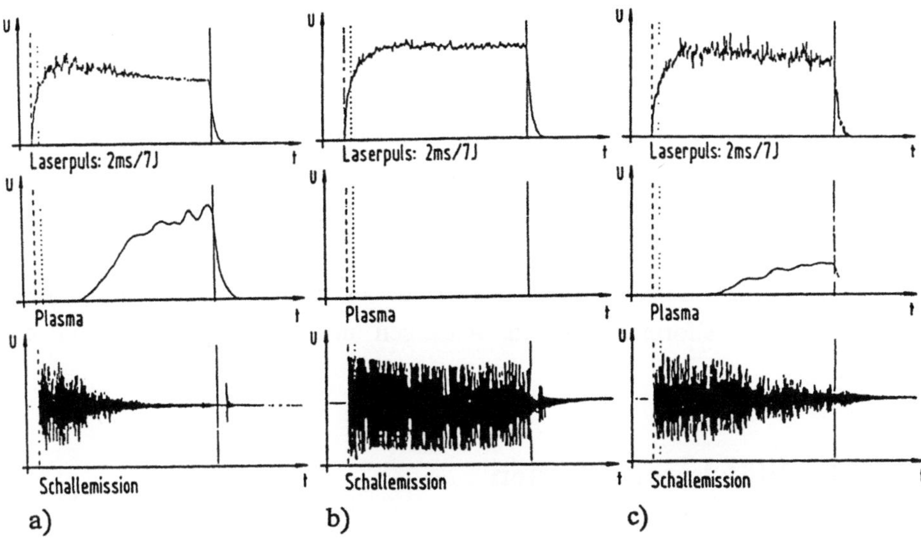

Bild 102: Verhalten der Schallemission beim Laserpunktschweißen /389/

a) vollständiges , b) unvollständiges, c) teilweises Aufschmelzen

Ein System zur kontaktlosen Aufnahme der Schallwellen zeigt Bild 103. Hiermit werden für veränderte Strahlleistungen unterschiedliche Amplituden der Schallwellen registriert. So kann beim Nahtschweißen mit Pulslasern zwischen guten und schlechten bzw. fehlpositioniert geschweißten Nähten unterschieden

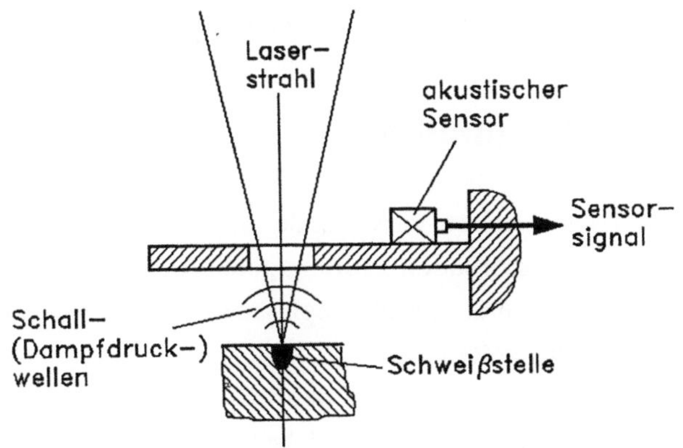

Bild 103: Kontaktlose Schallaufnahme /390/

werden. Bei den einzelnen Schweißpulsen sind je nach Leistung des Pulses verschiedene Verzögerungzeiten für den Beginn der Schallemission festzustellen. Nachteilig bei diesem Verfahren sind Einflüsse von Schutzgasströmen bzw. pneumatischen Elementen in der Nähe der Schweißstelle, deren Strömungsgeräusche die Schallemission vollständig überdecken können /390/. Mit geringeren Schutzgasströmen kann allerdings mit Schallanalyse gearbeitet werden.

Mit Hilfe der Schallemissionsanalyse ist es zumindest bei den oben beschriebenen Stoßformen möglich, Aussagen über den Schweißverlauf zu machen.

10.4 Qualitätskontrollkarten

Qualitätskontrollkarten dienen der laufenden Überwachung und Registrierung von Qualitätsmerkmalen in der Massenproduktion. Hiermit ist es möglich, jederzeit sowohl das Qualitätsniveau als auch rechtzeitig systematische Veränderungen von Qualitätsmerkmalen zu erkennen und zur Fertigungssteuerung auszunutzen. Hierzu werden die Kontrollkarten, mit einer oberen und unteren Kontrollgrenze versehen, die die maximale Toleranzabweichungen der Istwerte gegenüber dem Sollwert kennzeichnen. Zusätzlich werden auch Warngrenzen eingetragen, bei deren Überschreitung eine Rückmeldung zur Fertigung zwecks Korrekturmaßnahmen zum Angleichen der Istwerte an den Sollwert erfolgt. Auf diese Weise kann der Überschreitung der Toleranzgrenzen und damit der Herstellung fehlerhafter Schweißverbindungen wirksam begegnet werden.

10.5 Prüfung von Schweißverbindungen

Zur Untersuchung der Schweißnaht stehen zerstörende und zerstörungsfreie Prüfverfahren zur Verfügung. Zur zerstörenden Prüfung gehören hauptsächlich Belastungsprüfungen, Härtemessungen und metallographische Schliffe. Wichtige zerstörungsfreie Untersuchungsmöglichkeiten sind:
- optische Prüfung (Sichtprüfung, mikroskopische Beurteilung),
- Farbeindring- oder Magnetpulverprüfung (Oberflächenrisse),
- radiographische Untersuchung (Hohlräume, Einschlüsse und Risse in der Schweißnaht).
- Ultraschallprüfung

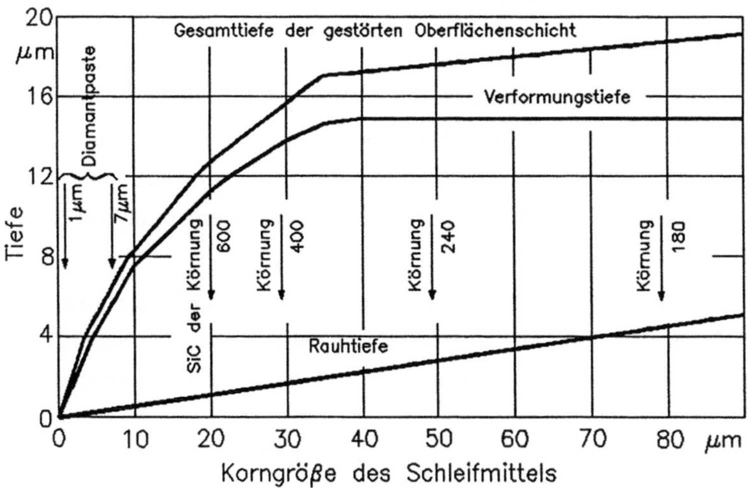

Bild 104: Rauh-, Verformungs- und Gesamttiefe der gestörten Oberfläche /393/

10.5.1 Metallographie

Die Metallographie umfaßt die optische und rötgenographische Untersuchung des Gefüges im Hinblick auf dessen qualitative und quantitative Beschreibung.

10.5.1.1 Präparation für metallographische Untersuchungen

Um Proben für die metallographische Gefügeuntersuchung herzustellen, werden die Proben entweder angeschliffen (Licht-, Rasterelektronenmikroskopie), oder es werden von dem zu untersuchenden Gefüge dünne Folien präpariert (Transmissions-Elektronenmikroskopie).

Dabei dürfen während dieser Bearbeitungsvorgänge weder große Wärme noch mechanische Spannungen eingebracht werden. Durch den Wärmeeinfluß besteht die Gefahr der Gefügeveränderung (z.B. durch Anlassen, Rekristallisation), ebenso durch eingebrachte Spannungen (z.B. Kaltverformung, Umklappen von Restaustenit in Martensit). Die Dicke der vom Schleifen bzw. Polieren beeinflußten Oberflächenschicht in Abhängigkeit von der Korngröße des verwendeten Schleifmittels zeigt Bild 104. Neben dem mechanischen Polieren gibt es chemische und elektrolytische Polierverfahren. Beide Verfahren können auch mit dem mechanischen Schleifen und Polieren kombiniert werden.

Besondere Sorgfalt erfordert die Präparation von Schliffen des Laserschweißgutes, das aufgrund der hohen Abkühlgeschwindigkeiten meistens ein feinstrukturiertes Gefüge aufweist, das nur bei fachgerechtem Arbeiten sichtbar gemacht werden kann. Auch für das Erkennen entstandener Risse, die ebenfalls meist feiner sind als bei herkömmlichen Schweißverfahren, ist eine sorgfältige Präparation Voraussetzung.

Folien werden hauptsächlich für das Durchstrahlen mit dem Elektronenmikroskop hergestellt. Es gibt zwei Arten von Folien:

- Folien für die direkte Durchstrahlung werden aus 0,2-1 mm dicken Proben hergestellt, die durch chemisches oder elektrolytisches Abtragen auf 0,05-0,25 μm verdünnt werden.

- Abdruckfolien entstehen durch Auftragen einer organischen Flüssigkeit auf die Schlifffläche. Nach dem Trocknen dieses Films wird er von der Schliffoberfläche abgezogen und stellt dann ein weitgehend naturgetreues Abbild der Schliffoberfläche dar.

10.5.1.2 Lichtmikroskopie

Die anwendbare Vergrößerung ist beim Lichtmikroskop wegen der geringen Schärfentiefe auf rd. 1000 fach begrenzt. Lichtoptische Verfahren arbeiten mit Anschliffflächen, die zur Kontrastverbesserung meistens durch Ätzen weiter behandelt werden.

Beim Ätzen wird eine grundsätzliche Unterteilung in Makro- und Mikroätzen vorgenommen. Dabei dient das Makroätzen dazu, Strukturen sichtbar zu machen, die mit bloßem Auge oder mit maximal 50-facher Vergrößerung zu erkennen sind. Mikroätzen dient zum Erkennen von Kristallstrukturen bei über 50-facher Vergrößerung. Die verschiedenen Arten des Ätzens zeigt Bild 105.

Beim chemischen Ätzen wird die Schliffoberfläche in eine meist säurehaltige Lösung getaucht. Aufgrund ihres elektrischen Potentials haben Metalle und andere Stoffe ein unterschiedliches Bestreben, in Lösung zu gehen. Zusätzlich wird dieses Bestreben durch Unregelmäßigkeiten im strukturellen Aufbau (z.B. gestörte Gitterstruktur an den Korngrenzen) beeinflußt. Dadurch wird die Oberfläche unterschiedlich stark beeinflußt, was letztendlich eine Kontrastierung bewirkt. Eine Gefahr des chemischen Ätzens liegt in der Bildung von Scheingefügen durch Auskristallisation von chemischen Reaktionsprodukten, die sich auf der Schliffoberfläche niederschlagen.

Sonderverfahren des Ätzens sind:

-das elektrolytisches Ätzen.

- potentiostatisches Ätzen.

- Anodisieren.

- physikalisches Ätzen.

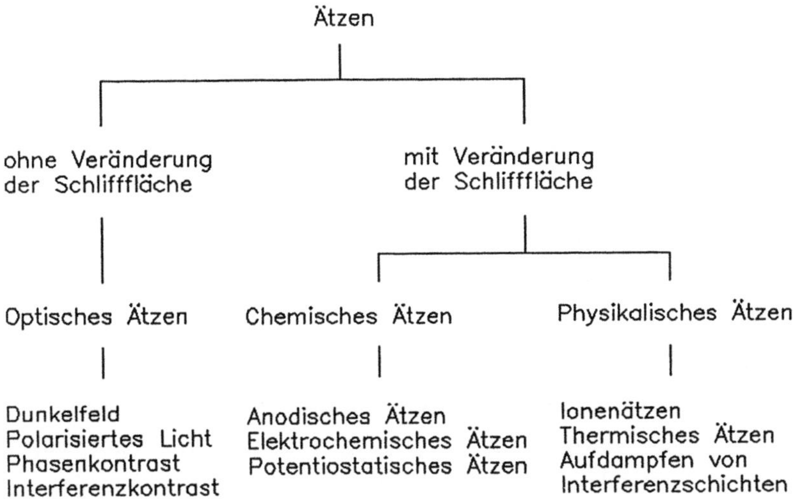

Bild 105: Methoden zum metallographischen Ätzen /393/

Die Schliffoberfläche wird durch beschleunigte Ionen zerstäubt. Die Kontrastierung kommt durch die unterschiedliche Abtragsrate infolge unterschiedlicher Härte der einzelnen Gefügebestandteile zustande.

Mit speziellen Beleuchtungsverfahren kann der Kontrast der Schlifffläche erhöht bzw. eine bestimmte Struktur besonders hervorgehoben werden:

- Dunkelfeldbeleuchtung

  Im Gegensatz zur üblichen Hellfeldbeleuchtung fällt das Licht schräg von der Seite auf die Probe ein. Damit gelangen Strahlen, die von einer vollständig glatten Oberfläche reflektiert werden, nicht in das Objektiv. Dagegen werden Streustrahlen (z.B. von den Korngrenzen) im Objektiv sichtbar.

- Phasenkontrastverfahren

  Phasenunterschiede im reflektierten Licht kommen durch geringe Höhenunterschiede in der Schlifffläche zustande. Durch eine im Strahlengang befindliche Phasenplatte werden diese Unterschiede in Hell-Dunkel-Kontraste umgewandelt.

- Interferenzkontrast

  Das Verfahren beruht auf der Überlagerung von zwei kohärenten Lichtstrahlen, von denen einer von der Schlifffläche und der andere von einem vollständig ebenen Spiegel reflektiert wurde. Dadurch entsteht als Bild bei ebenen Flächen ein Streifenmuster, das sich bei unebenen Flächen verzerrt, so daß Höhenunterschiede erkannt werden (Auflösungsvermögen der Höhendifferenz 5nm).

- polarisiertes Licht

Die Schwingungsebene von polarisiertem Licht wird bei Substanzen mit nicht kubischer Kristallisationsstruktur bei der Reflexion gedreht. Mit Hilfe eines Polarisationsfilters kann diese Drehung erkannt und analysiert werden.

10.5.1.3 Elektronenmikroskopie

Mit Elektronenmikroskopen ist eine erheblich höhere Auflösung erreichbar als mit Lichtstrahlmikroskopen.

Es gibt Elektronenmikroskope mit verschiedenen Arbeitsprinzipien:

- Durchstrahlungsmikroskop (TEM = Transmissionselektronenmikroskop)

In der Praxis sind infolge von Verzerrungen des elektromagnetischen Linsensystems Vergrößerungen bis > 100.000 realisierbar (Auflösungen bis ca. 0,5nm). Hier werden Metallfolien durchstrahlt, um auch kleinste Störungen in der Gitterstruktur zu ermitteln, z.B. Versetzungen, Stapelfehler usw..

- Emissionselektronenmikroskop

Die Metalloberfläche wird zur Elektronenemission angeregt. Die Elektronen werden dann durch ein elektrisches Feld beschleunigt und mit einem elektromagnetischen Linsensystem auf eine Photoplatte gelenkt.

- Rasterelektronenmikroskop

Hierbei wird ein Elektronenstrahl zeilenförmig über die Oberfläche geführt. Die dadurch aus der Oberfläche herausgeschlagenen Sekundärelektronen werden mit einem Szintillationszähler gezählt und das Ergebnis auf einer Elektronenstrahlröhre (Fernsehschirm) dargestellt. Hervorzuheben ist die gute Tiefenschärfe, die hervorragende räumliche Wiedergabe und das hohe Auflösungsvermögen (bis zu 25 nm).

- Feldelektronenmikroskop

Hierbei werden durch starke Felder von einer als feine Spitze ausgebildeten Probe Elektronen abgesaugt und auf einen Bildschirm gelenkt. Die Auflösung ist größer als bei den oben genannten Verfahren.

Eine Gegenüberstellung einer Licht- mit einer rasterelektronenmikroskopischen Aufnahme zeigt, daß auch feinste Strukturen, wie sie beim Laserschweißen von Legierungen oder ungleichen Metallen entstehen können, erkennbar sind (Bild 106). In diesem Fall handelt es sich um das Gefüge einer ungleichen Metallschweißverbindung, bei der sich die Dendriten parallel zur Wärmeableitungsrichtung ausgebildet haben.

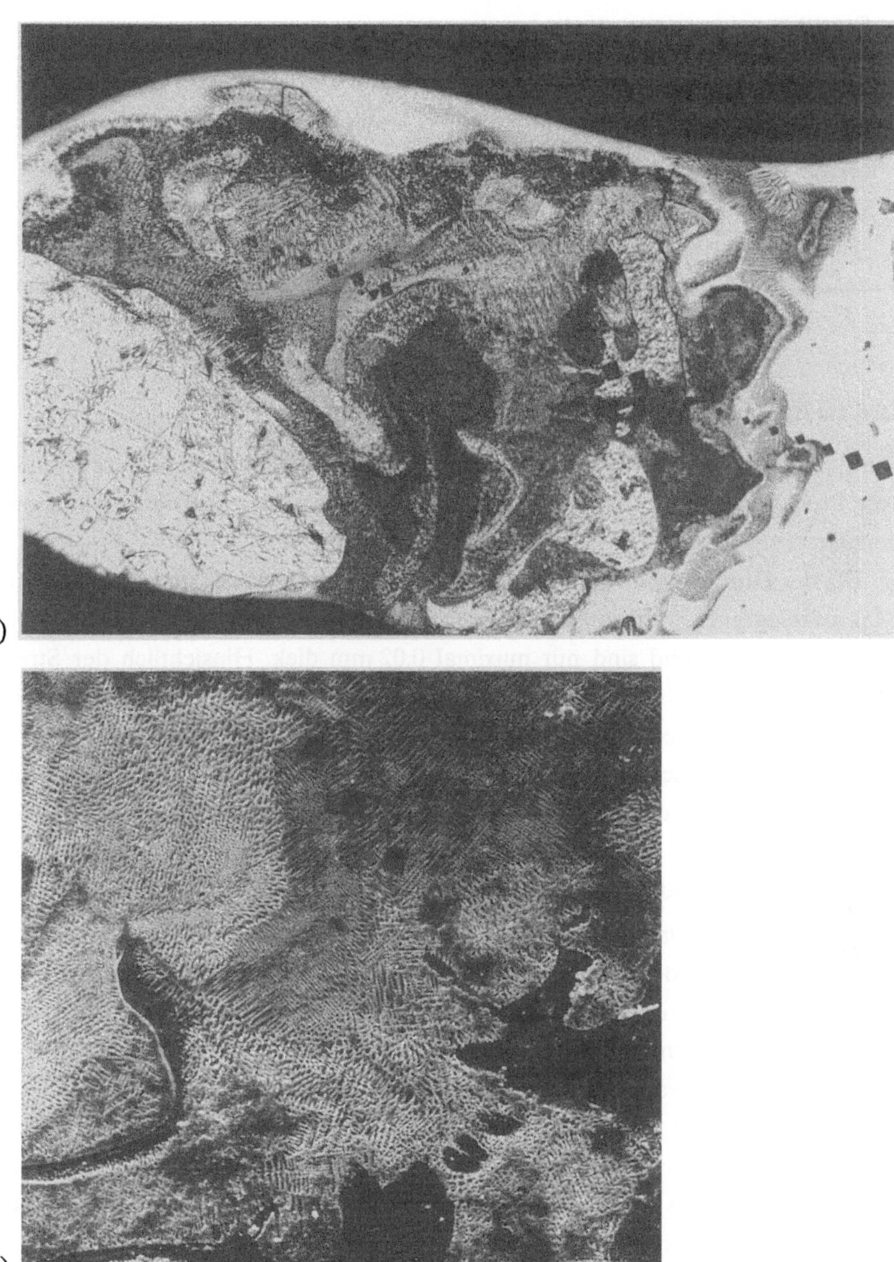

Bild 106: Vergleich einer Licht- (Vergrößerung 1:100) (a) mit einer Rasterelektronen-Mikroskopaufnahme (Vergrößerung 1:500) (b) einer lasergeschweißten Nb-Ni-Verbindung /309/

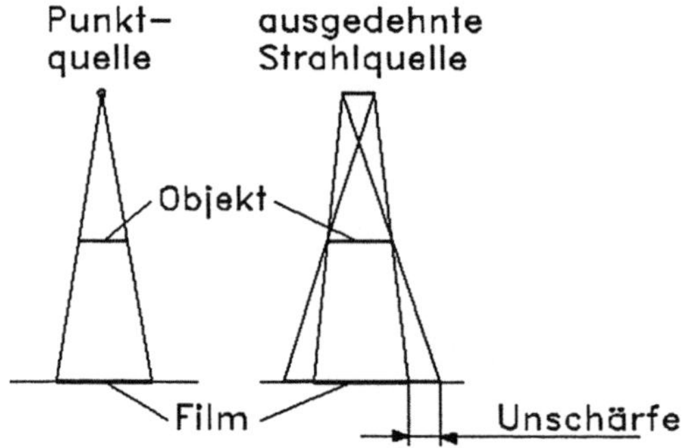

Bild 107: Vergleich von konventionellen Röntgenquellen (ausgedehnter Strahlfleck) mit dem Mikrofokussystem (Punktquelle)

10.5.1.4 Röntgenographische Untersuchungen

Röntgenographische Untersuchungen werden hauptsächlich zum Durchstrahlen von Proben oder zur Analyse der Verteilung von verschiedenen Elementen genutzt.

Bei der Durchstrahlungsradiographie erfolgt eine Unterteilung in Mikro- und Makroradiographie Mikroradiographieproben werden mit langwelligem Röntgenlicht bestrahlt und sind nur maximal 0,02 mm dick. Hinsichtlich der Strahlquellen kann eine Unterteilung in konventionelle und mikrofokussierte Systeme vorgenommen werden. Beim mikrofokussierenden System entsteht auf dem Target ein besonders kleiner Elektronenstrahlfokus, der einen fast von einem Punkt ausgehenden strahlenförmig sich ausbreitenden Röntgenstrahl erzeugt. Dies wird durch eine speziell geformte Elektronenstrahlquelle (Haarnadelheizfaden mit Gitterkappe) erreicht.

Im Gegensatz dazu ist bei konventionellen Röntgenquellen der Elektronenstrahlfokus auf dem Target größer, weshalb der Röntgenstrahl diffuser verläuft und sich eine unschärfere Röntgenstrahlabbildung ergibt als beim Mikrofokusverfahren (Bild 107). Ein weiterer Vorteil des Mikrofokusverfahrens ist die Möglichkeit, durchstrahlte Gegenstände vergrößert abzubilden. Dadurch ist es möglich, in der Schweißnaht kleine Einschlüsse, Poren und Risse deutlich zu erkennen; allerdings können quer zur Strahlrichtung liegende Risse aufgrund des geringen Kontrastes schlecht erkannt werden. Die Auflösung des Verfahrens hängt von der Werkstoffdicke ab und liegt im Bereich von 1 - 50 μm.

10.5.1.5 Elektronenstrahlmikroanalyse (EMS-Analyse)

Die Elektronenstrahlmikroanalyse stellt eine Kombination aus Rasterelektronenmikroskop mit Röntgenspektralanalyse dar. Hierbei wird die Schliffprobe mit Hilfe des Lichtmikroskopes betrachtet und die Stelle, deren chemische Zusammensetzung analysiert werden soll, angefahren. Mit einem

Elektronenstrahl (Durchmesser = 1 μm) werden die Oberflächenatome zur Aussendung von charakteristischer Röntgenstrahlung angeregt. Durch Wellenlängenanalyse kann die Art des jeweiligen Elementes und aufgrund der Strahlungsintensität die Mengenverteilung bestimmt werden.

Dieses Verfahren wird eingesetzt, um z.B. Unterschiede der Zusammensetzung von Schweißnaht und Grundmaterial zu bestimmen, die aufgrund eventuellen Verdampfens von Legierungselementen entstanden sind. Weiterhin kann bestimmt werden, ob Seigerungen auftreten oder wie sich die Elementverteilung beim Verbindungs- oder Auftragsschweißen von ungleichen Metallpaarungen ausbildet.

10.5.2 Ultraschallprüfung

Ultraschallverfahren basieren auf dem Prinzip der Reflexion von Schall an Grenzflächen. So wird beim vorwiegend angewendeten Reflexionsverfahren der Prüfkopf, der zugleich Sender und Empfänger ist, auf die Oberfläche der zu prüfenden Schweißnaht aufgesetzt. Die Laufzeit und Echostärke sind ein Maß für Fehlerlage und -größe.

Die Problematik der Ultraschallprüfung bei Laserschweißnähten besteht in der meist geringen Dimension von Schweißnaht und Werkstück. Hierzu sind Prüfköpfe vorteilhaft, die den Ultraschall stärker fokussieren als konventionelle Prüfköpfe /394/.

10.5.3 Visuelle Inspektion

Im Gegensatz zum Löten, wo aus dem Verlaufen des Lotes eine recht gute Qualitätsaussage möglich ist, erweist sich die Sichtprüfung an Laserschweißverbindungen als wenig aussagekräftig.
Merkmale mangelhaft ausgeführter Laser-Schweißverbindungen sind:
- Materialauswurf
- Rißbildung
- Oxidation.

10.5.4 Festigkeitsprüfungen

Es kann zwischen folgenden Prüfarten unterschieden werden:
- statischer Kurzzeitversuch

   Hierunter fallen der Zug-, Druck-, Biege- und Torsionsversuch. Sie zeichnen sich durch einfache Versuchsdurchführung und kurze Versuchszeitdauer aus. Er liefert sowohl Aussagen zur Festigkeit als auch zur Verformbarkeit des Werkstoffs. Für Schweißnähte, die einer Langzeitbeanspruchung unterliegen, ist sie nicht geeignet.

- statischer Langzeitversuch

Er beurteilt das Verhalten von Werkstoffen unter länger andauernder statischer Beanspruchung. Statische Langzeitversuche sind unter anderem der Zeitstand- und der Entspannungsversuch.

- dynamischer Kurzzeitversuch

Er dient zur Beurteilung des Verhaltens von Werkstoffen unter schlagartig aufgebrachten Lasten. Hierzu zählt z.B. der Kerbschlagbiegeversuch.

- dynamischer Langzeitversuch

Er dient zum Prüfen von Werkstoffen, die einer schwingenden Belastung ausgesetzt sind. Als Prüfverfahren ist hier im wesentlichen der Einstufen bzw. Mehrstufenschwingversuch zu nennen.

Im Bereich der Feinwerktechnik erschweren häufig die geringen Abmessungen der Bauteile und die Vielfalt der Werkstückgeometrien die Zugänglichkeit für Prüfwerkzeuge, wodurch die Anwendung konventioneller Prüfverfahren erschwert wird. Da die Bruchkraft wesentlich von der Kraftrichtung abhängt, werden unterschiedliche Prüfverfahren, wie Scherzug-, Kopfzug-, Schäl- und Torsionsversuch angewendet, um praxisnahe Dimensionierungskenngrößen zu erhalten (Bild 54 S. 107)

Bei Belastung einer Blech-Draht-Verbindung nach Bild 54 (freier Scherzugversuch) tritt keine reine Scherung, sondern mit zunehmender Belastung eine Kopfzugkomponente auf. Werden gekreuzt miteinander verbundene Profile und Drähte geprüft, so ist die Schweißstelle dabei auf Zug, Verdrehen und Abscheren beansprucht. Diese Methode eignet sich daher nur für vergleichende Untersuchungen an gleichartigen Schweißverbindungen.

10.5.5 Härteprüfung

Eine einfache Methode für Gefügeuntersuchungen ist die Härteprüfung. Sie erfolgt entweder an einem Schliff oder an einer bearbeiteten Nahtoberfläche. Sie kann sowohl im Makrobereich (Messung der Härte in bestimmten Gefügebereichen bei Schweißnähten) als auch im Mikrobereich (z.B. zur Härtebestimmung von einzelnen Körnern im Gefüge) angewendet werden. Im Gegensatz zu den vorgenannten Prüfverfahren ist nur eine Aussage zur Festigkeit, nicht aber zur Verformbarkeit, möglich.

10.5.6 Elektrische und thermische Leitfähigkeitsprüfung

Für elektrisch und wärmeleitende Verbindungen der Elektro- und Feinwerktechnik ist die Widerstandsmessung von Schweißstellen von Bedeutung.

Übergangswiderstände beim Abgreifen mit Meßspitzen schränken die Genauigkeit der Aussage häufig ein.

11 Strahlübertragung durch Lichtleitfaser

Bei Laserschweißanlagen mit Nd-Lasern werden zur Strahlübertragung oft Faserkabel verwendet /395-400/.

Die produktionstechnischen Vorteile der Faser sind:

- keine Bewegung des Laserkopfes bzw. des Werkstücks notwendig,
- sequentielles Arbeiten an mehreren Arbeitsplätzen durch Verteilen des Laserstrahles auf die einzelnen Faserkabel (z.B. über einen Drehspiegel) möglich,
- simultanes Schweißen an mehreren Stellen durch Strahlaufteilung auf mehrere faseroptische Kabel möglich (z.B. für symmetrisch angeordnete Schweißungen gleichzeitig bei kleinstem Verzug).
- einfache Zuführung der Strahlenergie zur Schweißstelle beim Schweißen mit Roboter,
- geringere Auswirkungen von Instabilitäten der Laseremission (da die Faserendfläche auf das Werkstück abgebildet wird, bewirkt die Faser einen Abbau von Leistungsüberhöhungen, Ungleichmäßigkeiten und Unsymmetrien des ursprünglichen Strahls und am Faserausgang entsteht ein symmetrisches Profil mit annähernd gaußförmiger Verteilung) /10, 402/.

Nachteile der Übertragung mit Lichtleitfaserkabel sind:

- Energieverluste in der Faser bzw. an den Endflächen (bei einer 600 μm-Stufenindexfaser mit Silicatmantel ca. 10 %) /398/,
- begrenzte Übertragungsleistung (abhängig vom Durchmesser und der Ausführung),
- verschlechterte Strahlqualität (abhängig von den Windungen, der Länge und vom Kerndurchmesser des Faserkabels) /195, 403, 404/.

Aufgrund ihres geringen Durchmessers sind die Glasfasern leicht zerbrechlich und empfindlich gegen Überdehnen. Für die industrielle Anwendung werden sie deshalb mit einem Kunststoffmantel umhüllt, der mit mehrlagigen spiralförmigen Stahldrahtwindungen verstärkt ist. Abschließend wird der Glasfaserstrang mit einer äußeren Schicht aus zähem Kunststoff überzogen /192/.

Die Faserenden sind in einer stabilen Metallfassung fixiert, die eine einfache Montage, Demontage und Justage erlauben. Die Fassung ist hermetisch abgeschlossen, um die Einwirkung von Staub oder Dämpfen auf das Glasfaserende zu vermeiden /405/.

11.1 Wirkungsweise von Glasfasern

Die Lichtleitung in der Glasfaser (optische Lichtleitfaser) beruht auf dem Effekt der Totalreflexion. Tritt ein Lichtstrahl aus einem optisch dichteren Medium unter einem Winkel kleiner α_{max} in ein optisch dünneres Medium, so wird er mit nur äußerst geringem Lichtverlust reflektiert. Für α_{max} gilt:

$$\sin \alpha_{max} = n_2/n_1$$

Umgibt man daher einen Faserkern aus verlustarmen optischen Material der Brechzahl n_1 mit einem Mantel der Brechzahl n_2 (wobei $n_1 > n_2$), so wird ein einmal eingekoppelter Lichtstrahl durch mehrfache Reflexion im Kern geführt. Als Bedingung für die Einkopplung an der Eintrittsfläche ergibt sich (Bild 108):

$$NA = n_0 \cdot \sin \alpha_0 = \sqrt{n_1^2 - n_2^2}$$

NA   Numerische Apertur,
α_0 maximaler Strahleinfallswinkel in die Faser,
n_0 Brechzahl des umgebenden Mediums (Luft $\approx$ 1),
n_1 Brechzahl Kern,
n_2 Brechzahl Mantel.

Die numerische Apertur der Faser ist um so größer, je größer der Winkel der Totalreflexion in der Faser ist. Bei Fasern mit großem Kerndurchmesser beträgt die numerische Apertur 0,4, was einem maximalen Einfallswinkel von 47,2° Grad entspricht.

Ausführung von Lichtleitfasern:

Verlustarme Lichtwellenleiter werden meistens aus Quarzglas hergestellt. Es gibt 3 Arten von Lichtleitfasern:

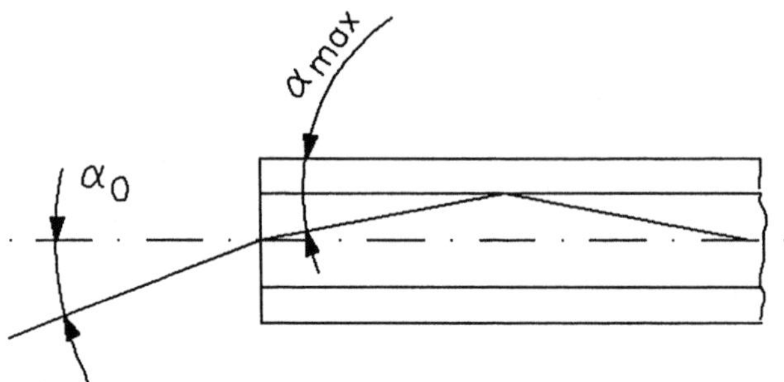

Bild 108: Einkopplung eines Lichtstrahles in eine Faser

- Monomode-
- Stufenindex- und
- Gradientenindexfaser

Monomodefasern haben dünne Kerndurchmesser, in der sich nur eine einzige optische Welle (Mode) ausbreitet; sie werden hauptächlich in der Nachrichtentechnik genutzt. Stufenindex- und Gradientenindexfasern haben im allgemeinen Druchmesser von 50 μm bis 1000 μm. Bei der Stufenindexfaser ändert sich die Brechzahl sprunghaft; bei der Gradientenindexfaser erhöht sich die Brechzahl langsam zur Achse der Faser. In der Materialbearbeitung werden meist Stufenindexfasern und vereinzelt Gradientenindexfasern benutzt. Bei einer Stufenindexfaser können sich viele optische Wellen (Moden) ausbreiten. Eine vereinfachte Abschätzung der Modenzahl M_n ergibt:

$$M_n = \tfrac{1}{2}\,(NA \cdot d_K \cdot \pi / \lambda)^2$$

NA   Numerische Apertur,

d_K Kerndurchmesser der Faser,

λ Wellenlänge der Laserstrahlung.

Bei einer Stufenindexfaser von Durchmesser 600 μm mit einer numerischen Apertur von 0,4 mit $\lambda = 1{,}012$ μm errechnen sich damit 10^6 Moden. Um eine möglichst gleichmäßige Verteilung aus allen Moden zu erreichen, muß die Einkoppeloptik entsprechend angepaßt und die Strahltaille gut auf das Faserende justiert werden /406/.

Die Übertragungsleistung von Fasern wird zum einen durch die maximal einkoppelbare Energie und zum anderen durch die Zerstörschwelle der Faserenden bzw. der Faser bestimmt.

Für eine effektive Einkopplung in die Faser gilt:

$$\Theta \cdot D < 2\,NA \cdot d_K$$

$\Theta \cdot D$ Strahlqualität des Lasers,

D Strahldurchmesser am Resonatorausgang.

Die Winkeldivergenz des Einkopplungsstrahles muß demnach der numerischen Apertur der Faser angepaßt sein. Da die Strahleigenschaft des Lasers gewöhnlich vorgegeben ist, kann die Faser nur über die Wahl des Kerndurchmesser optimiert werden. So ist bei einer 600 μm dicken Faser die Strahlqualität von Lasern über 1 kW im allgemeinen nicht ausreichend, um die gesamte Leistung einzukoppeln. Die maximal einkoppelbare Energie ist also in diesem Fall nicht durch die Zerstörung der Faserenden sondern durch die Divergenz des Laserstrahls bzw. durch den Kerndurchmessers begrenzt. Bei Lasern geringerer Leistung und kleiner Divergenz kann eine Faser mit geringem Kerndurchmesser, z.B. eine 300 μm-Faser, benutzt werden /407/, wobei die Strahlqualität durch die Faser weniger stark beeinträchtigt wird.

Die Übertragungsleistung der Faser ist durch das Erreichen der Zerstörschwelle der Oberfläche der Faserenden begrenzt /406/. Die Zerstörschwelle hängt zum einen von den Laserstrahlparametern (Wellenlänge, Pulsdauer, Leistungsdichte und -verteilung, zeitliches und räumliches Modenverhalten, Polarisation) und zum anderen von der Vorbehandlung der Faserendfläche ab. Faktoren, die zur Zerstörung beitragen können, sind:

- Erwärmen des Glases des Faserkabels, wodurch die Transparenz abnimmt. Bei hohen Leistungsdichten kann es dadurch zum Schmelzen des Faserkabels kommen /408/. Dies tritt vorwiegend an den Strahleintrittsflächen (durch eingelagerte Fremd- und Schmutzkörper) ein. Maßnahmen gegen das Schmelzen an diesen Flächen sind Gasschutz und -kühlung /409/.

- dielektrischer Durchbruch durch Aufbau von Ladungen bei hohen Leistungsdichten. Ist das dadurch entstehende elektrische Feld zu stark, werden die Elektronen freigesetzt und beschleunigt, so daß sich durch den entstehenden Lawineneffekt eine Durchschlagstrecke bildet , in der das

Material zerstört wird. Dieser Effekt ist wellenlängen- und leistungsdichteabhängig /408/.

Von der Oberflächenbehandlung verbleibende Schleifmittel und andere Schmutzpartikel setzen die Zerstörschwelle erheblich herab (Fasern bis 200 μm Kerndurchmesser können mit einer entsprechenden Vorrichtung gebrochen werden, Fasern mit größerem Kerndurchmesser müssen geschliffen und poliert werden /406/). Mit Hilfe von Gasen, welche die aus Verunreinigungen der Oberfläche herrührenden freien Elektronen binden, wird die Bildung eines optischen Durchbruches (und damit die einer Beschädigung der Oberfläche) verzögert. Mit elektronegativen Gasen, wie z.B. SF_6 oder CO_2, werden Steigerungen der möglichen Leistungsdichten bis 50 % erreicht /406/.

In Ausnahmefällen kann es auch durch das Spiking des Nd:YAG-Multimode-Lasers zu Störungen in der Faser kommen. Für die Strahlung des Nd-Lasers liegen die Zerstörschwellen nach /404/ allerdings sehr hoch. So ergeben sich bei SiO_2-Lichtwellenleitern in Abhängigkeit von oben genannten Parametern Zerstörschwellen von $5 \cdot 10^8$ bis 10^{10} W / cm^2

In den meisten Fällen ist es sinnvoll, den Kerndurchmesser so klein wie möglich zu wählen, damit sich die Strahlqualität des Lasers möglichst wenig verschlechtert. Der Einfluß der verschlechterten Strahlqualität auf den Fokusdurchmesser kann durch Fokussierungsoptiken mit starker Aufweitung und kurzer Brennweite teilweise wieder ausgeglichen werden /410/.

In bestimmten Fällen kann eine Verschlechterung der Strahlqualität auch erwünscht sein, z.B. wenn ein zum Schneiden konzipierter Laser mit guten Strahleigenschaften auch zum Schweißen verwendet werden soll. In diesem Fall trägt der Strahltransport durch eine Faser dazu bei, die Leistungsdichte im Fokus herabzusetzen und somit eine Überhitzung des Schmelzbades zu vermeiden.

Fasern mit großem Kerndurchmesser sind außerdem unflexibler als Fasern geringeren Kerndurchmessers. Für kleine Krümmungsradien sind hier erheblich höhere Biegekräfte aufzubringen (Bild 109). Zu beachten ist außerdem, daß bei kleinen Biegeradien ein Teil der Strahlung auskoppeln und die Faserummantelung zerstören kann.

11.2 Justieren von Glasfasern

Die Faser kann mit einem HeNe-Laser, dessen Strahl in der optischen Achse des Resonators verläuft, justiert werden (für die Strahlung des HeNe-Laser sind die Spiegelflächen eines Nd-Laser durchlässig). Eine Feinjustage kann mit

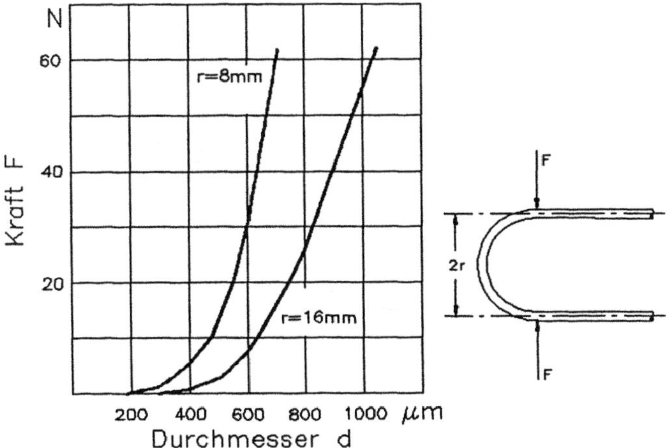

Bild 109: Biegekräfte von Fasern als Funktion des Faserdurchmessers d /404/

Leistungsbeaufschlagung durch den Nd-Laser erfolgen, wobei die Faserenden auf maximale Transmission eingestellt werden /27/.

Eine weitere Möglichkeit der Justierung sind "Lehren", die an Stelle des eingefaßten Faserendes in die Aufnahme montiert werden. Die Lehre aus Metall besitzt statt des Faserendes ein angedrehten Absatz mit dem ungefähren Durchmesser des Faserendes. Mit Probepulsen des Lasers wird die Aufnahme so justiert, daß die Zylinderendfläche gleichmäßig angeschmolzen wird. Nach jedem Anschmelzen wird die Zylinderendfläche wieder leicht angeschliffen. Dieses Verfahren eignet sich hauptsächlich für Nd-Laser niedriger Leistung (bis ca. 100 W).

In der Praxis kann der Laserstrahl entweder genau an den Kerndurchmesser der Faser angepasst oder mit geringfügig größerem Strahltaillendurchmesser gegenüber dem Kerndurchmesser in das Faserende eingekoppelt werden. Letzteres besitzt den Vorteil, daß sich die Justierung erheblich vereinfacht /406/. Verluste, die durch nicht exakte Einkopplung auftreten, sind oft unkritisch, da die meisten Laser genügend Leistungsreserven besitzen. Der Nachteil der unvollständigen Einkopplung liegt jedoch in der Zerstörungsgefahr des um den Mantel liegenden Isoliermaterials. Dies kann eine Zerstörung der Faser durch die bei der Zersetzung des Kunstoffmantels entstehende Wärmeentwicklung bewirken. Eine Einkopplungshalterung, bei der das Faserende abisoliert und eine unvollständige Einkopplung in die Faser möglich ist, zeigt Bild 110.

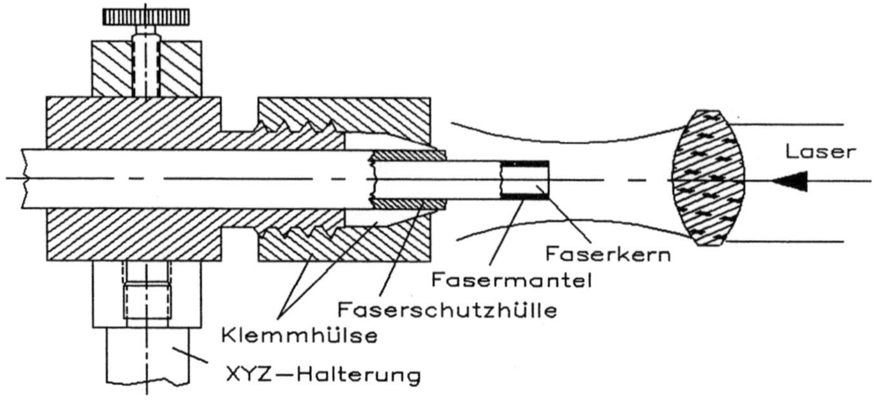

Bild 110: Halterung für Faserenden ohne Isolation /406/

11.3 Verluste in der Faser

Die Länge der Faser kann bis etwa 100 m (max. 250 mm) betragen /395/. Die maximalen Verluste betragen dabei etwa 10 % /401/.

Die Verluste sind hauptsächlich auf die Reflexion an der Ein- bzw. Auskoppelfläche zurückzuführen. An den Faserenden werden jeweils ca. 5 % der Strahlung reflektiert /27, 411/. In der Faser selbst sind die Verluste gering ($\approx 2\,\%$ bei 10 m Länge). Allerdings vergrößern sich diese erheblich für kleine Biegeradien der Faser (Bild 111) durch Strahlauskopplung. Aufgrund des kleinen Krümmungsradius sind die Bedingungen der Totalreflexion nicht mehr für alle am Faseranfang eingekoppelten Strahlen erfüllt. Die ausgekoppelten Strahlen erwärmen die Ummantelung der Faser und können bei zu starker Erwärmung zur Zerstörung der Faser führen /404/.

Bei einer Übertragungsleistung von 1 kW wurde eine 600 μm-Faser bei 30 mm Krümmungsradius zerstört, während eine 200 μm-Faser noch bei einem Krümmungsradius von 7 mm Radius intakt blieb /404/. So werden bei kommerziell erhältlichen Fasern zulässige Biegeradien an den Faserenden von 250 mm angegeben, wobei in der Mitte eine Unterschreitung von 50 % zulässig ist /410/ (bei 1 kW Übertragungsleistung und einer 600 μm-Faser).

Weitere Verminderung der Übertragungsleistung kann durch die Ausbildung nichtlinearer optischer Prozesse stattfinden. Sie beruhen auf:

- Ramanstreuung: hierbei entsteht innerhalb der Glasfaser ein zusätzlicher Lichtstrahl längerer Wellenlänge, der unter entsprechenden Randbedin-

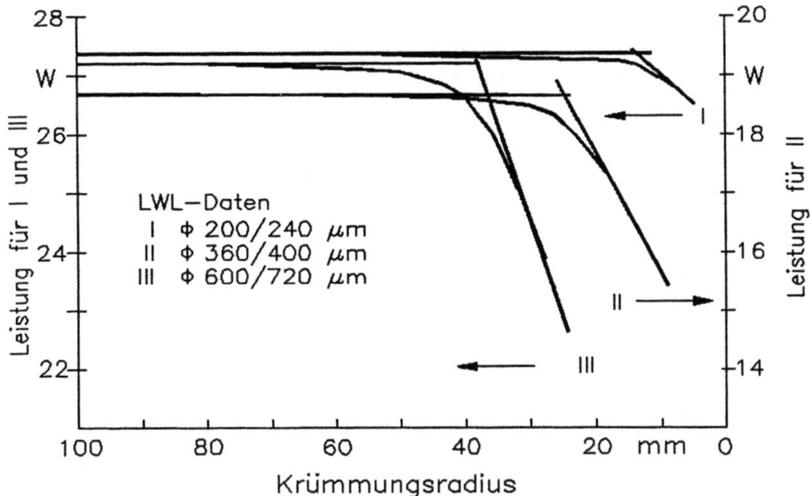

Bild 111: Einfluß des Krümmungsradius auf Verluste in der Faser
(LWL=Lichtwellenleiter) /404/

gungen stärker sein kann als der Originalstrahl und der sich in beide Richtungen des Faserkabels gleichmäßig stark ausbreitet. Im ungünstigsten Fall wirkt dann das Lichtleitfaserkabel selbst als Laser, wobei die Leistungsdichte stärker als die des Originalstrahles sein kann /408/.

- Brillianstreuung: hierbei entsteht ein in Rückwärtsrichtung des Originalstrahles ausgesendeter Strahl mit ähnlichen Folgen wie bei der Ramanstreuung.

Werte für eine 50 %ige Umwandlung des Originalstrahles in den Raman- bzw. Brillianstreustrahlung liegen für Glasfaserkabel mit linearem Faserverlust von 1dB/km, bei $\lambda = 1\,\mu m$ und Leistungsdichten von $10^9\,W/cm^2$ sind $l_{Raman} \approx 17m$, $l_{Brillian} \approx 22m$ /408/).

Ein Kopplungssystem zwischen unterschiedlichen Fasern für die Übertragung hoher Strahlleistungen besteht aus zwei exakt gebohrten Keramikspitzen, in denen die zu koppelnden Faserenden geführt werden. Die beiden Keramikröhrchen werden in einer gemeinsamen Bohrung zueinander fixiert. Unter optimalen Vorraussetzungen ergeben sich bei $400\,\mu m$-Faser Kopplungsverluste kleiner 0,4 dB, die sich bei $60\,\mu m$-Achsenversatz auf 1 dB erhöhen /412/.

Aufgrund der Vorteile der Übertragung mit Lichtleitfasern sind auch für CO_2- und Excimerlaser Lichtleitfasern entwickelt worden, die allerdings entweder noch große Verluste aufweisen oder aufgrund anderer technischer Nachteile (Brüchigkeit der Faser) sich noch nicht durchsetzen konnten /406/. So entstehen bei der SiO_2-Lichtleitfaser beim Leiten von UV-Licht des Excimerlasers sogenannte Farbzentren, die die Absorption erheblich erhöhen und zur Zerstörung der Faser führen können /404/.

11.4 Strahlteiler

Der Einsatz von Strahlteilern (sogenannte Multiplexer) und Fasern ist besonders vorteilhaft, wenn an mehreren Stationen mit nur einer Strahlquelle gearbeitet werden soll /413/. Der vom Laser kommende Strahl wird über einen beweglichen Spiegel oder ein bewegliches Prisma auf die verschiedenen Einkoppelenden der Faser gerichtet. Die Ansteuerung der verschiedenen Fasern und der Laserparameter kann dabei rechnergesteuert erfolgen. Den prinzipiellen Aufbau solcher Multiplexer zeigt Bild 112.

In Bild 112a ist ein Multiplexer für langsame Schaltraten und in Bild 112b einer für hohe Schaltraten dargestellt. Bei letzterem werden Ungenauigkeiten der Spiegelpositionierung über die Einkoppellinsen der Faser ausgeglichen /414/.

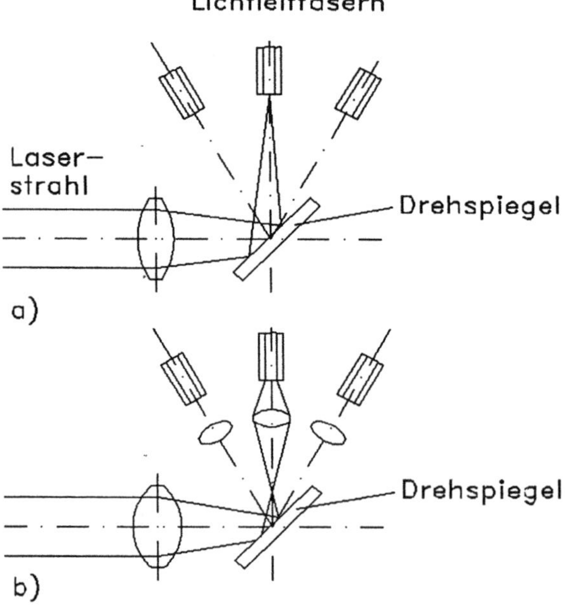

Bild 112: Aufbau eines Multiplexers /414/

Eine weitere Möglichkeit ist die gleichzeitige Laserbearbeitung an mehreren Stationen mit einem einzigen Laserpuls. Dazu wird der Laserstrahl durch ein optisches System /415/ in zwei oder mehrere Einzelstrahlen aufgeteilt und dann auf die Bearbeitungsstellen fokussiert /196/. Beim Aufteilen des Strahles durch Blenden oder ähnlichem ergibt sich bei Multimodelasern eine ungleichmäßige Energieverteilung im Laserstrahl, was jedoch durch eine Streuscheibe im Laserstrahlengang weitgehend ausgeglichen werden kann /269/. Diese Methode der Strahlteilung kommt allerdings nur für kleinere Schweißenergien in Frage.

Meist wird der Strahl durch teilweise reflektierende Spiegel geteilt. Hier entspricht die Leistungsdichteverteilung im aufgeteilten Strahl der des Hauptstrahles. Für eine Feinregulierung der Leistung der Teilstrahlen können Abschwächer benutzt werden. Durch diese Aufteilung ist es möglich, mit einer einzigen Strahlquelle gleichzeitig mehrere Punkte zu schweißen /196/, wobei bis zu achtfache Strahlteilungen ausgeführt werden /192/. So werden z.B. beim Schweißen von Blechen 3 bis 4 Schweißpunkte gleichzeitig hergestellt /196/. Die Teilung des Laserstrahles ist außer durch Prismen oder teilweise reflektierende Spiegel auch mit gesplitteten Linsen möglich, die einen Laserstrahl auf 2 Brennpunkte fokussieren.

12 Lasersysteme in der Produktion

12.1 Positionier- und Führungssysteme

Es gibt nach der Art der Relativbewegung von Werkstücke und Laserstrahl 4 verschiedene Möglichkeiten der Gestaltung von Laserschweißanlagen:

a) Laserkopf bewegen

Diese Möglichkeit ist vor allem für kleinere Laser vorteilhaft. Der Laser muß hierbei sehr starr gebaut sein, damit die Bewegungen des Lasers keinen Einfluß auf seine Leistung und Strahlqualität haben. Allerdings werden immer kompaktere Laser entwickelt, so daß diese Methode auch zunehmend für leistungsstärkere Laser in Betracht kommt.

b) Werkstück bewegen

Diese Art der Produktion kommt hauptsächlich für kleine und leichte Werkstücke in der Massenproduktion in Betracht. Sie ist besonders günstig für plane Flächen oder einfache dreidimensionale Kurven, wie z.B. Rundnähte an Drehteilen.

c) Optik bewegen

Hier wird der Strahlengang über Spiegel oder Faserkabel umgelenkt und damit der Strahl unabhängig vom Laser bewegt. Dies ist insbesondere bei schweren Werkstücken und für große CO_2-Laser hoher Leistung sinnvoll, aber auch für kleine Laserleistungen und Werkstücke, bei denen komplizierte Kurven abgefahren oder hohe Positioniergeschwindigkeiten angewandt werden. Eine x-y-Koordinatenführung über zwei Galvanometerspiegel zeigt Bild 113. Hier können 100 Punkte pro Sekunde mit hoher Präzision in einem Feld von cirka 100 mm Durchmesser angefahren werden. Eine weitere Möglichkeit der Ablenkung ist das Oszillieren des Strahles in kreisförmigen Bahnen entlang des Schweißstoßes, womit Stoßtoleranzen beim Stumpfschweißen ausgeglichen werden können /416/. Eine Bewegung des Laserstrahles ist in einem gewissen Rahmen auch durch Verschieben von Linsen möglich /415/(Bild 114).

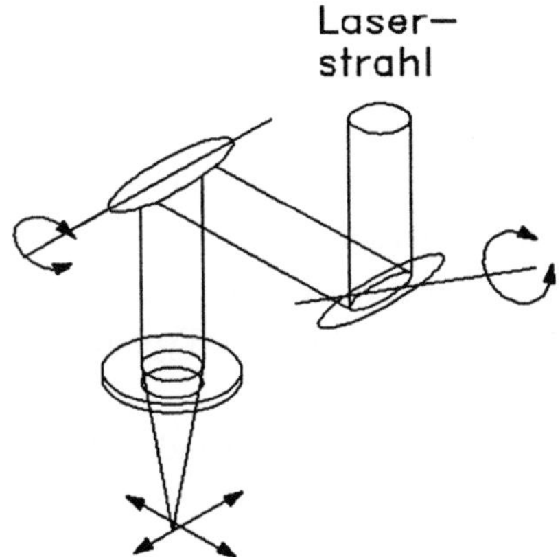

Bild 113: Strahlablenkung durch Galvanometerspiegel

d) Kombinierte Systeme

Sie sind z.B. für komplizierte Bearbeitungsaufgaben sinnvoll, bei denen sowohl der Strahl als auch das Werkstück bewegt werden sollen.

Ein Verfahren zur automatischen Positionierung des Laserstrahles arbeitet mit einem Lichtstrahl, der von einer Zusatzlichtquelle generiert und in den Strahlengang des Lasers eingekoppelt wird und einen Lichtfleck auf der Bearbeitungsstelle erzeugt. Vorteil dieser Anordnung ist die Unabhängigkeit von Fehlern in der Beobachtungsoptik. Außerdem kann der Lichtfleck mit Hilfe einer Fotozelle abgetastet werden, z.B. für das automatisierte Schweißen von Drähten. Bei komplizierten Geometrien können auch Bilderkennungssysteme zur automatisierten Positionierung eingesetzt werden.

Verschiedene Beispiele einer Arbeitszelle zur Herstellung von Elektronenstrahlröhren zeigen /217, 417, 418/.

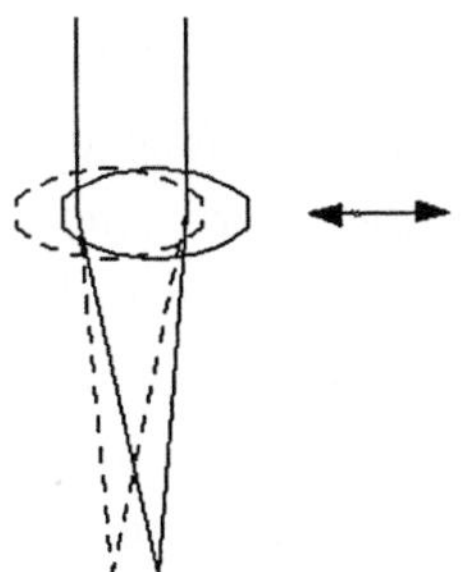

Bild 114: Bewegen des Laserstrahles durch Linsenverschiebung

12.2 Robotereinsatz beim Schweißen

Für den Robotereinsatz bietet der Nd:YAG-Laser den Vorteil, daß die Laserstrahlenergie über eine Lichtleitfaser geleitet werden kann /419-426/. Für den Robotereinsatz ist oft weniger der Automatisierungsgrad, als vielmehr die hohe erzielbare Flexibilität bei kleinen Losgrößen und großer Typenvielfalt ausschlaggebend.

Der Roboter soll die Laserstrahlung mit vorgegebener Geschwindigkeit und Orientierung entlang einer vorgegebenen Bahn führen.

Das gesamte Robotersystem besteht daher aus folgenden Komponenten:

- Roboter,
- steuerbarer Laser und evtl. Sensoren mit Verstärker und Schnittstellen zum Rechner,
- Rechner und Software.

Merkmale der Rechner-Hard- und Software sind:

- Programmsystem mit Transformation zwischen unterschiedlichen Koordinatensystemen,
- Benutzerführung,
- Datenaufbereitung,
- Datenbank,
- Datensicherung,
- Informationsverteilung,
- Dokumentation,
- Archivierung,
- Systemüberwachung.

Bei der Programmierung wird zwischen direkter (on-line) Programmierung am Einsatzort und indirekter (off-line) Programmierung, z.B. in der Arbeitsvorbereitung, unterschieden. Bei der indirekten Programmierung sind Systeme entwickelt worden, mit denen sich der Laserbearbeitungsvorgang simulieren läßt. Damit werden umfangreiche und kostenintensive Testläufe auf der Laseranlage vermieden /431/. Die Übergabe der Bahndaten erfolgt dabei vorteilhafterweise durch ein CAD-System /427-430/. Bei der direkten Programmierung im sogenannten Teach-in-Verfahren werden die gewünschten Punkte und Orientierung mittels Handsteuerung angefahren und abgespeichert. Die Bahn wird dann aus diesen Punkten über Rechner interpoliert. Dafür sind aufgrund des großen Arbeitsabstandes an der Fokussierungoptik des Faserendes spezielle Einrichtungen notwendig, um ein Beobachten des Verfahrweges zu ermöglichen (z.B. Einkopplung eines Beobachtungsstrahlenganges in die Fokussieroptik oder das Montieren von Meßstiften).

Man unterscheidet Roboter, die sich in kartesischen oder zylindrischen Achsen bewegen oder als Gelenkroboter aufgebaut sind, wobei letztere häufig größere Positionierabweichungen auf als kartesische xyz-Portal-Führungstische aufweisen /410/. Hohe Führungsgenauigkeiten werden durch reibungsarme, spielfreie Führungen, geringe bewegte Massen, hohe Steifigkeit und durch eine auf den Antrieb abgestimmte Regelung (z.B. um ein Überschwingen des Antriebes bei kleinen Konturradien zu vermeiden) erreicht.

Vorteilhaft erweist sich beim Einsatz von Festkörperlaser mit Lichtleitfaser, daß die Steifigkeit des Systems keinen Einfluß auf die Strahlführung hat. Beim CO_2-Laser hingegen wird der Strahl durch Spiegelsysteme in Strahlführungsrohren zur Schweißstelle geführt, die gleichzeitig als Roboterarme dienen. Dabei bewirken Verformungen der Kinematik ein Verkippen der Spiegel, wodurch der Fokus aus seiner ursprünglichen Lage auswandert.

Die Antriebe der Achsen können pneumatisch, hydraulisch und elektromotorisch sein, wobei sich aufgrund ihren guten Regelbarkeit und ihres guten dynamischen Verhaltens besonders elektrische Gleichstrommotoren (meist mit angekoppeltem Drehwinkelgeber als sogenannte Servomotoren) durchgesetzt haben.

Bei der Roboteransteuerung unterscheidet man 2 Steuerungsarten:

- Punkt-zu-Punkt-Steuerungen (PTP = Point to Point)
- Bahnsteuerungen (CP = Continuous Path)

Bei PTP-Steuerungen werden Anfangs- und Endpunkt des Weges vorgegeben, die Bewegung zwischen beiden Puntken erfolgt auf einer geometrisch unbestimmten Bahn. Sie sind nur für Punktnähte geeignet.

Bei CP-Steuerungen wird dagegen eine Bahnbewegung zeitlich und räumlich vorgegeben, wofür mehr Regelaufwand, Rechenleistung und komplexe Rechenprogramme erforderlich sind. Sie eignen sich auch für Liniennähte.

Die engen Toleranzen der Laserstrahlführung erfordern eine hochgenaue Bahnsteuerung oder -regelung. Bei der Bahnsteuerung werden mit Hilfe von internen Sensoren (Winkelgeber, Linearmaßstab, Tachogeneratoren) die Bahn und Verfahrgeschwindigkeit geregelt. Für eine ausreichende Genauigkeit der Bahn sind Lageregelzyklen von 1 bis 10 ms (evtl. kürzer) erforderlich. Die Lageregelung ist dabei innerhalb gewisser Toleranzen gewährleistet, wobei die Toleranzgrenzen von der Steifigkeit der Kinematik, der Spielfreiheit der Gelenke, der Genauigkeit der Verfahr- und Winkelgeschwindigkeit und von der räumlichen

Lage des Arbeitspunktes (TCP = tool center point) abhängig sind. Bei einer Bahnregelung wählt der Rechner die Prozeßwerte für den Laser vor und korrigiert abhängig vom Fugenverlauf die durchlaufende Bahn, wobei gleichzeitig eine Überwachung der Toleranzgrenzen erfolgen kann.

Der Fugenverlauf kann kapazitiv, akustisch, pneumatisch, induktiv oder optisch abgetastet werden, wobei induktive und optische Sensoren am häufigsten Anwendung finden /432/. Induktive Sensoren haben den Nachteil der Abhängigkeit des Sensorsignals von der Werkstoffpermeabilität. Kapazitive, akustische und pneumatische Sensoren besitzen nur einen geringen Meßweg und sind störanfällig gegenüber Umwelteinflüssen (z.B. Schallwellen der Metalldampfwolke, Strömungsgeräuschen). Der Einfluß von Fremdlicht bei optischen Sensoren wird durch spektral selektive Sender (Leuchtdioden, Laser) und Empfänger vermindert. Sie können nach dem Prinzip der Triangulation oder mit Sensorzeile bzw. -matrixen arbeiten.

Geometriefehler entstehen durch:

- Toleranzen der Bauteile,
- ungenaues Spannen der Bauteile,
- Bauteilverzug durch Wärmeeinbringung.

Als Erfassungsgrößen dienen:

- Position der Fuge,
- Orientierung des Werkstückes,
- Geometrie der Fuge,
- Schweißprozeßparameter (siehe Kapitel 10.3) /433/.

Mit Hilfe dieser Erfassungsgrößen können folgende Prozeßschritte durchgeführt werden:

- Suchen des Fugenanfangspunktes,
- Führung des Laserstrahles entlang der Fuge,
- Erfassen der Geometrie der Fuge (Spaltbreite, Versatz),
- Erkennen von Störungen (Heftstellen, Schweißbadspritzer),
- Erkennen des Endes der Fuge.

Beim Einsatz der Lichtleitfaser wird diese häufig über eine gesonderte Aufhängung dem Werkzeugkopf des Roboters zugeführt. Über entsprechende federnde Aufhängungen oder Kabelaufwickeleinrichtungen muß dafür Sorge getragen werden, daß eine Kollision oder zumindest ein mechanisches Verhaken mit den Roboterarmen vermieden wird. Deshalb ist es bei Gelenkarmrobotern sinnvoller, die Faser in den Roboterarmen zu führen, wobei der minimale Krümmungsradius der Faser allerdings nicht unterschritten werden darf.

13 Strahlenschutz

Bei der Anwendung von Lasern kommt dem Arbeitsschutz ein besondere Bedeutung zu. Die elektrische Sicherheit von Laseranlagen ist in der DIN 57836 (entspricht VDE 0836/2.77) festgelegt. Die Strahlungssicherheit ist in der DIN VDE 0837 geregelt. Die Hauptabschnitte 1 und 2 umfassen Allgemeines und Konstruktionsrichtlinien für den Hersteller von Laseranlagen. Für den Benutzer ist besonders Hauptabschnitt 3 von Bedeutung, der Hinweise für den Betrieb von Laseranlagen gibt.

Nach dieser Norm gehören Nd-Laser der Materialbearbeitung mit Leistungen über 0,5 W der Klasse 4 an. Solche Laser mit Licht im sichtbaren und nahen Infrarotbereich können gefährliche diffuse Reflexionen erzeugen. Dadurch kann eine Schädigung der Haut oder des Auges auch bei nicht direkter Strahleinwirkung eintreten.

Die wichtigsten Hinweise der Richtlinien für Benutzer (Hauptkapitel 3) für Nd-Laser der Materialbearbeitung werden im folgenden zusammengefaßt /434, 435/.

13.1 Sicherheitsmaßnahmen

Um vor der Laserstrahlung (bei Nd-Lasern der Klasse 4) zu warnen, sind folgende Warnzeichen am Laser anzubringen:

unsichtbare Laserstrahlung

Bestrahlung von Auge oder Haut durch

direkte oder Streustrahlung vermeiden

Laser Klasse 4

An der Austrittsöffnung der Laserstrahlung zusätzlich:

Bestrahlung vermeiden

Austritt unsichtbarer Laserstrahlung

Für jeden Laser sollte ein Laserschutzbeauftragter bestellt werden, der Sicherheitsmaßnahmen überprüfen und geeignete Kontrollen durchführen soll.

Die fernbedienbare Sicherheitsverriegelung soll an einen Notausschalter oder an Verriegelungen des Raumes (Tür, ortsfeste Sicherheitsverriegelung) angeschlossen sein. Durch Abziehen des Schlüsselschalters soll der Laser gegen unbefugtes Einschalten geschützt werden. Versehentlicher Strahlungs-Exposition von anwesenden Personen kann durch verschiedene Maßnahmen vorgebeugt werden. So sollte der Laserstrahlengang durch z.B. eine Klappe im Austritt unterbrochen werden, wenn sich die Lasereinrichtung in Wartestellung befindet. An Schutzabdeckungen/Zugängen zum Laserstrahlengang sollten geeignete Warnzeichen vorhanden sein.

Reststrahlung der Materialbearbeitung oder auch des frei laufenden Strahles (z.B. bei Probeläufen) sollten durch geeignete Maßnahmen (Absorber, Kapselung der Arbeitsstelle, diffus reflektierende Flächen) unschädlich gemacht werden. Freie Laserstrahlenbündel sollten unterhalb oder oberhalb der Augenhöhe in einer Strahlabschirmungsröhre verlaufen. Bei Lichtleitfaserkabelstrecken muß ein Werkzeug zur Trennung benutzt werden. Besonders gefährlich ist die spiegelnde (100%-tige) Reflexion auf Bauteiloberflächen oder ähnlichem. Deshalb sollten Spiegel, Linsen und Strahlteiler fest montiert werden und nur in kontrollierter Weise bewegt werden können. Bei ungekapselten Hochleistungslaseranlagen ist eventuell eine besondere Schutzkleidung erforderlich, um Schädigungen der Haut durch reflektierende Strahlung zu vermeiden. Der Augenschutz wird zusätzlich durch DIN 58215 (Laserschutzfilter und Laserschutzbrillen) geregelt. So sollte der Laseraugenschutz mit deutlichen Angaben versehen sein, um die richtige Auswahl des Augenschutzes sicherzustellen.

Die Bedienung sollte nur von entsprechend ausgebildeten und eingewiesenen Personen erfolgen. Untersuchungen nach einer vermuteten schädlichen Exposition muß von einem Augenspezialisten erfolgen.

Elektrische Gefahren entstehen durch die verwendeten hohen Spannungen für den Betrieb der Blitzlampen. Bei Impulslasern ist die in den Kondensatorbatterien gespeicherte Energie ein zusätzliches Gefahrenmoment. Auch verdampfendes Material, z.B. toxischer Metalldampf (Blei, Kadmium), kann eine Gefährdung darstellen /436/.

Abwendung von Gefahren:

In der DIN VDE 0837 werden 3 Gesichtspunkte zur Abschätzung möglicher Gefahren gegeben:

- Sicherheit der eigentlichen Gerätes

- Umgebung, in dem der Laser eingesetzt wird

- Ausbildungsstand des Personals.

Zur Abwendung von Gefahren dienen das Tragen von Laserschutzbrillen, die Kapselung der Bearbeitungsanlage und die Beobachtung des Bearbeitungsvorganges durch ein die Laserstrahlung absorbierendes Sichtfenster oder durch eine Videokamera.

Weiterhin wird eine maximal zulässige Bestrahlung MZB definiert, die von der Wellenlänge der Strahlung, Impulsdauer oder Expositionszeit, Art der exponierten Organe und der Größe des Bildes auf der Netzhaut abhängt.

13.2 Berechnung der zulässigen Bestrahlung

Die Berechnung der zulässigen Bestrahlung wird ebenfalls in der DIN VDE 0837 festgelegt. Die aus dieser Norm errechneten Werte stellen nur Richtwerte dar und sind keine präzisen Grenzen zwischen sicheren und gefährlichen Pegeln. In jedem Fall muß die Einwirkung der Laserstrahlung so gering wie möglich sein. Der Wert der maximal zulässigen Bestrahlung (MZB-Wert) ist vom bestrahlten Organ abhängig (Haut oder Auge). Für die Infrarotwellenlänge des Nd-Lasers ist das Auge erheblich geringer strahlungsbelastbar als die Haut.

Für die Bestrahlung des Auges wird dabei unterschieden zwischen direktem Blicken in den Strahl und dem Beobachten von Laserstrahlen nach diffuser Reflexion oder ausgedehnter Laserquellen. Ausgedehnte Laserquellen werden durch den Aperturwinkel des Auges begrenzt und somit nur teilweise auf der Netzhaut des Auges abgebildet.

Für die Berechnung des MZB-Wertes ist bei der Lasermaterialbearbeitung im allgemeinen von einem direkten Blicken in den Strahl auszugehen. Dies erfolgt z.B. nach einem Durchgang durch die Optik des Laser und anschließender spiegelnder Reflexion auf der Materialoberfläche. Dabei gelten für die Wellenlänge des Nd-Lasers folgende Grenzwerte:

$$t < \quad 1 \cdot 10^{-9}\,\text{s} \qquad 5 \cdot 10^{7} \qquad \text{W}/\text{cm}^2$$

$$1 \cdot 10^{-9}\,\text{s} \; < t < \; 5 \cdot 10^{-5}\,\text{s} \qquad 0,05 \qquad \text{J}/\text{cm}^2$$

$$5 \cdot 10^{-5}\,\text{s} \; < t < \; 1 \cdot 10^{+3}\,\text{s} \qquad 90 \cdot t^{0,75} \qquad \text{J}/\text{m}^2$$

$$1 \cdot 10^{+3}\,\text{s} \; < t < \; 3 \cdot 10^{+4}\,\text{s} \qquad 16 \qquad \text{W}/\text{m}^2$$

Der MZB wird dabei in J/m^2 oder W/m^2 angegeben. Die Umrechnung der beiden Einheiten erfolgt mit Hilfe der Impulslänge. So ist für eine Impulslänge von 1 ms eine Bestrahlung von $90\,(1 \cdot 10^{-3})^{0,75}\,\text{J}/\text{m}^2 \approx 0,506\,\text{J}/\text{m}^2$ bzw. eine

Leistungsdichte von 506 W/m^2 zulässig. Schwieriger gestaltet sich die Berechnung bei Impulsfolgen mit Frequenzen von über 1 Hz. Dabei wird unterschieden zwischen Impulslängen unter und über 10^{-5} s. Beim Laserschweißen sind Impulslängen über 10^{-5} s üblich, weshalb in der folgenden Modellrechnung nur dieser Fall betrachtet wird.

Es wird eine Laseranlage mit einer Durchschnittsleistung von 50 W betrachtet. Die Impulsleistung beträgt maximal 4 kW. Bei konstanter maximaler Impuls- und Dauerleistung des Lasers ist $f \cdot t_i$ = const. = 0,0125 (f = maximale Frequenz bei der Impulszeit t_i). Laut DIN VDE 0837 errechnet sich der MZB-Wert für jeden Einzelimpuls einer Impulsfolge wie folgt:

$$MZB_{\text{(Einzelpuls der Länge ti)}} = \frac{MZB_{(n \cdot ti)}}{n}$$

n   Anzahl der Impulse

t_i Dauer der Impulse in s

$MZB_{(n \cdot ti)}$ MZB-Wert für einen Impuls der Dauer $n \cdot t_i$

Für die Wellenlänge des Nd-Lasers und für $5 \cdot 10^{-5}$ s $< n \cdot t_i < 10^3$ s gilt dann:

$$MZB_{\text{(Einzelpuls der Länge ti)}} = \frac{90\,(n\,t_i)^{0,75}}{n} = \frac{90\,(f\,t_g\,t_i)^{0,75}}{f\,t_g}$$

mit $n = f\,t_g$

f   Frequenz der Impulsfolge

t_g Dauer der Impulsfolge

Für $n \cdot t_i < 10^3$ s kann eine Umrechnung von Joule in Watt erfolgen:

$$MZB_{P\ \text{(Einzelpuls der Länge ti)}} = \frac{MZB_{\text{(Einzelpuls der Länge ti)}}}{t_i} = \frac{90}{(f\,t_g\,t_i)^{1/4}}$$

Da in diesem Beispiel $f \cdot t_i$ = const. = 0,0125 ist, hängt der MZB nur von der Dauer der Impulsfolge ab (siehe Bild 116). Für $n \cdot t_i > 10^3$ s (bzw. $t_g > 80000$ s = 22,2 h) ist der Wert für die Dauerlaserstrahlung einschränkender als für eine Impulsfolge. Für länger dauernde Strahlungsexpositionen gilt daher der maximale Belastungswert der Dauerlaserstrahlung.

Sicherheitsabstand :

Der Sicherheitsabstand NOHD (nominal ocular hazard distance) ergibt sich aus:

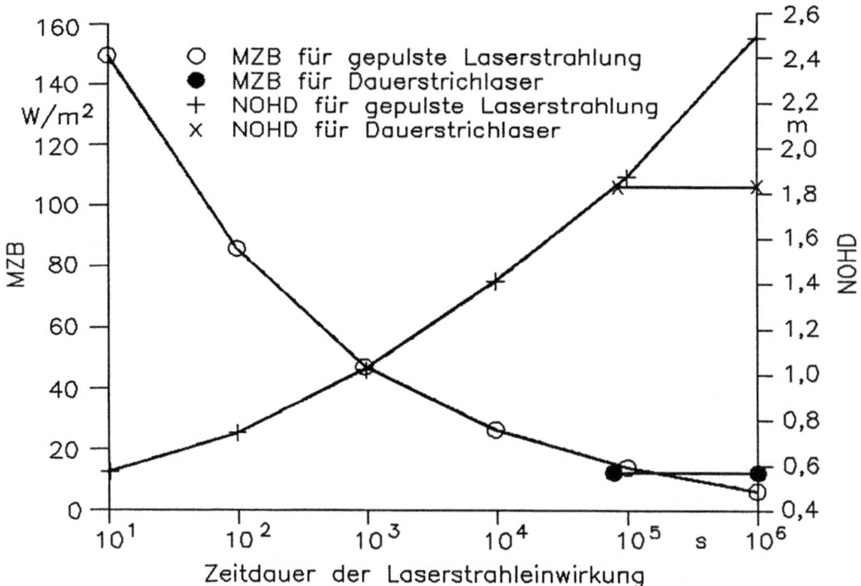

Bild 115: MZB über die Dauer der Impulsfolge bei einem 50W-Laser

$$\text{NOHD} = \frac{(4\,P_0\,/\,(\pi\,\text{MZB}))^{-1/2} - a}{\Theta}$$

P_0 Leistung (bei Multimodelasern mit dem Faktor 2,5 multiplizieren)

a   Strahldurchmesser

Θ Divergenzwinkel

Unter der Annahme einer spiegelnden Reflexion und der Fokussierung eines Strahles mit 50 mm Durchmesser mit einer Sammellinse von 100 mm Brennweite ergibt sich für

$P_0 = 2,5 \cdot 4\,\text{kW} = 10\,\text{kW}$
und
$\Theta = 0,49\,\text{rad}$ (100 mm Linse, 50 mm Strahldurchmesser)

der in Bild 115 dargestellte Verlauf.

Um Schädigungen des Auges bei der Beobachtung der Arbeitsstelle zu vermeiden, sind entweder Sicherheitsbrillen oder Sicherheitsgläser zur Abschirmung der Laserstrahlen zu verwenden. Der minimale erforderliche Dämpfungsgrad läßt sich unter Annahme eines minimalen Abstandes von r = 10 cm wie folgt errechnen:

Bestrahlungsstärke (hergeleitet aus (I)):

$$W = \frac{4\,P_0}{\pi\,(a + r\,\Theta)^2} = 517,5\ \text{W}/\text{cm}^2$$

mit $P_0 = 10\ \text{kW}$; $a = 0,06\ \text{cm}$ Fokusdurchmesser; $\Theta = 0,49\ \text{rad}$

MZB für dauerndes Blicken in den Strahl beträgt 16 W/cm². Daraus folgt eine erforderliche Dämpfung D von:

$$D = \frac{517,5\ \text{W}/\text{cm}^2}{16\ \text{W}/\text{cm}^2} = 32,3 < 10^2$$

Die Bezeichnung einer entsprechenden Laserschutzbrille lautet:

DIN 58215-I-1061-L2A

Schutzstufe (L2A = Transmissionsgrad von 10^{-2})

Laserwellenlänge

DIN-Nummer

Laserbetriebs-
art:
I=Impuls
D=Dauer
MI=modengekoppelter Impulslaser
RI=Riesenimpulslaser

14 Zukunfttendenzen

Zukünftig ist eine Entwicklung in zwei Richtungen zu erwarten. Zum einen werden die bekannten Laser (CO_2-, Nd-Glas-, Nd:YAG-Laser) bezüglich Strahlqualität Standzeit, Wirkungsgrad und Ausgangsleistung weiterentwickelt werden. Damit werden höhere Arbeitsgeschwindigkeiten erreicht. Zur Zeit sind insbesondere bei Festkörperlasern die Betriebskosten durch die begrenzte Standzeiten der Blitzlampen bestimmt. Mit Entwicklungen, wie neuen Kristallen und besseren Anregungslichtquellen (z.B. Laserdioden und HF-angeregten Entladungslampen) und neuer Laserkonfigurationen (Lichtleitfaser, Slablaser), sind auch hier Verbesserungen zu erwarten.

Hinsichtlich des Laserschweißprozesses sind Entwicklungen des Schweißens mit Zusatzwerkstoffen (Dickblechschweißen mit größeren Stoßtoleranzen, metallurgische Beeinflussung der Schweißnaht) und das Verschweißen neuartiger Werkstoffe und Werkstoffkombinationen (amorphe Metalle, Supraleiter, teilchen- oder faserverstärkte Metalle) zu erwarten.

Mit der Entwicklung kurzerwelligen Laser (Excimer) können ebenfalls Verbesserungen des Bearbeitungsprozesses erreicht werden, da die Absorption auch bei Metallen stark wellenlängenabhängig ist. Versuche, mit solchen Strahlquellen zu schweißen, sind bisher allerdings noch nicht bekannt. Der Einsatz von Festkörperhochleistungslasern ermöglicht auch das Nahtschweißen von größeren Blechdicken und Bauteilen (Getriebe, Fahrzeuge).

Weiterhin wird das Laserschweißen im Hinblick auf die Prozeßautomatisierung verstärkt mit Einrichtungen zur Prozeßregelung und Kontrolle eingesetzt (z.B. verbesserte automatische Positionierungssysteme mit Mustererkennung) bis hin zu der Verknüpfung des Lasers mit dem Roboter und den Diagnosesystemen in einem CIM-Datenverbund.

15 Tabellenverzeichnis

Tabelle 1: Vorteile des Schweißens mit Nd-Lasern 31

Tabelle 1 (Fortsetzung): Vorteile des Schweißens mit Nd-Lasern 32

Tabelle 2: Schweißeignung von Metallen und Legierungen beim
Widerstandsschweißen 34

Tabelle 3: Schweißeignung verschiedener Metalle zum
Ultraschallschweißen 37

Tabelle 4: Schweißeignung verschiedener Kunststoffen zum
Ultraschallschweißen 38

Tabelle 5: Wärmequellen zum Hartlöten und Hochtemperaturlöten 50

Tabelle 6: Anwendungsbeispiele für das Laser-Punktschweißen 54

Tabelle 7: Anwendungsbeispiele für das Laser-Nahtschweißen 55

Tabelle 8: Absorptionskoeffizient bei unterschiedlichem
Oberflächenzustand Rubinlaser, senkrechter Strahlenfall 79

Tabelle 9: Thermophysikalische Materialkennwerte bei
Raumtemperatur für technisch reine Metalle 85

Tabelle 10: Einteilung der Werkstoffe nach Kriterien der
Laserbearbeitung 87

Tabelle 11: Zusammenhang zwischen berechneter und korrigierter
Temperatur 89

Tabelle 12: Ionisierungspotential von Gasen und Metalldämpfen 92

Tabelle 13: Schweißfehler und deren Beseitigung 98

Tabelle 14: Vergleich verschiedener Fügeverfahren zum Herstellen
dichter Schweißverbindungen 99

Tabelle 15: Legierungen zum Laser-Auftragsschweißen 103

Tabelle 16: Verschiedene Fügegeometrien für das Schweißen von
lackisolierten Drähten 118

Tabelle 17: Thermoelement-Drahtkombinationen auf Blech
geschweißt (Rubinlaser) 120

Tabelle 18: Einfluß des Lasersystems auf das Laserschweißprozeß 123

Tabelle 18 (Fortsetzung): Einfluß des Lasersystems auf das
Laserschweißprozeß 124

Tabelle 19: Einfluß der geometrischen und werkstofftechnischen
Parameter des Werkstücks auf das Laserschweißen 124

Tabelle 20: Einige ausgewählte Parameter zum Laserstrahlschweißen
unterschiedlicher Werkstoffe 126

Tabelle 21: Draht-Draht-Verbindungen mit unterschiedlichen
Stoßarten 131

Tabelle 22: Einflußgrößen bei der Entstehung von Schweißfehlern 138

Tabelle 23: Laserschweißbarkeit von einigen NE-Metallen 143

Tabelle 24: Schweißbarkeit verschiedener Stahlsorten 144

Tabelle 25: Laserschweißbarkeit von verschiedenen
Metallkombinationen 148

Tabelle 26: Kennwerte einiger Kunststoffe 149

Tabelle 27: Vergleich verschiedener Laserarten für das
Laserweichlöten 158

Tabelle 28: Methoden der Strahlauskoppelung bzw. Strahlabschwächung 172

Tabelle 29: Qualitätsmerkmale von Laserschweißverbindungen 179

Tabelle 30: Einfluß des Werkstoffes, der Werkstückgeometrie und des
Lasers auf die Schweißqualität 181

16 Literaturverzeichnis

/1/ N.N.: Laser für die Materialbearbeitung in der Mikrotechnik; Ingenieur-Werkstoffe 2 (1990)Nr.11 S.61-63

/2/ Alavi, M.;Büttgenbach, S.; Schumacher, A.: Anwendung von Festkörperlasern in der Mikrotechnik; 1. Internationaler Fachkongress Micro System; Technologies 90, S.242-252; VDE-Verlag

/3/ Gürs, K.: Grundlagen der Laserphysik; Teil 2: Optische Resonatoren; Laser Magazin, (1990)1; S. 42-43

/4/ Mazumder, J:Laser Welding; in Bass, M. (Ed.): Laser Materials Processing; S. 407-438; Amsterdam, New York, Oxford: North-Holland Publishing Company, 1983

/5/ N.N.:Wettbewerbsvorteile durch Laserschweißen; Der Konstrukteur, (1989)9; S. 46-48; Wiesbaden: Verlag für Technik und Wirtschaft

/6/ Hodgson, N: Verbesserung der Strahlqualität von Festkörperlasern; Laser und Optoelektronik 22(1990)3; S.68-75

/7/ Iffländer, R.: Festkörperlaser zur Materialbearbeitung; 1990 Berlin, Heidelberg Springer-Verlag

/8/ Seiler, P.: Laserschweißen - ein Schmelzschweißverfahren für Feinpunkt-schweißungen, DVS-Bericht 40, 1976, Löten und Schweißen in der Elektronik; S. 101-104

/9/ Hansman, M.; Decker, I.; Schulz, W.; Gratzke, U.: Anwendungsbezogene Definiton des Strahldurchmessers; in Waidelich, W. (Ed.): Laser/Optoelektronik in der Technik; Laser/Optoelectronics in Engineering; Vorträge des 8.Internationalen Kongresses; Proceedings of the 8th International Congress; Laser 87 Optoelektronik; S. 364-369; Berlin, Heidelberg, London: Springer-Verlag;

/10/ Aubert, P.; Bouilly, P.; Gascoin, J.Y.; Juguet, Y.; Crettiez, A.: Effect of Beam Power on the Characteristics of a YAG Laser Welding Head; Laser Advanced Material Processing, International Conference of High Temperature Society of Japan and Japan Laser Processing Society, Osaka, 21.-23.5.1987; S. 81-86

/11/ Laserstrahltechnologien in der Schweisstechnik; 1989, Düsseldorf: DVS-Verlag

/12/ Kreutz, E.W.; Treusch, H.G.: Potential der Laserstrahlung in der Materialbearbeitung; Elektrotechnische Zeitschrift (etz), 109(1988)6; S. 246-252; Berlin: VDE-Verlag Gmbh

/13/ Fuerschbach, P.W.: Process Control Improvements in Pulsed Nd:YAG Laser Closure Welding of Electromechanical Relays; Power Beam Processing; Electron, Laser, Plasma Arc; Power Beam '88; S. 157-164

/14/ Greve, P.: Laserstrahlfokussierung; Zeiss-Information, 30(1990)101,Juni; S. 63-64; Oberkochen: Carl Zeiss

/15/ Nonhof, C.J.; Notenboom, G.A.J.M.: Spot Welding with Nd Lasers; in Swenson, E.J. (Ed.): Proceedings of SPIE - The International Society for Optical Engineering, Laser Processing of Semiconductors and Hybrids, 21.-22.1.1986 Los Angeles; S. 24-34; Washington;

/16/ Herziger, G.; Loosen, P.: Laser- und Systementwicklungen; in Waidelich, W. (Ed.): Laser/Optoelektronik in der Technik, Vorträge des 8. Internationalen Kongresses Laser 87 Optoelektronik; S. 683-690; Berlin, Heidelberg, London, New, York, Tokyo;

/17/   Schildbach, K.: Resontor Design and Beam Qality of High Power YAG-Lasers;
       in Waidelich, W. (Ed.): Laser/Optoelektronik in der Technik, Vorträge des 8.
       Internationalen Kongresses Laser 87 Optoelektronik; S. 326-338; Berlin,
       Heidelberg, London: Springer-Verlag;

/18/   Gagliano, F.P.; Zaleckas, V.J.; Laser Processing Fundamentals in Charschan,
       S.S.; Lasers in Industry; S. 139-188; London

/19/   Brunner, W.; Junge, K.: Wissensspeicher Lasertechnik; Leipzig: VEB
       Fachbuchverlag

/20/   Pflunger, A.R.; Maas, P.M.: Laserstrahl-Schweißen von Verbindungen in
       elektronischen Bauelementen; ingenieur digest, 4(1965)12; S. 45-49

/21/   Kulina, P.; Weber, H.: Festkörperlaser, Teil1: Stand der Technik und
       zukünftige Entwicklungen; Laser Magazin, (1988)6; S. 50-57; Berlin: Magazin
       Verlag

/22/   Qin-xiang, H.; Shi-cong, H.; Jia-hua, S.; Fu-xing, W.: Study on NJH-30 Nd-
       Glass Pulsed Laser Welding Machine; Laser Advanced Material Processing,
       International Conference of High Temperature Society of Japan and Japan
       Laser Processing Society, Osaka, 21.-23.5.1987; S. 91-96

/23/   Shizhen, L.; Dehua, W.; Fujing, L.: Glass Laser System for Drilling and
       Welding; Laser Advanced Material Processing, International Conference of
       High Temperature Society of Japan and Japan Laser Processing Society, Osaka,
       21.-23.5.1987; S. 97-101

/24/   Erster industrieller Nd:YAG-Laser von Rofin-Sinar Laser Magazin, (1989)6; S.
       6-7; Magazin Verlag

/25/   Ploner, L: Ein Fall für sich - Laserlöten - eine Alternative zu herkömmlichen
       Techniken; Elektropraxis, (1986) Dezember; S. 26-31

/26/   Weber, H.: Laser in der Technik - heute und morgen; Elektrotechnische
       Zeitschrift (etz), 109(1988)6; S. 242-244; Berlin: VDE-Verlag Gmbh

/27/   Beske, E.U.; Meyer, C.: Schweißen mit kW-Festkörperlasern, Teil 2: Hohe
       Ausgangsleistung durch Serienschaltung von Kavitäten; Laser Magazin,
       (1989)3; S. 42-47; Berlin: Magazin Verlag

/28/   Weber, H. (Ed.): High Power Solid State Lasers, Proceedings ECO1, SPIE 1021
       USA; Washington; 1988

/29/   Meyer, C.; Beske, E.U.; Semrau, H.; Ireland, C.L.M.; Hoult, A.P.;
       Grundmüller, R.: Schweißen mit kW-Festkörperlasern, Teil1: Neuartiges
       Konzept zur Leistungssteigerung durch parallele Faserkopplung; Laser
       Magazin, (1989)1; S. 17-22; Berlin: Magazin Verlag

/30/   Schürer, H.J.; Arb, H.-P.: Hochleistungsfestkörperlaser in Slab-Geometrie;
       Laser Magazin, (1989)3; S. 18-24; Berlin: Magazin Verlag

/31/   Ploner, L.: Slablaser eröffnet neue Möglichkeiten; Productronic, (1989)11; S.
       60-62; Heidelberg: Hüthig Verlag

/32/   Eggleston, J.M.: The Slab Geometry Laser - Part1: Theory; IEEE Journal of
       Quantum Electronics, QE-20(1984)3; S. 289-301, New York: Institute of
       Electrical and Electronics Engineers

/33/   Von Arb, H.-P.; Lüchinger, C.; Studer, F.; Unternahrer, J.; Dürr, U.; Gressli,
       A.; et al: Eigenschaften von gepulsten Festkörper-Slab-Lasern; in Waidelich,
       W. (Ed.): Laser/Optoelektronik in der Technik, Vorträge des 8. Internationalen
       Kongresses Laser 87 Optoelektronik; S. 339-343; Berlin, Heidelberg, London:
       Springer-Verlag;

/34/   Mazzinghi, P.; Tappi, A.: Efficiency Optimization of a Nd:Glass Slab Laser, in
       Waidelich, W. (Ed.): Laser/Optoelektronik in der Technik, Vorträge des 8.
       Internationalen Kongresses Laser 87 Optoelektronik; S. 345-347; Berlin,
       Heidelberg, London: Springer-Verlag;

/35/   Weber, H.: Hochleistungs-Festkörperlaser, Neue Kristalle (vibronische Slabs);
       in Cleemann, L. (Ed.): Laser in der Fertigungstechnik, Technologie Aktuell
       Nr.6; S. 141-152; 1987, Düsseldorf: VDI-Verlag

/36/   Hayakawa, H.; Maeda, K.; Ishikawa, T.; Yokoyama, T.; Fujii, Y.: High
       Average Power Nd:Gd3 Ga5 O12 Slab Laser; Japanese Journal of Applied
       Physics (JJAP), 26(1987)10; S. L1623-L1625, Part2 Letters; Tokyo

/37/   Eicher, J.; Hodgson, N.: Slab-Laser-Technologie; Ein Überblick; Laser
       Magazin, (1989)4; S. 12-18: Magazin Verlag

/38/   Slab-Laser-Technologie ist industriereif Laser Magazin, (1990)1; S. 32-34

/39/   Heumann, E.; Kleinschmidt, J.; Vogler, K.: Materialbeschriftung mittels Laser;
       Laser: Technologie und Anwendungen; Jahrbuch; S. 246-255; 1988, Essen:
       Vulkan Verlag

/40/   Winkler, D.: Wirtschafliche Kennzeichnung mit dem Laserstrahl; Laser:
       Technologie und Anwendungen; Jahrbuch; S. 257-260; 1988, Essen: Vulkan
       Verlag

/41/   N.N.:Diode-pumped Lasers move into Microelectronics fabrication Laser
       Focus/ Electrooptics; S. 44-45

/42/   Schneider, F.: Hochleistungslaserdioden; Laser: Technologie und Anwendungen;
       Jahrbuch; S. 57-60; 1988, Essen: Vulkan Verlag

/43/   Baberg, F.; Luft, J.: GaAlAs-Halbleiterlaser für hohe Leistungen; Laser und
       Optoelektronik, 20(1988)4; S. 49-53

/44/   Weber, H.: Lasertechnik und Laserentwicklung aus deutscher Sicht;
       Internationaler Laser-Kongress, 1988, Kongreßband; S. 10-11

/45/   Schneider, F.: Diodenlaser - Pumplichtquellen für Festkörperlaser; Laser:
       Technologie und Anwendungen; Jahrbuch; S. 60-64; Essen: Vulkan Verlag

/46/   Schütz, I.; Wiegand, S.; Wallenstein, R.: Mit Diodenlasern angeregte
       Festkörperlaser; Laser und Optoelektronik, 20(1988)3; S. 39-45

/47/   Kortz, H.P.: Praktische Realisierung Diodenlaser-gepumpter Festkörperlaser;
       Laser und Optoelektronik, 20(1988)3; S. 56-59

/48/   Ziegs, W.: Konzept eines glasfasergekoppelten, diodengepumpten
       Festkörperlasersystems; Laser und Optoelektronik, 20(1988)3; S. 61-67

/49/   Struve, B.; Fuhrberg, P.; Luhs, W.; Liftin, G.: Neuer, hocheffizienter
       Festkörperlaser mit Chrom-Neodym-Granat als aktivem Material; Laser und
       Optoelektronik, 20(1988)3; S. 68-73

/50/   Fuhrberg, P.; Struve, B.; Luhs, W.; Litfin, G.: Materialbearbeitung mit dem
       hocheffizienten Festkörperlasernmaterial Cr3+:Nd3+:GSGG; in Waidelich, W.
       (Ed.): Laser/Optoelektronik in der Technik, Vorträge des 8. Internationalen
       Kongresses Laser 87 Optoelektronik; S. 64-67; Berlin, Heidelberg, London:
       Springer-Verlag

/51/   Hauser, F.: Externe Optiken für CO_2-Hochleistungslaser; ZIS-Report,
       1(1990)1; S. 10-14; Halle

/52/   Tradowski:

/53/   Schanz, K.: Neuerungen und Entwicklungsrichtungen beim
       Laserstrahlschweißen; Werkstatttechnik, Zeitschrift für industrielle Fertigung,
       77(1987)7; S. 357-361; Berlin, Heidelberg: Springer Verlag

/54/   Weick, W.J.; Wollermann-Windgasse, R.; Ackermann, F.:
       Hochfrequenzangeregte CO_2-Laser in der industriellen Fertigung;
       Internationaler Laser-Kongreß, 1988, Kongreßband; S. 83-85

/55/   von Trotha, L.: Bei Hochfrequenz Schneiden und jetzt auch Schweißen;
       Feinwerktechnik und Meßtechnik, Sonderausgabe: Laser Praxis (1989)6; S. 15-
       17; München: Carl Hanser Verlag

/56/   Meyer, C.: Schnittfugen genauer und weniger aufgehärtet; Feinwerktechnik
       und Meßtechnik, Sonderausgabe: Laser Praxis (1989)6; S. 18-20; München:
       Carl Hanser Verlag

/57/   N.N.:Hochleistungslaser in der Fertigungstechnik Betrieb + Meister, (1989)8; S.
       6-7

/58/   Laakman, P.: Sealed-Off Low- and Medium-power CO_2 Lasers; Laser &
       Optronics, 8(1989)3; S. 35-41

/59/   N.N.:CO_2-Laser in kompakter Bauform Elektronik-Technologie/Elektronik-
       Anwendungen/Elektronik-Marketing,EEE, Nr.9(1988)April; S. 47-48;
       Leinfelden-Echterdingen: Konradin Verlag

/60/   Chinh, T.D.; Wiederhold, G.: CO_2-TE-Wellenleiterlaser und ihre Applikation
       in der Mikro-Materialbearbeitung; in Waidelich, W. (Ed.):
       Laser/Optoelektronik in der Technik, Vorträge des 8. Internationalen
       Kongresses Laser 87 Optoelektronik; S. 577-585; Berlin, Heidelberg, London:
       Springer-Verlag;

/61/ Weedon, T.M.; Burrows, G.; Thompson, P.G.: Nd:YAG Lasers in Car Body Cutting and Welding; Lumonics; S. 1-10; England, Warwickshire, 1989

/62/ Eichhorn, F.; Hendricks, M.; Jachertz, H.-P.; Spies, B.: Analyse der Schweißqualität von Laserstrahlschweißverbindungen; Schweißen und Schneiden '87, Vorträge der gleicnamigen Schweißtechnischen Tagung in Hannover 30.9.-2.10.1987, DVS-Berichte Bd.109; S. 137-141; Düsseldorf: DVS-Verlag

/63/ Bakowsky, L.: Schweißen mit CO_2-Hochleistungslasern in der Serienproduktion; Schweißen und Schneiden '87, Vorträge der gleichnamigen Schweißtechnischen Tagung in Hannover 30.9.-2.10.1987, DVS-Berichte Bd.109; S. 142-145; Düsseldorf: DVS-Verlag/158d/ Graen, G.; Heine, K.-H.: Schweißen mit hochfrequenzangeregten CO_2-Hochleistungslasern; Schweißen und Schneiden '87, Vorträge der gleichnamigen Schweißtechnischen Tagung in Hannover 30.9.-2.10.1987, DVS-Berichte Bd.109; S. 146-149; Düsseldorf:

/64/ Puell, H.B.: Materialbearbeitung mit CO_2-Lasern hoher Leistung; Elektrotechnische Zeitschrift (etz), 109(1988)6; S. 254-257; Berlin: VDE-Verlag Gmbh

/65/ Bähr; K.-F.: Gaslaser im industriellen Einsatz; Elektrotechnische Zeitschrift (etz), 109(1988)6; S. 258-259; Berlin: VDE-Verlag Gmbh

/66/ Bruck, G.J.: Dilution control in horizontal laser beam welding of dissimilar metals; in Banas, C.M.; Whitney, G.L. (Ed.): Proceedings of the 5th International Congress on Applications of Lasers and Electro-optics; S. 149-159; Berlin, New York: Springer Verlag

/67/ Irie, H.;Tsukamoto, S.; Fusion Property of a CO_2-Laser in Stainless Steels; IIW-Document IV-547-90, 1990

/68/ Beyer, E.; Behler, K.; Petschke, U.; Rosen, H.G.; Hamann, Ch.: Schweißen mit CO_2-Lasern; Laser und Optoelektronik, (1986)1; S. 35-46

/69/ Kraencke, R.; Gregson, V.: Laser Welding of Cylinders; in Cheo, P.K. (Ed.): Proceedings of Spie - The International Society for Optical Engineering, Manufacturing Applications of Lasers, 23-24.1.1986 Los Angeles; S. 2-4; Washington;

/70/ Schanz, K.: Laserstrahl-Schweißen von Torsionsschwingungsdämpfern; Laser und Optoelektronik, (1988)2; S. 78-81

/71/ Decker, I.: Anwendungsorientierte Schweißtechnik mit dem Laserstrahl; Internationaler Laser-Kongress, Optronic 88, 1988, Kongreßband; S. 21-24

/72/ Hachtel, L.; Frings, A.: Beitrag der Metallographie zur Entwickling des Laserstrahlschweißens großformatiger oberflächenveredelter Feinbleche; Praktische Metallographie, 26(1989); S. 353-367

/73/ Hommel, H.: Schwungräder in Serie geschweißt; Der Praktiker,(1989)1; S. 6-10; Düsseldorf: DVS-Verlag

/74/ N.N.: Wettbewerbsvorteile in der Hülsenfertigung durch Laserschweißen; Betrieb + Meister, (1989)8; S. 20-21

/75/ Paul, H.; Morgenthal, L.; Wiedeman, G.; Pollack, D.; Burck, P.; Müller-Dittmann, H.-J.:: Einsatz von CO_2-cw-Leistungslasern zur Bearbeitung von Maschinenbauteilen im Applikationslabor des ZFW Dresden; Laser: Technologie und Anwendungen; Jahrbuch; S. 267-271; 1988, Essen: Vulkan Verlag

/76/ Dickmann, K.; Emmelmann, C.; Hohensee, V.; Schmatjko, K.J.: Excimer-Hochleitungslaser in der Materialbearbeitung, Teil 1; Laser Magazin, (1987)3; S. 26-29; Berlin: Magazin Verlag

/77/ Tönshoff, H.K.; Bütje, R.: Material processing with Excimer lasers; Proccedings of the 5th International Conference on Lasers in Manufacturing, Sept. 1988; S. 35-46

/78/ Emmelmann, C.; Gedrat, O.: Rißschädigung beim Lasertrennen von Keramik; Laser Magazin, (1988)6; S. 18-23

/79/ Dickmann, K.; Emmelmann, C.; Hohensee, V.; Schmatjko, K.J.: Excimer-Hochleitungslaser in der Materialbearbeitung, Teil 2; Laser Magazin, (1987)4; S. 34-40; Berlin: Magazin Verlag

/80/ Bütje, R.: Excimer Laser Based Machining of Amorphous Metals; Laser Zentrum Hannover, 1988

/81/   Tönshoff, H.K.; Gedrat, O.: Removel process of cerramic materials with
       excimer laser radiation; Laser Zentrum Hannover, 1989

/82/   Znotis, T.: Industrial Applications of Excimer Lasers; in Duley, W.W.; Weeks,
       R. (Ed.): Proceedings of SPIE - The International Society for Optical
       Engineering, Laser Processing: Fundamentals, Applications, and Systems
       Engineering, Quebec 3-6.6.1986; S. 339-346; USA, Washington;

/83/   Miller, C.; Sontheim, B.: Schweissen mit Licht; Laser und Optoelektronik,
       (1988)4; S. 382-388

/84/   Schäfer, P.: Industrielle Anwendungen von Festkörperlasern; Laser und
       Optoelektronik, (1988)2; S. 82-85

/85/   Kirkpatrick, I.:Welding with Lasers; Welding and Metal Fabrication; 57(1989)7,
       S.294-298

/86/   Dorn, L.; Öhlschläger, E.: Grundlagen und Anwendungsmöglichkeiten des
       Lasers in der Schweißtechnik, Teil 1: Grundlagen; Blech Rohr Profile,
       28(1981)3; S. 127-131

/87/   Dorn, L.: Mikro -Schweißen mit Festkörperlasern; in Cleemann, L. (Ed.):
       Laser in der Fertigungstechnik, Technologie Aktuell Nr.6; S. 55-68;
       Düsseldorf: VDI-Verlag, 1987

/88/   Klesse, T.: Wohin führt der Weg in der Laserentwicklung für
       nichtwissenschaftliche Applikationen; Laser: Technologie und Anwendungen;
       Jahrbuch, 1988; S. 77-79; Essen: Vulkan Verlag

/89/   Maria, A.J.: Lasers in Modern Industries; in Chester, A.N.; Letokhov, V.S.;
       Martellucci, S. (Ed.): Proceedings of the International School of Quantum
       Electronics on Laser Science and Technology 11.-19.5.1987, Erice, Italy; S.
       143-154; New York: Plenum Press

/90/   Wirth, P.: Der Laser als Schweißwerkzeug; Laser: Technologie und
       Anwendungen; Jahrbuch, 1988; S. 306-313; Essen: Vulkan Verlag

/91/   Geiger, M.: Lasermaterialbearbeitung mit CO_2-, Festkörper- und
       Excimerlasern, Laserentwicklung, Laserdiagnostik; in Cleemann, L. (Ed.):
       Laser in der Fertigungstechnik, Technologie Aktuell Nr.6, 1987; S. 109-122;
       Düsseldorf: VDI-Verlag

/92/   Eck, B., B.: Ein Überblick über einige Verbindungstechniken in der
       Mikroelektronik; Verbindungstechnik in der Elektronik, VTE, (1989)4; S. 175-
       179; DVS-Verlag

/93/   Müller, W.H.: Laser-Virolage bei Uhrspiral- und Meßgerätefedern; Jahrbuch
       der Deutschen Gesellschaft für Chronometrie; S. 82-92; Stuttgart, 1977:
       Deutsche Gesellschaft für Chronometrie e.V.

/94/   Rauscher, G.: Laser Micromachining of Materials for Electrical and Electronic
       Devices; in Soares, O.D.D.; Prerez-Amor, M. (Ed.): Applied Laser Tooling; S.
       95-104; Dordrecht, Niederlande:Martinus Nijhoff Publishers, 1987

/95/   N.N.:Laserschweißen Schwarzwalduhren; Laser Magazin, (1988)1; S. 8-10;
       Magazin Verlag

/96/   Notenboom, G.J.A.M.: Laser spot welding in electronics industry; in Oakley,
       P.J. (Ed.): Laser welding, cutting and surface treatment; Cambridge, England:
       The Welding Institute, 1984

/97/   Reinhard, M.: Lasertechnik - Praxis einer Schlüsseltechnologie;
       Feinwerktechnik und Meßtechnik, Sonderausgabe: Laser Praxis (1989)6; S. 5-9;
       München: Carl Hanser Verlag

/98/   Rykalin, N.; Uklov, A.; Kokora, A.: Laser Machining and Welding; S. 114-
       125; Moskau, 1978: Mir Publishers

/99/   Dausinger, F.: Laseranwendungen in der elektrotechnischen und
       feinmechanischen Industrie; in Cleemann, L. (Ed.): Der Laser als Werkzeug in
       der Metallbearbeitung, Vortragsband anläßlich der AMB (Austellung für
       Metallbearbeitung) Stuttgart, 9. 1986; S. 105-112; Düsseldorf: VDI-
       Technologiezentrum

/100/ Seiler, P.: Feinbearbeitung mit dem Nd:YAG-Laser; in Cleemann, L. (Ed.):
       Der Laser als Werkzeug in der Metallbearbeitung, Vortragsband anläßlich der
       AMB (Austellung für Metallbearbeitung) Stuttgart 9.1986; S. 46-53;
       Düsseldorf: VDI-Technologiezentrum

/101/ Orlick, H.; Liehr, U.: Kritische Betrachtungen des Einsatzes des
      Festkörperlaserschweißens im Präzisionsgerätebau; ZIS-Report, 1(1990)1; S.
      15-19; Halle

/102/ Glaser, G.: Bearbeitungsmöglichkeiten mit Laserstrahl in der Feinwerktechnik;
      Universität Stuttgart, Institut für Uhrentechnik und Feinmechanik; S. 1-16;
      Stuttgart, 1976

/103/ Bolin, S.; Maloney, E.T.: Precision Pulsed Laserwelding, MR75-571(1975); S.
      1-21; Society of Manufacturing Engineers

/104/ Beyer, E.: Werkstoffbearbeitung mit Laserstrahlen; Feinwerktechnik und
      Meßtechnik, 92(1984)3; S. 141-143

/105/ Pfluger, A.R.; Maas, P.M.: Laser Beam Welding Electronic-Component Leads;
      Welding Research Supplement, (1965)6; S. 264-269

/106/ N.N.:Rapid Laser Welding of Relays allows Western Eltric to simplify
      inspection; Laser Focus, (1978)12; S. 22-23

/107/ Dorn, L.; Öhlschläger, E.: Grundlagen und Anwendungsmöglichkeiten des
      Lasers in der Schweißtechnik, Teil 2; Blech Rohr Profile, 28(1981)4; S. 152-
      155

/108/ H. Grutzeck; L. Dorn; S. Jafari: Entwicklungstendenzen beim
      Lasermikroschweißen; Elektronik, Produktion und Prüftechnik (1990) März,
      S.18

/109/ Schaffer, G.: Laser solves spotwelding problems; American Machinist,
      119(1975)7; S. 41-44, New York: Mc Graw Hill

/110/ Schmatjko, K.-J.: Laser in der Fertigung elektronischer Komponenten;
      Internationaler Laser-Kongreß, Kongreßband, 1988; S. 140-143

/111/ Herziger, G.; Treusch, H.G.: Anforderungsprofil eines Hochleistungs-Fest-
      körperlasers (P > 1 kW); in Waidelich, W. (Ed.): Laser/Optoelektronik in der
      Technik, Laser/Optoelectronics in Engineering; Vorträge des 8.Internationalen
      Kongresses; Proceedings of the 8th International Congress; Laser 87
      Optoelektronik; S. 348-352; Berlin Heidelberg, London: Springer-Verlag

/112/ Bolin, S.R.: Nd:YAG Laser Applications Survey; in Bass, M. (Ed.): Laser
      Materials Processing; S. 407-438; Amsterdam, New York, Oxford: North-
      Holland Publishing Company

/113/ Grote, K.H.; Stemme, R.: Technologie und Ökonomie bei Pulslaser-Schweiß-
      anlagen, DVS-Bericht 40, Löten und Schweißen in der Elektronik; S. 93-100

/114/ Rothe, R.: Laserstrahlschweißen, eine Herausforderung für den Konstruktuer;
      Laser: Technologie und Anwendungen; Jahrbuch, 1988; S. 302-304; Essen:
      Vulkan Verlag

/115/ Burstin, M.: Anwendung der Widerstandsschweißtechnik für Bauteile der
      Elektrotechnik und Elektronik, DVS-Bericht 40, Löten und Schweißen in der
      Elektronik; S. 69-72

/116/ Kulla, R.; Sitte, G.; Schärf, E.: Widerstandsschweißen an Herzschrittmachern;
      ZIS-Mitteilungen, 30(1988)4; S. 395,405, Halle

/117/ Dorn, L.: Schweißen mit dem Laserstrahl; Forschung aktuell, Reports; S. 12-
      14; Berlin

/118/ Bazan, M.; Miller, J.; White, G.; Albright, C.: The devolopment of the
      'Laspot'welding process; in Quenzer, A. (Ed.): Proceedings of the 3rd
      International Conference on Lasers in manufacturing, 3-5 June 1986 Paris,
      France; S. 107-115; Berlin, Heidelberg: Springer-Verlag;

/119/ Bazan, M.; Miller, J.A.; White, G.; Albright, C.: The Development of the
      LASPOT Welding Process; Abstracts of Papers Presented at 66th Annual
      Meeting by AWS (American Welding Society); S. 28-29; Maimi, USA:
      American Welding Society

/120/ Hulst, A.P.: Überblick über das Mikroschweißen in der Massenfertigung von
      elektronischen Bauelementen; Schweißen und Schneiden, 31(1979)6; S. 248-
      251; Düsseldorf: DVS-Verlag

/121/ Dorn, L.: Schweißen in der Elektro- und Feinwerktechnik, Kontakt und
      Studium Band 134: Expert Verlag, 1984

/122/ Devine, J.: Joining Metals with Ultrasonic Welding; Machine Design, (1984)9;
      S. 91-95; Ohio, USA

/123/ Rudolf, F.: Entwicklungsstand des Kugeldrahtbondens in der Mikroelektronik; Schweißtechnik, 36(1986)8; S. 353-354; Berlin: VEB Verlag Technik

/124/ Lachowicz, H.K.: Applications of Metallic Glasses; in Matyja, H.; Zielinski, P.G. (Ed.): Amorphous Metals, Summer School on; Poland 16.-21.9.1985;; S. 313-339; World Scientific

/125/ Ingenbrand, H.D.: Abgrenzung zwischen dem Elektronenstrahl- und dem Plasmaverbindungsschweißen; ZIS-Mitteilungen, 9(1967)12; S. 1634-1657

/126/ Dorn, L.: Merkmale und Anwendungen moderner Schweißverfahren; Maschinenmarkt, 76(1970)89; S. 1988-1992

/127/ Dorn, L.: Feinschweißen mit WIG-Lichtbogen, Plasmabogen, Laserstrahl und Elektronenstrahl; Feinwerktechnik und Meßtechnik, 90(1982)6; S. 293-300; München: Carl Hanser Verlag

/128/ Vojta, E.: Mikro-Wolfram-Inert-Gasschweißen in der Elektrofeinmechanik und Elektronik; Verbindungstechnik in der Elektronik, VTE, (1989)3; S. 136-139; Düsseldorf: DVS-Verlag

/129/ Takei, T.: Soldering techniques for manufacturing surface mounted devices; in McClelland, S. (Ed.): Advancing surface mount technology - an IFS executive briefing; S. 95-102: Bedford. Berlin, England, Heidelberg: IFS (Publications) Ltd, Springer Verlag, 1988

/130/ Lovery, J.F.: Microplasma arc welding; BWRA Bulletin, 8(1967)8

/131/ Born, K.; Dorn, L.: Plasma-, Laser-, Elektronenstrahl - die Strahl-, Schweiß- und Schneidverfahren im Vergleich, Blech Rohr Profile, 1973 Heft9, S.3-16

/132/ Wagenleitner, A.H.; Liebich: Mikroplasmaschweißen, ein Verfahren für das Verbinden kleinster Querschnitte; Kolloquium über neue Werkstoffe im Maschinenebau, ETH Zürich, Febr.1967

/133/ Brunst, W.; Fellendorf, D.: Erfahrungen beim Elektronen- und Laserstrahlschweißen; Der Praktiker 12(1971); S.257-259

/134/ Haas, H.; Okstajner, T.: Zwei Schweißverfahren für Hybridgehäuse im Vergleich: Elektronen und Laserstrahlschweißen; Verbindungstechnik in der Elektronik (Löten, Schweißen, Kleben); Vorträge und Poster-Beiträge des 4. Internationalen Kolloquiums vom 23-25 Februar 1988 Düsseldorf; S. 152-155; Düsseldorf

/135/ Jansen, G.W.G.: Laserwelding in the Manufacturing of Heartpace makers; in Oakley, P.J. (Ed.): Laser welding cutting and surface treatment; Cambridge, England: The Welding Institute, 1984

/136/ Decker, I.; Matzeit, R.-A.; Ruge, J.: Einfluß der Nahtgestaltung auf die Fertigungsgenauigkeit beim Laserstrahlschweißen im Vergleich zum Elektronenstrahlschweißen; Schweißen und Schneiden '87, Vorträge der gleicnamigen Schweißtechnischen Tagung in Hannover 30.9.-2.10.1987, DVS-Berichte Bd.109; S. 134-137; Düsseldorf: DVS-Verlag

/137/ Behnisch, H.: Elektronenstrahlschweißen bis 200 mm (Teil1), Strahlschweißtechniken im Wettstreit; Maschine und Werkzeug, 87(1986)13; S. 39-44, Coburg

/138/ Lacher, R.; Schanz, K.: Multikilowatt-CO_2-Laserstrahl-Schweißanlagen für die Serienproduktion; Internationaler Laser-Kongress, 1988, Kongreßband; S. 25-29

/139/ Russell, J.D.: Process and Metallurgical Considerations in Laser and Electron Beam Welding ; Vorträge des Internationalen Kolloquiums, Schweißtechnische Fertigungsverfahren Strahltechnik - Lichtbogentechnik, 8.-9.11.1989, Aachen, DVS-Berichte; S. 52-56; Düsseldorf: DVS-Verlag

/140/ Böhme, D.: Elektronen oder Laserstrahl - ein Vergleich; Schweißtechnik, 38(1988)10; S. 463-465; Berlin

/141/ Bakish, R.: Laser and Electron Beam in Welding, Cutting and Surface Treatment - State of the Art: II; Industrial Heating, (1986) September; S. 40-42

/142/ Anderl, P.; Böhme, D.: Laser- und Elektronenstrahlschweißen ein Vergleich; Schweißen und Schneiden, Vorträge der gleichnamigen Großen Schweißtechnischen Tagung, DVS, Essen, 13-15.9.1989; S. 143-148; Düsseldorf

/143/ Dorn, L.: Das Laserschweißen in der Elektrotechnik und Feinwerktechnik; Wissenschaftsmagazin TU-Berlin, Heft9 Laser, 1986; S. 38-39

/144/ Born, K.; Dorn, L.; Herbrich, H.: Plasma-, Laser-, Elektronenstrahl drei Strahl-, Schweiß- und Schneidverfahren im Vergleich; Blech Rohr Profile, 1973 Heft9, S.3-16

/145/ Witherell, C.E.; Ramos, T.J.: Laser Brazing; Welding Journal, Welding Research Supplement, 59(1980)10; S. 480-485; New York: American Society for Metals

/146/ Weickert, F.; Bartsch, P.: Laserkontaktieren in der Mikroelektronik; Feingerätetechnik, 32(1983)10; S. 465-470

/147/ Allmen, F.: Coupling of Laser Radiation to Metals and Semiconducters; in Bertolotti, M. (Ed.): Physical Processes in Laser-Materials Interactions; S. 49-75; London, New York: Plenum Press

/148/ Herziger, G.: Werkstoffbearbeitung mit Laserstrahlung, Teil 1: Grundlagen und Probleme; Feinwerktechnik und Meßtechnik, 91(1983)4; S. 156-163

/149/ Duley, W.W.: Laser processing and analysis of materials; S. 68-133; New York: Plenum Press, 1983

/150/ Chan, P.W.; Chan, Y.W.: Reflectivity of metals at high temperatures heated by pulsed laser; Physics Letters, Volume 61A(1977)3; S. 151-153; Amsterdam: North-Holland Publishing Company

/151/ Walter, W.T.: Reflectance changes of metals during laser irradiation; Laser Applications in Materials Processing, 1979; S. 109-117

/152/ Eloy, J.-F.: Power Lasers; S. 66-128

/153/ Malvezzi: Interaction of pulsed Laser Beams with Solid Surfaces: Laser Heating and Melting; in Chester, A.N.; Letokhov, V.S.; Martellucci, S. (Ed.): Proceedings of the International School of Quantum Electronics on Laser Science and Technology 11.-19.5.1987, Erice, Italy; S. 155-176; New York: Plenum Press

/154/ Bimberg, D.: Laser in Industrie und Technik: Expert Verlag, 1977

/155/ Ireland, C.L.M.: Tiefschweißen mit YAG-Laser-Strahlen im kW-Bereich; Laser Magazin, (1988)5; S. 16ff.; Berlin: Magazin Verlag

/156/ Jäkle, G.: Einfluß der Oberflächenbeschaffenheit auf das Aufschmelzverhalten und die mechanischen Eigenschaften beim Punktschweißen mit Laserstrahlen; Weichlöten und Schweißen in der Elektronik und Feinwerktechnik, Vorträge des gleichnamigen Kolloquiums in München am 11. und 12. November 1981; S. 63-67, Düsseldorf: DVS-Verlag

/157/ Metzbower, E.A.: Lasers-Industrial Applications-Kongresses, 1979; Washington: American Society for Metals

/158/ Matsunawa, a.; Katayama, S.: High speed photographic study of YAG Laser material processing; Proceedings of the International Conference on Applications of Lasers and Elektro-optics, November 1985; S. 41-48; Berlin, Heidelberg: Springer Verlag

/159/ Matsunawa, A.; Katayama, S.: Fusion and solidification processes of pulsed YAG laser spot welds; in Banas; Whitney(Ed.): Proceedings of the 5th International Congress on Application of Lasers and Electro-optics, 10-13 November 1986 USA; S. 81-87; Berlin; Heidelberg: Springer-Verlag;

/160/ Dorn, L.: Strahlabsorption beim Laserschweißen - zeitlicher Ablauf und Energieanteil; 2. Europäische Konferenz über Laser-Materialbearbeitung 13.-14.10.1988, Bad Nauheim, DVS-Berichte Bd.113; S. 33-37; Düsseldorf

/161/ Schellhorn, M.; Nowack, R.; Roth, G.: Optical diagnostics of laser-metal interaction during welding; in Quenzer, A. (Ed.): Proceedings of the 3rd International Conference on Lasers in manufacturing, 3-5 June 1986 Paris, France; S. 97-106; Berlin Heidelberg New York, Tokyo;

/162/ Öhlschläger, E.: Untersuchungen zum Laserpunktschweißvorgang und zur Tragfähigkeit lasergeschweißter Metallverbindungen, Dissertation 1985; TU-Berlin

/163/ Herziger, G.; Höltgen, B.; Treusch, H.G.; Kreutz, E.W.: Photon-Matter Interaction: Energy Coupling in Laser Processing; Laser Advanced Material Processing, International Conference of High Temperature Society of Japan and Japan Laser Processing Society, Osaka, 21.-23.5.1987; S. 25-30

/164/ Duley, W.W.: A Summary of Beam Material Interactions During Laser Processing; Laser Advanced Material Processing, International Conference of

High Temperature Society of Japan and Japan Laser Processing Society, Osaka,
21.-23.5.1987; S. 13-18

/165/ Peebles, H.C.: The Role of Metal Vapor Plume in Pulsed Nd:YAG Laser
Welding on Aluminum 1100; Laser Advanced Material Processing,
International Conference of High Temperature Society of Japan and Japan
Laser Processing Society, Osaka, 21.-23.5.1987; S. 19-24

/166/ Ziller, J.: Laserstrahlschweißen abhängig von der räumlichen und zeitlichen
Strahlverteilung; Schweißen und Schneiden, 32(1980)6; S. 220-224

/167/ Herziger, G.; Kreutz, E.W.: Fundamentals of Laser Micromachining of Metals;
in Bäuerle, D. (Ed.): Proceedings of an International Conference, Austria, July
15-19,1984; S. 90-95; Berlin, Heidelberg: Springer Verlag

/168/ Stürmer, E.; Allmen, M.: Influence of laser-supported detonation waves on
metal drilling with pulsed CO_2-lasers; Journal Applied Physics, 49(1978)11; S.
5648-5654

/169/ Hettche, L.R.; Tucker, T.R.; Schriempf, J.T.; Stegman, R.L.: Mechanical
response and tgermal coupling of metallic targets to high-intensity 1.06um
laser radiation; Journal Applied Physics, 47(1976)4; S. 1415-1421

/170/ Opower, H.: Hochleistungslaserentwicklung, gasdynamische Laser,
Wechselwirkungsphämomene und Materialbearbeitung; in Cleemann, L. (Ed.):
Laser in der Fertigungstechnik, Technologie Aktuell Nr.6, 1987; S. 153-162;
Düsseldorf: VDI-Verlag

/171/ Belforte, D.; Levitt, M. (Ed.): The Industrial Laser Annual Handbook, 1986; S.
1-5; Oklahoma, USA: PennWell Publishing Company

/172/ Herziger, G.: Laserentwicklung für den industriellen Einsatz, Grundlagen der
Wechselwirkung Laserstrahl-Materie; in Cleemann, L. (Ed.): Laser in der
Fertigungstechnik, Technologie Aktuell Nr.6, 1987; S. 9-20; Düsseldorf: VDI-
Verlag

/173/ Aubert, Ph.; Decailloz, C.; Gascoin, J.Y.: Analyse et optimisation du soudage
laser par points; 3eme colleque International sur le soudage et la fusion par
faisceau d'electrons et laser; CISFFEL 1983, Lyon; S. 151-159

/174/ Dausinger, F.; Beck, M.; Rudlaff, T.; Wahl, T.: Einkopplungsmechanismen in
der Laserstrahlbearbeitung; Institut für Strahlwerkzeuge, Universität Stuttgart;
1989, Stuttgart

/175/ Sokolowski, W.; Behler, K.; Beyer, E.: Einfluß des Arbeitsgases auf die
Energieeinkopplung beim Schweißen mit CO_2-Lasern; in Waidelich, W. (Ed.):
Laser/Optoelektronik in der Technik, Laser/Optoelectronics in Engineering;
Vorträge des 8.Internationalen Kongresses, Proceedings of the 8th International
Congress; Laser 87 Optoelektronik; S. 523-528; Berlin, Heidelberg, London:
Springer-Verlag;

/176/ Weyl, G.; Pirri, A.; Root, R.: Laser Ignition of Plasma of Aluminium Surfaces;
AAIA Journal, 19(1981)4; S. 460-469; New York: American Institute of
Aeronautics and Astronautics

/177/ Affolter, P.K.; Linnekogel, P.: Der technisch wirtschaftliche optimale Einsatz
des gepulsten Neodym-YAG-Festkörperlaser beim Feinschweißen und -
trennen; Vorträge der 2. internationalen Konferenz "Strahltechnik in Essen;
17-18.9.1985 veranstaltet vom Deutschen Verband für Schweißtechnik; S. 96-
98; Düsseldorf

/178/ Schellhorn, M.: Transientes Absorptionsverhalten von Metallen in der
Startphase des Laserschweißprozesses; S. 1-47; 1987, Stuttgart: Deutsche
Forschungs- und Versuchsanstalt für Luft- und Raumfahrt

/179/ Schellhorn, M.: Transientes Absorptionsverhalten von Metallen in der
Startphase des Laserschweißprozesses; Opto Elektronik Magazin, 4(1988)2; S.
156-159

/180/ Beck, M.; Dausinger, F.; Hügel, H.: Technologische Grundlagen der
Materialbearbeitung mit Strahlverfahren II; Modellvorstellungen zur
Energieeinkopplung von Laserstrahlen in Materie; Vorträge des Internationalen
Kolloquiums, Schweißtechnische Fertigungsverfahren Strahltechnik -
Lichtbogentechnik, 8.-9.11.1989, Aachen, DVS-Berichte; S. 43-47; Düsseldorf:
DVS-Verlag

/181/ Herziger, G.: The influence of laserinduced plasma on laser materials-
processing; in Belforte, D.; Levitt, M. (Ed.): The Industrial Laser Annual

Handbook, SPIE Volume 629, 1986; S. 108-115; Oklahoma, USA: PennWell Publishing Company

/182/ Akau, R.L.: Nd:Yag Laser Welding Experiments; Technical Paper Society of Manufacturing Engineers,AD85-912; S. 1-17

/183/ Kullen, J.: Einige Überlegungen zur besseren Ausnutzung der Laserstrahl- energie; Vortrag am 15.2.1987 anläßlich eines Kolloquiums der feinwerk- technischen Institute der Universität Stuttgart; Umschau Technik UT, (1978)3; S. 17-26

/184/ Dixon, R.D.; Lewis, G.K.: Angle of Incidence Effects on Plasmas Generated During Laser Welding; Abstracts of Papers Presented at 66th Annual Meeting by AWS (American Welding Society); S. 26-27; Maimi, USA: American Welding Society

/185/ Geutler, G.; Krochmann, J.; Reißmann, K.-D.; Steglich, K.: Über eine Anordnung zur genauen Messung von Reflexionsgrad und Transmissionsgrad; Optik, Zeitschrift für Licht- und Elektronenoptik, 54(1979/80)5; S. 397-408; Stuttgart: Wissenschaftliche Verlagsgesellschaft

/186/ Stolzenberg, K.: Über Messungen mit der Ulbrichtchen Kugel; Lichttechnik, 10(1958)10; S. 497-520; Berlin: Helios-Verlag

/187/ Nakjima, N.; Shimokusu, S.S.; Ishide, T.: Fundamental study on 1 kW class YAG laser welding using optical fibre; Welding in the World 27(1989)5/6, S.130-137, Pergamon Press

/188/ Juguet, Y.: soudage laser par points superposes; 3eme colleque International sur le soudage et la fusion par faisceau d'electrons et laser; CISFFEL 1983, Lyon; S. 713-721

/189/ Nonhof, C.J.; Keränen, R.: Pulse to Pulse Instabilities in Multimode Q- Switched Nd:YAG-Laser; in Waidelich, W. (Ed.): Laser/Optoelektronik in der Technik; Laser/Optoelectronics in Engineering, Vorträge des 8.Internationalen Kongresses; Proceedings of the 8th International Congress; Laser 87 Optoelektronik; S. 333-338; Berlin, Heidelberg, London: Springer-Verlag;

/190/ Loosen, P.: Hochleistungs-CO_2-Laser mit axialer Gasströmung zum Einsatz in der Materialbearbeitung; Dissertation TU-Darmstadt, 1984

/191/ Koebner, H.: Industrial Application of Laser; Chichester

/192/ Kugler, T.R.; Culkin, T.J.: Designer's Handbook, The Modern Industrial YAG-Laser; Photonics Spectra, (1989)Oct.; S. 149-156; Pittsfield, USA: Laurin Publishing Co.

/193/ Potempa, S.: Improved Quality Control of Laser Machining Processes by Incorporating Closed Loop Feedback Control with a Programmable Power Supply; Technical Paper Society of Manufacturing Engineers; Paper IO86-316, (1986); S. 1-9

/194/ Trudy, Auty: Pulse shaping for reproducible welds in thin-thick joints; Metallurgia, (1989)5; S. 214

/195/ Nonhof, C.J.; Notenboom, G.J.A.M.: Spotwelding with Nd-Lasers: a critical review; in Belforte, D.; Levitt, M. (Ed.): The Industrial Laser Annual Handbook, 1987; S. 40-50; Oklahoma USA: PennWell Publishing Company

/196/ Kugler, R.; Culkin, T.J.: Designer's Handbook, Nd:YAG Advances Aid Production, Photonics Spectra, (1989)11; S. 143-148; Pittsfield: Laurin Publishing Co.

/197/ Yongzheng, Li; Yongda, Li: Laser Precision Processing Machine for Industrial Applications; Proceedings of SPIE - The International Society for Optical Engineering Lasers in Motion for Industrial Applications, 13-14 Januar 1987, Los Angeles, California, Volume 744; S. 42-47

/198/ Weedon, T.M.W.: Nd:YAG Lasers with Controlled Pulse Shape; Laser Advanced Material Processing, International Conference of High Temperature Society of Japan and Japan Laser Processing Society, Osaka, 21.-23.5.1987; S. 75-80

/199/ Qin-xiang, H.; Shi-cong, H.; Jia-hua, S.; Fu-xing, W.: Circuit for Nd-Glass Pulsed Laser with Two Xe-Lamps in Series; Laser Advanced Material Processing, International Conference of High Temperature Society of Japan and Japan Laser Processing Society, Osaka, 21.-23.5.1987; S. 87-90

/200/ Wilson, J.: Lasers principels and applications; Hertfordshire: Prentice Hall
       International, 1987

/201/ Marsoglu, M.: Der Einfluß der Oberflächenqualität auf die Laserbearbeitung
       von Al-Si-Legierungen; Praktische Metalllographie, 27(1990); S. 139-142;
       Stuttgart: Dr. Riederer-Verlag Gmbh

/202/ Seiler, P.: Schweißen von Kupfer und Kupferlegierungen mit gepulsten Fest-
       körperlaser; Weichlöten und Schweißen in Elektronik und Feinwerktechnik,
       Vorträge des gleichnamigen internationalen Kolloquiums in München am 11.
       und 12.11.1981, Deutscher Verband für Schweißtechnik; S. 68-72; Düsseldorf

/203/ Bolin, S.: Laser Welding, Cutting and Drilling; Assembly Engineering, (1980)5;
       S. 30-34

/204/ V.P.; Kirsei, V.I.; Shinkarev, V.A.: Influence of the polarization of CO_2 laser
       radiation on the geometric parameters on a molten region in welding of
       metals; Soviet Journal of Quantum Electronics, 16(1986)7; S. 1660-1662; New
       York: American Institute of Physics

/205/ Behler, K.;Beyer, E.; Wolf, N,;Welsing, O.: Method for welding at high
       processing speed with polarized beam; Proceedings of ECLAT '90, 3rd
       European Conference on Laser Treatment of Materials, 1990, S.721-730

/206/ Bauer, P.M.; Böhm, H.; Nicolics, J.: Optimierung der Herstellparameter beim
       Schweißen von Thermoelementen mit einem CO_2-Laser; Verbindungstechnik
       in der Elektronik, 4. internationale Kolloquium in Fellbach 23.-25.2.1988,
       Deutscher Verband für Schweißtechnik e.V.; S. 36-39, Düsseldorf

/207/ Weast, R.C.: Handbook of Chemistry and Physics; 55. Ausgabe, Ohio, CRC-
       Press

/208/ Luxon, J.T.: Lasers for Industry; S. 34-142

/209/ Luxon, J.T.; Parker, D.E.: Industrial Lasers and their Applications; S. 200-221;
       New Jersey: Prentice Hall International

/210/ Nonhof, C.J.; Schimmel, R.: Physics of Laser Spot Welding with Pulsed Nd-
       lasers; in Waidelich, W. (Ed.): Laser/Optoelektronik in der Technik,
       Laser/Optoelectronics in Engineering; Vorträge des 8.Internationalen
       Kongresses, Proceedings of the 8th International Congress; Laser 87
       Optoelektronik; S. 512-522; Berlin, Heidelberg, London: Springer-Verlag,

/211/ Baranov, M.S.; Geinrikhs, I.N.: The Energy Balance in Laser Welding of
       Metals; Welding Produktion, (1968)10; S. 3-5

/212/ Crafer, R.C.: Heat flow and fluid Aspects of CO_2-Laserwelding; in Soares,
       O.D.D.; Prerez-Amor, M. (Ed.): Applied Laser Tooling; S. 115-130; 1987,
       Dordrecht, Niederlande: Martinus Nijhoff Publishers

/213/ Banas, C.M.; Webb, R.: Macro-Materials Processing; Proceedings of IEEE,
       70(1982)6; S. 556-565; New York: Institute of Electrical and Electronics
       Engineers

/214/ Peschko, W.: Abtragung fester Targets durch Laserstrahlung; S. 1-123; Diss.
       der TH Darmstadt, 1981

/215/ Dorn, L.; Öhlschläger, E.: Temperaturverhältnisse beim Laserstrahlschweißen;
       Strahltechnik, DVS-Berichte 99, 1985; S. 176-181; Düsseldorf

/216/ Platte, W.N.; Smith, J.F.: Laser Techniques for Metals Joining; Welding
       Journal, Welding Research Supplement, (1963)11; S. 481s-489s

/217/ Steffen, J.: Schweißen mit dem Laserstrahl; Feinwerktechnik und Meßtechnik,
       88(1980)1; S. 7-20

/218/ Russo, A.J.; Akau,R.L.; Jellison, J.L.: Thermocapillary Flow in Pulsed Laser
       Beam Weld Pools; Welding Research Supplement (1990)Januar; S.23-29

/219/ Belforte, D.; Levitt, M. (Ed.): The Industrial Laser Annual Handbook, 1987; S.
       1-3; Oklahoma, USA: PennWell Publishing Company

/220/ Nagura, Y.; Matsumoto, O.; u.a.: The Control of High Power YAG Laser
       Plume in Narrow Space Welding; Mitsubishi Heavy Industries, IIW DOC.IV-
       538-90; S. 1-15; 1990, Japan

/221/ Oakley, P.J.; Watson, M.N.; Dawes, C.J.: The use of Laser in manufacturing-
       relevant research at the Welding Institute, Welding Institute, England,
       Proceedings of the 2nd International Conference on LASERS IN
       MANUFACTURING, 1985; S. 237-239; England, Oxford: Cotswold Press

/222/ Ziller, J.: Laserstrahlschweißen in Vakuum und verschiedenen Gasatmosphären; Schweißen und Schneiden, 32(1980)2; S. 59-65

/223/ Yilbas, B.S.; Yilbas, Z.: Plasmatransients during Laserdrilling in Subatmospheric Pressure Atmospheres of Airs; Optics and Lasers in Engineering, 7(1986)7; S. 1-13; London

/224/ Lingenfelter, A.C.: Laser Welding Thin Cross Sections; Laser Advanced Material Processing, International Conference of High Temperature Society of Japan and Japan Laser Processing Society, Osaka, 21.-23.5.1987; S. 211-216

/225/ Zuyao, T.; Chu, C.; Bingyou, D.: Laser Welding of Extra-Thin Stainless Steel Sheet; Laser Advanced Material Processing, International Conference of High Temperature Society of Japan and Japan Laser Processing Society, Osaka, 21.-23.5.1987; S. 217-219

/226/ Charschan, S.S.; Robert, W.: Considerations for Lasers in Manufacturing; in Bass, M. (Ed.): Laser Materials Processing; S. 439-473; Amsterdam, New York, Oxford, 1983: North-Holland Publishing Company

/227/ Däne, K.: Automatisches Laserschweißen von Kleinteilen; ZIS-Mitteilungen, 26(1984)1; S. 93-101; Halle

/228/ Schmidt, A.O.; Ham, I.; Hoshi, T.: An Evalution of Laser Performance in Microwelding; Welding Journal; Welding Research Supplement, 44(1965); S. 481s-488s

/229/ VanderWert, T.: Low power laserwelding; in Belforte, D.; Levitt, M. (Ed.): The Industrial Laser Annual Handbook, 1986; S. 58-68; Oklahoma USA: PennWell Publishing Company

/230/ Miller, K.J.; Nunnikhoven, J.D.: Production Laser Welding for Specialized Applications; Welding Journal, (1965)6; S. 480-485

/231/ Bolin, S.: Laser Welding, Cutting and Drilling; Part2; Assembly Engineering, (1980)6; S. 25-27

/232/ Bolin, S.: Limited penetration laser welding applications; Australian Welding Journal, (1976)Jan.-Feb.; S. 23-29

/233/ Däne, K.; Buneß, K.: Laserschweißen zum hermetischen Verschließen metallischer Kleingehäuse; Feingerätetechnik, 32(1983)12; S. 556-560; Berlin

/234/ Karthikeyan, C.: Battery Can Hermetic Welding-Laser Finds the Solution; Laser Advanced Material Processing, International Conference of High Temperature Society of Japan and Japan Laser Processing Society, Osaka, 21.-23.5.1987; S. 549-553

/235/ Bosnos, C.M.: Laser welding systems for hermetic sealing; in Duley, W.W.; Weeks, R. (Ed.): Proceedings of SPIE - The International Society for Optical Engineering, Laser Processing: Fundamentals, Applications, and Systems Engineering, Quebec 3-6.6.1986; S. 310-319; USA, Washington;

/236/ Mittler, B.: Mechanisierte Herstellung von vakuumdichten Löt- und Schweißverbindungen in der Schaltgerätefertigung; Schweißtechnik, 34(1984)11; S. 494-496; Berlin: VEB Verlag Technik

/237/ Affolter, P.: Feinschweißen von empfindlichen Bauelementen - Festkörper bieten Lösungen; Technische Rundschau, 23(1983)Juni; S. 25-26

/238/ Drake, K.H.; Sepold, G.: Schweißen mit Riesenimpulsen hoher Repititionsfrequenz; Vorträge des VIII. Kolloquiums "Strahltechnik" in Mannheim, 11.-12.3.1977,DVS; S. 97-101; Düsseldorf: DVS-Verlag

/239/ Hoult, A.P.: Neuartige Erkenntnisse bei der Materialbearbeitung mit gepulsten Nd:YAG Hochleistungslasern im Kilowatt-Bereich: Feinwerktechnik und Meßtechnik, Sonderausgabe: Laser Praxis (1989)6; S. 63-65: München: Carl Hanser Verlag

/240/ Ireland, C.L.: Schweißen mit tiefem Einbrand mit YAG-Laserstrahlen; Welding Review 8(1989)1 S. 39-42

/241/ Okino, K.; Sakurai, T.; Takenaka, H.: 1.8 kW cw Nd:YAG Laser Application; NEC Corporation; S. 2-19; 1989, Japan Shimokuzawa

/242/ N.N.: Schweißen mit Laser, Firmenschrift Lumonics

/243/ Beck, M.; Dausinger, F.; Hügel, H.: Studie zur Energieeinkopplung beim Tiefschweißen mit Laserstrahlung; Laser und Optoelektronik, 21(1989)3; S. 80-84

/244/ Crafer, R.C.; Oakley, P.J.: Process and Physical Aspects of Continous Wave
      Laser Processing; in Soares, O.D.D.; Prerez-Amor, M. (Ed.): Applied Laser
      Tooling; S. 55-81; 1987, Dordrecht, Niederlande: Martinus Nijhoff Publishers

/245/ Meyer, C.; Semrau, H.: Bahnschweißen von Kupfer mit 1 kW Nd:YAG-Laser;
      Laser Magazin, (1988)1; S. 10-12; Berlin: Magazin Verlag

/246/ Meyer, C.; Bütje, R.: 4.Teil: Materialbearbeitung mit kW-
      Festkörperlasern,Schweißen von Dickblechen mit Nd:YAG-Laser und
      Lichtleitfaser; Industrie Anzeiger, Sonderdruck aus der Ausgabe 1988

/247/ Sepold, G.; Bödecker, V.: Schweissen mit dem Dauerstrich-YAG-Laserstrahl;
      Laser + Elektro-Optik, (1972)2; S. 11-13; Aarau, Schweiz: Fachschriftenverlag,
      Argauer Tagblatt AG

/248/ Meyer, C.; Rosenthal, A.; Bödecker, V.: Festkörperlaser im kW-Bereich;
      Industrie Anzeiger, Sonderdruck aus der Ausgabe 1988

/249/ Katayama, S.; Matsunawa, A.: Solidification behavior and microstructural
      characteristics of pulsed and continuous Laser welded stainless steels;
      International congress on Applications of Lasers and Electro-optics,11.-
      14.11.1985 San Francisco, ICALEO '85; S. 19-25; Berlin, Heidelberg: Springer-
      Verlag

/250/ Newsome, P.A.; Meyer, D.W.; Albright, C.E.: The Feasibility of Single Sided
      Laser Welding of Thin Nickel Clad Steel; Laser Advanced Material Processing,
      International Conference of High Temperature Society of Japan and Japan
      Laser Processing Society, Osaka, 21.-23.5.1987; S. 193-204

/251/ Breinan, E.M.; Snow, D.B.; Brown, C.D.; Kear, B.H.: New Developments in
      Laser Surface Melting Using Continuous Prealloyed Powder Feed; in
      Mehrabian, R.; Kear, B.H.; Cohen, M. (Ed.): Proceedings of the Second
      International Conference on Rapid Solidification Processing, Principles and
      Technologies II, 23.-24.3.1980, Reston, Virginia USA; S. 440-452; Louisiana:
      Claitor's Publishing Division

/252/ Weerasinghe, V.M.; Steen, W.M.: Laser Cladding with Pneumatic Powder
      Delivery; in Soares, O.D.D.; Prerez-Amor, M. (Ed.): Applied Laser Tooling; S.
      25-42; 1987, Dordrecht, Niederlande: Martinus Nijhoff Publishers

/253/ Dorn, L.; Hasooni, W.: Laserschweißen dient der Entwicklung des
      Großbildfernsehens; Forschung Aktuell TU-Berlin; S. 50-51; Berlin

/254/ Dorn, L.; Jafari, S.: Lasergerechte Konstruieren - ein Baustein für das
      Ingenieurstudium; Workshop: Aus und Weiterbildung in der Lasertechnik;
      Materialien: Qualifizierungsprobleme beim industriellen Lasereinsatz; Studie im
      Auftrag des Bundesministers für Forschung und Technologie (BMFT), Bonn;
      Durchführung: Institut für Entwicklungsplanung und Strukturforschung (IES),
      an der Universität Hannover; Grotefendstr.2; 3000 Hannover 1; S. 35-59, 1987

/255/ L. Dorn; H. Grutzeck; S. Jafari: Laserstrahlschweißen von NE-
      Metallverbindungen - Einfluß der Gestaltung und Stoßtoleranzen;
      Verbindungstechnik in der Elektronik, 1(1990), S.2

/256/ Meyer, C.; Dickmann, K.; Bödecker, V.: Laserstrahlschweißen von
      Dünnblechen; Industrie Anzeiger, Heft 51; 1989

/257/ Prange, W.: Bearbeitung von ebenen und räumlichen Teilen aus Stahl-
      Feinblech; Laser Magazin, (1989)2; S. 18-24; Berlin: Magazin Verlag

/258/ Dorn, L.: Qualitätsbestimmende Einflußgrößen beim Laserpunktscheißen; 34.
      Internationales Wissenschaftliches Kolloquium der Technischen Hochshcule
      Ilmenau, Reihe B4, 23.-27.10.1989, Ilmenau

/259/ Dorn, L.; Jäkle, G.; Öhlschläger, E.; Smernos, S.: Einfluß der Strahlparameter
      beim Laserstrahlimpulsschweißen auf das Aufschmelzverhalten und die
      Eigenschaften von Schweißverbindungen; Strahltechnik, DVS-Berichte Bd.63,
      Düsseldorf 1980; S. 158-163; Düsseldorf

/260/ Lensch, G.: Präzises Laserbahnschweißen von kleinen Bauteilen aus Titan;
      Lasertechnologie in mitelständigen Unternehmen, Laserfachtagung 1987; S.
      243-253

/261/ Behnisch, H.: Schweißtechnische Anwendungsmöglichkeiten der Lasertechnik;
      Werkstatt und Betrieb, 118(1985)3; S. 169-172

/262/ Jackson, J.E.:: Laser - Promising Tool for Welding Micro-miniature Parts;
      Welding Engineer, 50(1965)2; S. 61-66; Chikago

/263/ Baranov, M.S.; Metashop, L.A.; Geinrikhs, I.N.: Laser Welding of some dissimilar metals; Welding Production, (1968)3; S. 13-15

/264/ Orrok, N.E.: The Laser in Machining and Welding; Metal Progress, (1967)2; S. 150-158; Ohio: American Society for Metals

/265/ Schwartz, M.: Modern Metal Joining Techniques; S. 211-213; London, New York: John Wiley & Sons

/266/ Cohen, M.I.; Mainwaring, F.J.; Melone, T.G.: Laser Interconnection of Wires; Welding Journal, (1969)3; S. 191-197

/267/ Jäkle, G.: Laserimpulsschweißen von Nahtverbindungen; in Waidelich, W. (Ed.): Optoelektronik in der Technik: Vorträge d. 5. Internat. Kongresses Laser 81= Optoelectronics in Engineering; S. 205-207; Berlin, Heidelberg, New York;

/268/ Maul, J.: Mikroschweißen von Feinstdrähten mit Laserstrahl; Feinwerktechnik und Meßtechnik, 92(1984)7; S. 363-366; München: Carl Hanser Verlag

/269/ Gagliano, F.P.; Zaleckas, V.J.: Laser Processing; in Charschan, S.S.; Lasers in Industry; S. 191-227; London

/270/ Dubiel, D.: Investigations on the Causing Mechanism of Defects in Laser Weldings; Praktische Metalllographie, 24(1987)10; S. 457-467

/271/ Schäfer: Laserstrahlschweißen lackisolierter Kupferdrähte, Forschungsvorhaben AIF-Nr. 7265 / DVS-Nr. 11.003, Universität Stuttgart (MPA), S. 1-64

/272/ Schäfer, P.M.; Kußmaul, K.: Laserstrahlschweißen von lackisolierten Kupferdrähten mit Anschlußteilen aus NE-Metallen; Verbindungstechnik in der Elektronik 4(1990), DVS-Verlag

/273/ Matsushita, TN..; Yokoi, K.; Masuda, T.: Laser Welding of Thermocouple on Heating Tip for SMT; Proceedings, International Electronic Manufacturing Technology Symposium, 1987, IEEE; S. 96-101; Piscataway, USA: Institute of Electrical and Electronics Engineers

/274/ Velicko, O.A.: Anwendung des Laser-Impulsschweißens zur Montage integrierter Schaltkreise auf Leiterplatten; Schweißtechnik, 22(1972)12; S. 562-563

/275/ Anderson, J.E.: Theory and Application of Pulsed Laser Welding; Welding Journal, (1965)12; S. 1018-1026

/276/ Bosna, A.A.; Emmel, J.D.: Use of Lasers in High Speed Termination; 13th Annual Connector Symposium; Philadelphia 8.-9.10.1980; S. 239-247

/277/ Nicolics, J.; Prochaska, G.: Welding with CO_2-Laser as Demonstrated by the Production of NiCr-Ni and Fe-CuNi-Thermocouples; Laser Treatment of Metals, Papers presented at the European Conference Held by DGM (Deutsche Gesellschaft für Metallkunde), Bad Nauheim, 1986; S. 333-340

/278/ Moorhead, A.J.: Laser Welding and Drilling Applications; Welding Journal, (1971)2; S. 97-105

/279/ Aubert, Ph.; Decailloz, C.; Gascion, J.Y.: Analyse et Optimisation du Soudage Laser Par Points; 3éme Colloque International sur le Soudage et la Fusion Par Faisceau d'Elektrons et Laser, 3rd International Colloquium on Welding and Melting by Electrons and Laser Beam, Lyon 5.-9.9.1983; S. 151-158

/280/ Shaped pulses bond leads for TAB Laser Focus World, (1990)6; S. 27-28; PennWell Publishing Company

/281/ Walker, J.: IC-Montage heute und in der Zukunft; Elektronik, (1989)6; S. 122-127; München: Franzis Verlag

/282/ Forrest, G.T.: Pulse Shaping Moves into Electronics Processing; Laser Focus World, (1990)6; S. 32,34,38

/283/ Nowicki, M.: Laser in Elektroniktechnologie und Materialbearbeitung; S. 139-155; 1982, Leipzig: Akademische Verlagsgesellschaft, Geest & Portig K.-G.

/284/ L. Dorn; H. Grutzeck; S. Jafari: Laserstrahlpunktschweißen von Drahtverbindungen aus Nb, Ti, Ni und Kovar, Teil 1: Parameteroptimierung und Festigkeitsverhalten; Verbindungstechnik in der Elektronik, 2(1990)4, S.157-159

/285/ Schumann, H.: Metallographie; Leipzig, 1974, 8. Auflage

/286/ Lancaster, J.F.: Metallurgy of Welding; S. 54-313; 1987, London: Allen & Unwin

/287/ Eichhorn, F.: Werkstoffkundliche Untersuchungen für die Lasermaterialbearbeitung; in Cleemann, L. (Ed.): Laser in der

Fertigungstechnik, Technologie Aktuell Nr.6; S. 37-52; 1987, Düsseldorf: VDI-Verlag

/288/ Houdeau, D.: Einfluß der Wirkung hoher Aufheiz- und Abkühlgeschwindigkeiten auf die Gefügeänderung einiger ausgewählter untereutektoider Stähle, Diplomarbeit im Institut für Metallforschung - Metallkunde - (Fachbereich Werkstoffwissenschaften) der Technischen Universität Berlin, 1985

/289/ Hasson, D.F.; Hamilton, C.H.: Advanced Processing Methods for Titanium Conference Proceedings, The Metallurgical Society of AIME; S. 174-223;

/290/ Kullen, J.: Wirkungsweise und Problematik der Laser-Punktschweißung bei Metallen; Werkstatttechnik, Zeitschrift für industrielle Fertigung, 68(1978)1; S. 13-17; Berlin; Heidelberg: Springer Verlag

/291/ Notenboom, G.: Punktschweißen mit Nd-Lasern; Schweißen und Schneiden '87, Schweißtechnische Tagung in Hannover vom 30.9-2.10.1987, Deutscher Verband für Schweißtechnik; S. 70-71

/292/ Veverka, D.B.: Laser processing centers in production environments;in Duley, W.W.; Weeks, R. (Ed.): Proceedings of SPIE - The International Society for Optical Engineering, Laser Processing: Fundamentals, Applications, and Systems Engineering, Quebec 3-6.6.1986; S. 291-297; USA, Washington;

/293/ Dorn, L.; et al (Ed.): Fügen und Thermisches Trennen; Kontakt und Studium, Bd. 121; Grafenau/Württ.: Expert Verlag, 1984

/294/ Schweißen mit Laser Haas Laser; S. 1-20; Schramberg

/295/ Vanschen, W.: Verbinden wenns klein wird - Anwendungsmöglichkeiten dess Laserstrahlschweißens; Der Praktiker, Schweißen und Schneiden, (1989)7; S. 354-357; Düsseldorf: DVS-Verlag

/296/ Cieslak, M.J.; Fürschbach, P.W.: Laser welding of Aluminum Alloys; Abstracts of Papers Presented at 66th Annual Meeting by AWS (American Welding Society); S. 30-31; 1985, Maimi, USA: American Welding Society

/297/ Decker, I.; Matzeit, A.; Ruge, J.; Schielke, A.: Einfluß von Oberflächenschichten auf die metallurgischen Eigenschaften der Laserstrahlschweißnaht; 2. Europäische Konferenz über Laser-Materialbearbeitung, ECLAT '88, 13.-14.10.1988, Bad Nauheim; S. 42-45; Düsseldorf: VDI-Technologiezentrum

/298/ Bashenko, V V; Kulikov, N V; Surkov, A V: Effect of surface condition and edge preparation on penetration in laser welding; Welding Produktion, (1984)5; S. 27-29

/299/ Amende, W.: Schweißen mit Laserstrahlen; Werkstattblatt Neue Serie, F(1987)1030; S. 1-12; Hoppenstedt Technik Tabellen Verlag GmbH, 1987

/300/ Hirt, A.; Schmid, J.: Punkt- und Nahtschweißen mit dem Festkörperlaser in der Feinwerktechnik; Haas Laser; S. 1-50; Schramberg, 1989

/301/ Zeng, Le: Untersuchung der Eigenschaften von Schweißverbindungen zwischen Drähten aus einer Nickel-Titan-Legierung und austenitischem Stahl; Schweißen und Schneiden, 39(1987)2; S. 79-82

/302/ Drake, J.; Meyer, F.G.: Laserlöten an SMT-Leiterplatten eines Computerherstellers; Feinwerktechnik und Meßtechnik, 94(1986)6; S. 356-357; München: Carl Hanser Verlag

/303/ Baranov, M.S.: The Laser Welding of Kovar to Copper; Welding Production, (1978)5; S. 13-14; Cambridge, England: The Welding Institute

/304/ Kullen, J.: Problematik beim Laserschweißen insbesondere Schweißen von ungleichen Metallpaarungen; Jahrbuch der Deutschen Gesellschaft für Chronometrie; S. 69-81; 1977, Stuttgart: Deutsche Gesellschaft für Chronometrie e.V.

/305/ Velichko, O.A.; Garashchuk, V.P.; Moravskii, V.E.: The Laser Beam Welding of Butt Joints between Dissimilar Metals; Automatic Welding, 25(1972)3; S. 71-73; Cambridge; England: The Welding Institute

/306/ Kreutz, E.W.; Krösche, M.; Treusch, H.G.; Herziger, G.: Surface modelling during lasermicroprocessing; in Bäuerle, D. (Ed.): Proceedings of an International Conference, Laser Processing an Diagnostics, Austria, July 1984; S. 107-115; Berlin, Heidelberg: Springer-Verlag;

/307/ Garashchuk, V.P.; Molchan, I.V.: Certain physical phenomena occuring during the laser beam welding of dissimilar metals; Automatic Welding, 22(1969)9; S. 12-15

/308/ Dorn, L.; Grutzeck, H.; Jafari, S.: Qualitätsbestimmende Einflußgößen beim Laserpunktschweißen von Drahtverbindungen, 3rd European conference on Lasertreatment of Materials, ECLAT '90 in Erlangen; Coburg Sprechsaal Publishing Group

/309/ L. Dorn; H. Grutzeck; S. Jafari: Laserstrahlpunktschweißen von Drahtverbindungen aus Nb, Ti, Ni und Kovar, Teil 2: Metallographie; Verbindungstechnik in der Elektronik, 3(1991)1

/310/ Lindgren, L.; Lindström, L.; Persson, T.; Sotkovszki, P.: Laser Microwelds of Pairs of One-Phase Materials with High Melting Temperatures, SS-V and V-Nb; Zeitschrift für Metallkunde, 77(1986)4; S. 245-248; Stuttgart: Dr. Riederer-Verlag Gmbh

/311/ Däne, K.: Laserschweißen für eine schweißtechnische Aufgabe in der Mikroelektronik; Schweißtechnik, 32(1982)3; S. 112-114; Halle

/312/ Seretsky, J.; Ryba, E.R.: Laser welding of dissimilar metals: Titanium to Nickel; Welding Research Supplement, (1976)July; S. 208s-211s

/313/ Frick, R.J.: Electronic Lead Welding with the Laser; Metal Progress, 1966 September; S. 91-92

/314/ Cantello, M.; Cuciani, D.; Molino, G.: Laserstrahlschweißen mit Leistungen zwischen 100 W und 15kW; 2. Europäische Konferenz über Laser-Materialbearbeitung, ECLAT '88, 13.-14.10.1988, Bad Nauheim; S. 28-32; Düsseldorf: VDI-Technologiezentrum

/315/ :Intelligent Laser Soldering Yields Data for Real-Time Process Control; Proceedings of the Technical Program National Electronic Packageing and Production NEPCON East '88, 1988, Araheim, CA

/316/ Klein, R.; Poprawe, GR..; Wehner, M.: Thermal Processing of Plastics by laser Radiation; in Waidelich, W. (Ed.): Laser/Optoelektronik in der Technik, Vorträge des 8. Internationalen Kongresses Laser 87 Optoelektronik; S. 581-585; Berlin, Heidelberg, London: Springer-Verlag;

/317/ Tomie, M.; Abe, N.; Noguchi, S.; Oda, T.; Arata, Y.: High Power CO_2 Laser Cutting and Welding of Ceramics; in Iwamoto, N. (Ed.): Transactions of JWRI, Vol. 18, No.1,1989; S. 37-41; Welding Research Institute of Osaka University, Japan

/318/ Lan-ying, C.; et al:Experiment Study of laser Welding of Silicon Sheet; Laser Advanced Material Processing, International Conference of High Temperature Society of Japan and Japan Laser Processing Society, Osaka, 21.-23. 5. 1987; S. 227-229

/319/ Spalding, I.J.: Non-Metallic Materials Processing: An Introduction; in Soares, O.D.D.; Prerez-Amor, M. (Ed.): Applied Laser Tooling; S. 82-94; Dordrecht, Niederlande: Martinus Nijhoff Publishers, 1987

/320/ Hamann, C.; Rosen, H.-G.; Scherer, C.: Laserlöten mit dem CO_2- und Nd-Laser; in Waidelich, W. (Ed.): Laser/Optoelektronik in der Technik, Vorträge des 8. Internationalen Kongresses Laser 87 Optoelektronik; S. 553-556; Berlin, Heidelberg, London: Springer-Verlag;

/321/ Langhans, L.: Laserlöten bei SMT; in Schraft, R.; Bleicher, M. (Ed.): Surface mount technologies: SMT; Vorträge des internationalen Kongreß in Sindelfingen, Deutschland, 29.6.-1.7.1987, Oberflächenmontage elektronischer Bauelemente; S. 141-152; Heidelberg: Hüthig Verlag

/322/ Lea, C.: A Scientific Guide to Surface Mount Technology; S. 286-303; Ayr, Schottland UK: Electrochemical Publications Limited

/323/ N.N.:Kriterien bei SM-Relais-Lötverfahren Elektronikschau, (1988)4; S. 24-27; Wien: Erb-Verlag

/324/ Fuchs, G.: Lötanlagen für die Serienfertigung, Massenlötverbindungen; IEE Productronic, 28(1983)7; S. 62-68

/325/ Kämpfer, H.P.; Meili, U.: Kontaktieren in der Mikroelektronik; Elektronik Produktion & Prüftechnik, Sonderteil November 1983; S. 724-725; Konradin Verlag

/326/ Becker, G.: From soldering Iron to Laser - A Review of Soldering Methods for Surface Mounting; Hybrid Circuits, 12(1987)Jan.; S. 22-27

/327/ London, R.: Wellenlöten - Reflowlöten, Metallurgische Konsequenzen der Wahl zwischen den Verfahrensalternativen; Verbindungstechnik in der Elektronik, Löten - Schweißen - Kleben, Vorträge und Posterbeiträge des 4. Internationalen Kolloquiums in Fellbach vom 23.-25.2.1988; S. 174-177; Düsseldorf: DVS-Verlag

/328/ Altendorf, R.: Reflowlöten in der Elektroniktechnologie; Schweißtechnik, 38(1988)11; S. 513-514; Berlin: VEB Verlag Technik

/329/ Wassink, K.: Weichlöten in der Elektronik; Saulgau/Württ.: Eugen G. Lenze Verlag

/330/ Meyer, F.G.: Laserlöten unter besonderer Berücksichtigung der SM-Technologie und des Lötens an schwer zugänglichen Stellen; Weichlöten in Forschung und Praxis, Vorträge des Hochschulkolloquiums, 22.-23.2.1989, DVS-Berichte, Bd. 122; S. 70-71; Düsseldorf

/331/ Laser-Mikrosoldering-Systems Apollo Lasers Inc.; S. 1-8; Chatsworth, Kanada

/332/ N.N.: Löten mit dem Laserstrahl Elektronik-Technologie/Elektronik-Anwendungen/Elektronik-Marketing,EEE, (1988)10; S. 32; Leinfelden-Echterdingen: Konradin Verlag

/333/ Nicolics, J.: Einsatz eines Lasers zum Feinstdrahtlöten; Verbindungstechnik in der Elektronik, Vorträge und Posterbeiträge des 5. Internationalen Kolloquiums in Fellbach, 20.-22.2.1990, DVS-Berichte Bd.129; S. 190-193; Düsseldorf: DVS-Verlag

/334/ Lish, E.F.: Application of Laser Microsoldering to printed wiring assemblies; IPC 28.Annual Meeting, April, 1985, New Orleans; S. 10-20

/335/ Burns, F.; Zyetz, C.: Laser Microsoldering; Proceedings of the Technical Programm National Electronic Packaging and Production Conference; NEPCON 1981; Chicago; S. 115-125

/336/ Lea, C.: Laser Soldering of Surface Mounted Assemblies; Hybrid Circuits, 12(1987)1; S. 36-41

/337/ Miller, C.B.: Lasers as Reflow Soldering Tools; Hybrid Circiut Technology, 5(1988)7; S. 27-31; 1988, Illineouis, Libertyville

/338/ Elza, D.: Technical Paper od Society of Manufacturing engineers, Paper AD86-242; Soldering and Wire Stripping: Two Unique Laser Applications, 1986; S. 1-6; Michigan: Society of Manufacturing Engineers

/339/ Ringle, H.: Präzisionsinstrument, Wann das Laserlöten heute schon wirtschaftlich ist; Elektronikpraxis, 15(1989)8; S. 32-37

/340/ Miura, H.: Overview of YAG-Laser-Soldering Systems; Electronic Manufacturing, 34(1988)2; S. 43-49

/341/ N.N.:Mit dem Laser zweistrahlig löten Markt & Technik, 26(1987)Juni; S. 29

/342/ Okino, k.; Ishikawa, K.; Miura, H.: YAG Laser Soldering System for Fine Pitch Quad Flat Package; Proceedings, International Electronic Manufacturing Technology Symposium, 1986, IEEE; S. 152-157, Piscataway, USA: Institute of Electrical and Electronics Engineers

/343/ Mizutani, T.; et al:QFP Placement and Solder Reflow System; Proceedings, International Electronic Manufacturing Technology Symposium, 1987, IEEE; S. 12-15; Piscataway, USA: Institute of Electrical and Electronics Engineers

/344/ Horneff, P.; Treusch, H.-G.: Temperaturgeregeltes Lasermikrolöten; Verbindungstechnik in der Elektronik, Vorträge und Posterbeiträge des 5. Internationalen Kolloquiums in Fellbach, 20.-22.2.1990, DVS-Berichte Bd.129; S. 62-65; Düsseldorf: DVS-Verlag

/345/ Möller, W.: Temperaturgesteuertes Laser-Mikrolöten. Ein neues Verfahren zur Oberflächenmontage von Leistungsships; in Schraft, R.; Bleicher, M. (Ed.): Surface mount technologies: SMT; Vorträge des internationalen Kongreß in Sindelfingen, Deutschland, 29.6.-1.7.1987, Oberflächenmontage elektronischer Bauelemente; S. 153-164; Heidelberg: Hüthig Verlag

/346/ Vanzetti, R.; Fikiet, G.: New laser soldering has vision; Industrial Applications of Robotics and Machine Vision, IECON '87, 5-6.11.1987 Cambridge, Massachusetts, SPIE Volume 856, in Abromovich, A. (Ed.): International Conference on Industrial Electronics, Control, and Instrumentation; S. 717-721;

/347/ N.N.: Laserlicht verbindet. Positions- und temperaturgenaues Laser-Mikrolöten Moderne Fertigung, 15(1988)3; S. 42-46; München

/348/ Vanzetti, R.: Lasersoldering controlled and Inspected in Real-Time with Infrared Feedback; Proceedings of the Technical Program, NEPCON West '89; S. 117-125; Araheim, Kanada

/349/ Vanzetti, R.; Traub, A.C.: Eliminating Electronic Component Stresses through Controlled Laser Soldering; Hybrid Circuits, 17(1988)Sept; S. 12,13,16; Middlesex, Ruislip

/350/ Alper, R.I.: Lasers Light Way to Better PCB Solder Joints; Research & Development, 29(1987)3; S. 99-104; Chikago, Illoneous

/351/ Miles: Laser Soldering and Inspection; Electronic Production, 18(1989)2; S. 17-21; London

/352/ Chang, D.U.: Analytical investigation of thick film ignition module soldering by laser; International congress on Applications of Lasers and Electro-optics,11.-14.11.1985 San Francisco, ICALEO '85; S. 27-38; Berlin, Heidelberg: Springer-Verlag

/353/ Laser-Mikro-Löten, Kennziffer 79 Apollo Lasers Inc.; S. 1; Chatsworth, Kanada

/354/ Alavi, M.: Büttgenbach, S.: Löten von Feindrähten auf Cu-Anschlußflächen mit Laserstrahl; Laser und Optoelektronik, (1988)2; S. 52-54; Stuttgart: AT-Fachverlag

/355/ Richards, D.: Laser Soldering Makes its Marks; Elektronik Production, 16(1987)3; S. 49-50, Heidelberg

/356/ Rose, J.: Soldering Miltary/Aerospace Systems; Connection Technology, 4(1988)1; S. 29-31; Illineouis, Libertyville

/357/ Gugg, A.: Löten mit Laser; IEE Productronic, 29(1984)7/8; S. 44-45

/358/ Hall, D.R.: Whitehead, D.G.; Polijanczk, A.V.: A laser Soldering System for Surface Mounted Components; in Steen, W.M. (Ed.): Proceedings of the 4th European Conference, Lasers in manufacturing, 12-14 May 1987 Birmingham; S. 133-138; Berlin, Heidelberg, London: Springer-Verlag;

/359/ Alavi, M.; Lorenz, M.; Büttgenbach, S.: Gefüge und Zusammensetzung lasergelöteter Mikroverbindungen: Untersuchung intermetallischer Schichten durch hochauflösende Oberflächenanalyse; Verbindungstechnik in der Elektronik, Vorträge und Poster-Beiträge des 5. Internationalen Kolloquiums in Fellbach, 20-22.2.1990, Fellbach; S. 232-234; Düsseldorf: DVS-Verlag

/360/ Möller, W.; Knödler, D.; Vayhinger, K.U.: Laser-Mikrolöten mit Temperatur- und Zeitsteuerung; Opto Elektronik Magazin, 4(1988)8; S. 684-689; Coburg: Sprechsaal Publishing Group

/361/ Lea, C.: Laser Soldering - Production and Microstructeral Benefits for SMT; Soldering and Surface Mount Technology, (1989)2; S. 13-21; England Teddington

/362/ Thwaites, C.J.; Warwick, M.E.: Beobachtungen zum Verhalten von Weichlötstellen unter Spannungen und erhöter Temperatur; Weichlöten in Forschung und Praxis, Vorträge des Hochschulkolloquiums München 4.-5.10.1983; S. 82-141; Düsseldorf: DVS-Verlag

/363/ Kühn, W.: Grundlagen und Praxis der SMT; Teil 2: Verbindungstechniken; Elektronik Entwicklung, (1988)11; S. 18-28

/364/ Chang, D.U.: Experimantal Investigation of Laser Beam Soldering; Welding Journal, (1986)10; S. 33-41; New York: American Welding Society

/365/ Chang, D.U.: Critical thermal radius in Laser soldering; in Metzbauer, E.A. (Ed.): Procedings of 2. International on Applications on Lasers in Material Processing, ASM ,24.-26.1.1983 Los Angeles; S. 218-228;

/366/ Nakahara, S.; Masayuki, M.; Hisada, S.: Estimation of Volume of Molten Solder in Laser Soldering; Proceeding of Laser Advanced Materails Processing, LAMP '87, Osaka 1987; S. 231-236

/367/ Sona, A.: Operation of a Laser Facility: Maintenence - In Process Diagnostics - Investment and Running Costs; in Soares, O.D.D.; Prerez-Amor, M. (Ed.): Applied Laser Tooling; S. 261-266; 1987, Dordrecht, Niederlande: Martinus Nijhoff Publishers

/368/ Kramer, R.; Beyer, E.; Loosen, P.; Herziger, G.: Strahldiagnostik an fokussierter und unfokussierter Laserstrahlung; in Waidelich, W. (Ed.): Laser/Optoelektronik in der Technik, Vorträge des 8. Internationalen

Kongresses Laser 87 Optoelektronik; S. 358-363; Berlin Heidelberg, London: Springer-Verlag,

/369/ Hibberd, R.H.; Li, L.; Steen, W.M.: In-process laser power monitoring and feedback control; Proceedings of the 4th Int. Conf. on Lasers in Manufacturing, May 1987; S. 165-176; Berlin, Heidelberg, New York

/370/ Lim, G.C.; Steen, W.M.: Laser Beam Analyser; Proceedings of the 1st International Conference on Lasers in Manufacturing, 1.-3.November, Brighton, England: North-Holland Publishing Company; S. 161-167;

/371/ Oakley, P.J.: The measurement of laser beam parameters; in Oakley, P.J. (Ed.): Laser welding, cutting and surface treatment; Cambridge; England: The Welding Institute

/372/ Stützel, P.: Laserenergiemessung; Opto Elektronik Magazin, 4(1988)3; S. 289-290

/373/ Bohmeyer, W.: Anwendung pyroelektrischer Sensoren in der Lasertechnik; in Waidelich, W. (Ed.): Laser/Optoelektronik in der Technik; Laser/Optoelectronics in Engineering; Vorträge des 8.Internationalen Kongresses; Proceedings of the 8th International Congress; Laser 87 Optoelektronik; S. 370-373; Berlin, Heidelberg, London: Springer-Verlag;

/374/ Balzer, R.: Mode-Monitoring and Laser Beam Parameter Controlling System; in Waidelich, W. (Ed.): Laser/Optoelektronik in der Technik, Laser/Optoelectronics in Engineering; Vorträge des 8.Internationalen Kongresses; Proceedings of the 8th International Congress; Laser 87 Optoelektronik; S. 379-382; Berlin, Heidelberg London New York, Tokyo;

/375/ Harry, J.E.: Industrial Lasers and their Application New York: Mac Graw Hill

/376/ Meyerhofer, D.: Measurement of the Beam Profile of a CO_2-Laser; IEEE-Journal of Quantum Electronics 1968, S.969; The Institut of Electrical and Electronics Engineers, Richmond

/377/ Loosen, P.; Bakowsky, L.; Herziger, G.: Werkstoffbearbeitung mit Laserstrahlung; Teil 3: Diagnostik von CO_2-Laserstrahlung hoher Leistung; Feinwerktechnik und Meßtechnik, 92(1984)1; S. 11-15

/378/ Sziranyi, T. et al: Measurement of Laser-Beam-Diameter of Some υm by Moving CCD Sensor; in Waidelich, W. (Ed.): Laser/Optoelektronik in der Technik; Laser/Optoelectronics in Engineering; Vorträge des 8.Internationalen Kongresses; Proceedings of the 8th International Congress; Laser 87 Optoelektronik; S. 374-378; Berlin, Heidelberg London New York, Tokyo;

/379/ Beyer, E.; Loosen, P.; Herziger, G.: Entwicklung der Lasertechnik und Bedeutung für die Materialbearbeitung; Laser und Optoelektronik, (1985)3; S. 274-277

/380/ Firmenschrift Fa. Promotec

/381/ Reichl, H.; Zakel, E.: Zuverlässigkeitsuntersuchungen an TAB-Kontaktierten integrierten Schaltungen; Verbindungstechnik in der Elektronik, VTE, (1989)3; S. 125-139; Düsseldorf: DVS-Verlag

/382/ Watson, M.N.; Oakley, P.J.: Laserwelding - Techniques and Testing; in Kimmitt, M.F. (Ed.): Proceedings of the 1st International Conference on Lasers in Manufacturing, 1.-3.November, Brighton, England: North-Holland Publishing Company; S. 133-139;

/383/ Hoffmann, R.; Hofman, J.: Einführung in die Optimierung; 1971 Deutschland/Weinheim

/384/ Schwefel, H.P.: Einführung in die Optimierung; S. 68-71; Basel: Birkhäuser Verlag

/385/ Dorn, L; Jüch, A.: Statistisches Optimieren der Einstellwerte beim Widerstandsschweißen. DVS-Berichte, Bd. 70, Deutscher Verlag für Schweißtechnik, Düsseldorf (1978), S.9-15

/386/ Jüptner, W.; Kreis, Th.; Rothe, R.; Sepold, G.: Qualitätssicherung beim Laserschweißen durch Auswertung der Plasmadynamik; Qualität und Zuverlässigkeit, 32(1987)1; S. 23-28; München: Carl Hanser Verlag

/387/ Gatzweiler, W.; Maischner, D.; Beyer, E.: Messung von Plasmadichtefluktuation und Schallemission beim Laserstrahlschweißen zur Prozeßüberwachung; Laser und Optoelektronik, 20(1988)5; S. 64-69

/388/ Alavi, M.; Lorenz, M.; Büttgenbach, S.: Lichtemmision während des Schweißprozesses; Laser und Optoelektronik, 21(1989)3; S. 69-72

/389/ Stark, W.; Deimann, R.; Habenicht, G.: Untersuchungen zum Einsatz der Schallemissionsanalyse (SEA) bei der Überwachung des Laserpunktschweißprozesses; Opto Elektronik Magazin, 5(1989)3; S. 314-318; Coburg

/390/ Jon, M.C.: Noncontact Acoustic Emission Monitoring of Laser Beam Welding; Welding Journal, (1985)9; S. 43-48; Maimi, USA: American Welding Society

/391/ Deimann, R.; Habenicht, G.; Stark, W.: Einsatz der Schallemissionsanalyse (SEA) zur begleitenden Gütesicherung des Laserstrahlpunktschweißprozesses; 2. Europäische Konforenz über Laser-Materialbearbeitung; ECLAT '88; (2nd European Conference on Laser Treatment of Materials); DVS-Berichte 113; S. 54-58; Düsseldorf

/392/ Duncan, H.: Optical detection system for the evaluation of Laser welds; Review of Scientific Instruments, 55(1984)10; S. 1585-1589; American Institute of Physics

/393/ Petzow, G.: Metallographisches Ätzen; Berlin, Stuttgart, 1976

/394/ Benecke, R.: Ultraschallprüfung für Laserschweißungen im Automobilbau; Laser Zentrum Hannover; 1990, Hannover

/395/ Herren, P.: Bearbeitungslaser nutzen die Faseroptik; Technische Rundschau, 20(1987); S. 20-21

/396/ Egbert, E.U.: Handhabung zum Führen eines Nd:YAG-Laserstrahles; Laser und Optoelektronik, 21(1989)3; S. 60-61

/397/ Roos, S.: Laser-fibre-robot system in high precision manufacturing; in Quenzer, A. (Ed.): Proceedings of the 3rd International Conference on Lasers in manufacturing, 3-5 June 1986 Paris, France; S. 321-328; Berlin, Heidelberg: Springer-Verlag;

/398/ Notenboom, G.; Nonhof, C.: Beam Delivery Technology in Nd:YAG Laser Processing; Laser Advanced Material Processing, International Conference of High Temperature Society of Japan and Japan Laser Processing Society, Osaka, 21.-23.5.1987; S. 107-111

/399/ Schönborn, K.-H.: Faseroptische Lichtleiter für die industrielle Fertigung; Internationaler Laser-Kongress, Kongreßband; S. 91-95

/400/ Harada, T.: Precision Machining Technology by YAG Laser Using a Fiber-Optic System; Toshiba Review, No.157(1986)Autumn; S. 29-33; Tokyo

/401/ Seiler, P.: Schweißen mit YAG-Laser; Feinwerktechnik und Meßtechnik, 96(1988)7-8 Sonderteil: Laseranwendungen im Gerätebau; S. 305-308; München: Carl Hanser Verlag

/402/ Homburg, A.; Meyer, C.: Strahlanalyse eines kW-Festkörperlasers mit Lichtleitfaser; Laser Magazin, (1989)4; S. 19-25; Magazin Verlag

/403/ Schildbach, K.: Mode Coupling in Optical Fibres /Used for Laser Spot Welding; in Waidelich, W. (Ed.): Laser/Optoelektronik in der Technik, Laser/Optoelectronics in Engineering; Vorträge des 8.Internationalen Kongresses, Proceedings of the 8th International Congress; Laser 87 Optoelektronik; S. 501-505; Berlin, Heidelberg, London: Springer-Verlag;

/404/ Schönborn, K.-H.: Faseroptische Lichtleiter für die industrielle Fertigung; Laser Magazin, (1988)3; S. 19-24; Berlin: Magazin Verlag

/405/ Meyer, F.G.: Erste Ergebnisse aus dem Bereich Laserlöten bei SMT; Weichlöten in Forschung und Praxis, Vorträge des Hochschulkolloquiums in München vom 10.-12.9.1986; S. 82-87; Düsseldorf: DVS-Verlag

/406/ Hering, P.: Neues über optische Fasern für gepulste Laser; Laser und Optoelektronik, 20(1988)5; S. 48-53

/407/ Pfister, R.; Buchholz, J.: Nd:YAG Laser in Verbindung mit flexiblen Lichtleitern: die Lösung für automatisiertes Schweißen und Schneiden mit Robotern; Opto Elektronik Magazin, 5(1989)3; S. 304-308; Coburg

/408/ Weber, H.P.; Hodel, W.: High power laser transmisson through optical fibers for materials processing; in Belforte, D.; Levitt, M. (Ed.): The Industrial Laser Annual Handbook; S. 33-39; 1987, Oklahoma, USA: PennWell Publishing Company

/409/ Gascion, J.-Y.; Juguet, Y.; Aubert, P.; Bouilly, P.; Crettiez, A.: Pulsed YAG
Laser Welding and Cutting with Energy Transmission in Optical Fibre; Laser
Advanced Material Processing, International Conference of High Temperature
Society of Japan and Japan Laser Processing Society, Osaka, 21.-23.5.1987; S.
113-118

/410/ Beske, E.U.: 3D-Bearbeitung mit kW-YAG; Fertigung, (1989)5; S. 68-75;
Landsberg: Publikationsgesellschaft Verlag Moderne Industrie

/411/ Forbes, N.: Optical problems of beam delivery; Proceedings of the 2nd
International Conference on LASERS IN MANUFACTURING; S. 309-318;
1985, England, Oxford: Cotswold Press

/412/ Eberlein, R.H.: Fiber Optik Interconnect System for High-Power Laser
Transmission, in Waidelich, W. (Ed.): Laser/Optoelektronik in der Technik,
Vorträge des 8. Internationalen Kongresses Laser 87 Optoelektronik; S. 497-
500, Berlin, Heidelberg, London: Springer-Verlag;

/413/ Goethals, W.A.E.: A Fiber Multiplexer for Industrial Nd:YAG-Lasers; Laser &
Optronics, 8(1989)3; S. 43-46

/414/ Goethals, W.A.E.: Optischer Glasfaser-Multiplexer für industrielle Nd:YAG
Laser; Laser Magazin, (1988)4; S. 10-12; Berlin: Magazin Verlag

/415/ Mass-production Technology for small Electron Guns of Color Picture Tube
Mainly Based on Laser Welding Research and devolopment in Japan awarded
the Okochi memorial prize 1982; S. 64-71

/416/ Dawes, C.J.; Johnson, K.I.; Watson, M.N.: Development in LaserWelding of
Sheet and Plate; Electron and laser beam welding: Proceedings of the
international Conference held in Tokyo, Japan, 14-15. 7. 1986; S. 213-223;
New York, Oxford: Pergamon Press

/417/ Willey, J.: Robotic assebly of traveling wave tube electron guns; Society of
Manufacturing Engineers, Technical Paper Ms87-491; S. 1-7, 1987

/418/ Seiler, P.: Experience with Laser on Automated Spotwelding Duties; Industrial
& Production Engineering, (1985)2; S. 74-77

/419/ N.N.: Laser-Welding Robots Tackle Automobile Production; Photonics Spectra;
(1988)November, S.139

/420/ Papsons, G.H.: Laser Processing Systems in Production Plant; in Soares,
O.D.D.; Prerez-Amor, M. (Ed.): Applied Laser Tooling; S. 235-241; 1987,
Dordrecht, Niederlande: Martinus Nijhoff Publishers

/421/ Flick, W.: Verkettung des Lasers im Produktionsablauf; Internationaler Laser-
Kongress, 1988, Kongreßband; S. 80-82

/422/ Fumagalli, R.: 3D-Laserschneiden und -schweißen in der Automobilindustrie;
Laser Magazin, (1988)4; S. 14-17; Berlin: Magazin Verlag

/423/ Flick, W.: Verkettung des Lasers im Produktionsablauf; Laser Magazin,
(1988)5; S. 30-32; Berlin: Magazin Verlag

/424/ Benecke, R.: Werkstoff- und verfahrenstechnische Untersuchungen zum
dreidimensionalen Schweißen im Feinblechbereich; Laser Zentrum Hannover;
S. 1-2; Hannover, 1990

/425/ Gonschior, M.: CAD/CAM-System für die Lasermaterialbearbeitung; Industrie
Anzeiger, 35/36(1990); S. 39-42

/426/ Geiger, M.; Hoffmann, P.; Biermann, S.: Kombiniertes 3D-
Laserstrahlschneiden und -schweißen: Ein neues Verfahren für die
Karosseriefertigung; Opto Elektronik Magazin, 5(1989)6; S. 543-547; Coburg

/427/ Pritschow, G.; Renz, B.; Wurst, K.-H.: Konzeption von
Strahlführungssystemen für Laserbearbeitungszentren und Industrieroboter;wt
Werkstattstechnik 80(1990), S.559-564

/428/ Tönshoff, H.K.: CAD/CAM-System für die Lasermaterialbearbeitung;
Industrieanzeiger 35/36(1990); S.39-40

/429/ König, W.; Schmitz-Justen, Cl.; Willerscheid, H.: Lasermaterialbearbeitung im
Mehrstationenbetrieb; Internationaler Laser-Kongress, 1988, Kongreßband; S.
86-88

/430/ Fumagalli, R.: 3D-Laserschneiden und -schweißen in der Automobilindustrie
durch 6-Achsen-Portalroboter; Internationaler Laser-Kongress, Kongreßband;
S. 89-90

/431/ Gonschior, M.; Kader, R.: Simulation von NC-Programmen für die Lasermaterialbearbeitung; Laser Magazin, (1990)3; S. 14-19; Magazin Verlag

/432/ Fuchs, K.: Flexible, sensorgesteuerte Robotersysteme, Dissertation RWTH der TH Aachen, 1987

/433/ Ding, P.; Sun, N.: A seam tracking system based on welding process parameters, Welding International (1989)2, S.98-101

/434/ Sutter, E.; Schreiber, P.; Ott, G.: Handbuch Laserstrahlenschutz; Grundlagen, Vorschriften, Schutzmaßnahmen; S. ; Berlin, Heidelberg, New York: Springer Verlag

/435/ Laser; Sicherheitstechnische Festlegungen für Lasergeräte und -anlagen; Normen S. 65-110; Berlin: Beuth-Verlag

/436/ Herbrich, H.: Lasertechnik - Normung, Stand und Ausblick; Internationaler Laser-Kongress, 1988, Kongreßband; S. 146-148

/437/ Klein, R.; Poprawe, R.: Kunststoffe mit Laserstrahlen bearbeiten, Laser-Praxis, Okt. 1990, Carl Hanser Verlag, S. LS 114 - LS 118.

/438/ Donges A.: Physikalische Grundlagen der Lasertechnik, Dr. Alfred Hüthig Verlag, Heidelberg, 1988.

/439/ Weber, H.; Herziger, G.: Laser, Grundlagen und Anwendungen, Physik Verlag, 1978.

/440/ Notenboom, G.: persönliche Mitteilung, Philips AG, 1985

17 Stichwortverzeichnis

A

Abkühlgeschwindigkeit 83
Abschirmeffekt 66
Absorption 56, 78
   anomal 63
   Verlauf 61
Absorptionskoeffizient 58
   Plasma 66
Absorptionsverhalten
   spektral 59
Absorptionsverlauf 61, 62, 78
Acrylprismenkeil 176
Adsorptionsschicht 60
Akusto-optischer Effekt 15
Akusto-optischer Modulator 161
Akusto-optischer Schalter 15
Akustooptischer Schalter 74
Alexandrit 19, 26
Anfangsabsorption 78
Anfangsabsorptionskoeffizient
   Beeinflussung 78
Anregung 3
Antriebe 207
Ätzen 186
   chemisch 186
   elektrolytisch 186
   potentiostatisch 186
Aufhärten 137
Auflegieren 104
Aufschmelzvolumen 108
Auftragsraten 104
Auftragsschweißen
   Legierungen 103
Aufweitoptik 71
Augenschutz 210
Autoradiographie 190

B

Bahnsteuerungen 207
Ball-Wedge-Bonden 39

Bauelemente
   oberflächenmontiert 152
Bauteilverzug 109
Beobachtungsoptik 20
Besetzungszahlen 4
Bestrahlung
   Berechnung 211
Betrieb
   kontinuierlich 16
   quasikontinuierlich 16
Bindung
   chemische 137
   intermetallische 134
   metallische 134
Blitzlampe 20
   Anregung 18
   Lebensdauer 18
Boltzmann-Konstante 4
Bördel- oder Parallelstoß 106
Brechungsindex 56
Brennpunktlage 176
Brillianstreuung 201
Bügellöten 153

C

CO-Laser 28
CO_2-Laser 26
   Wirkungsgrad 26

D

Dampfdruck 140
Dampfphasenlöten 154
Dauerstrichlaser 20
Defokussierung 77
Dendrite 135
Desoxidianten 140
Detektoren
   fotoelektrisch 172
   pyroelektrisch 173
Dichtschweißen 46, 97

Dielektrischer Durchbruch 197
Dielektrizitätskonstante 56
Diffusionszone 165
Diodenlaser 25
Divergenz
    Nd-Laser 19
Divergenzwinkel 7
Draht
    Laserstrahlstumpfschweißen 119
    Leiterbahnen 119
Draht-Draht- und Draht-Blech-
        Verbindungen 111
Drahtblechverbindung 113
Drähte
    lackisolierte 117
    parallel 112
    Stanzbiegeteile 113
Drahterhitzung 173
Drahtverbindungen
    Toleranzen 121
Drei-Niveau-Festkörperlasers 5
Drei-Niveausystem 4
Dunkelfeldbeleuchtung 187
Dünnschichtfilmsubstrate 119
Durchstrahlungsmikroskop 188
Durchstrahlungsradiographie 190

E

Eckverbindungen 106
Einschwingvorgang 10
Elektrische und thermische
        Leitfähigkeitsprüfung 192
Elektronenmikroskopie 188
Elektronenstrahlmikroanalyse 190
Elektronenstrahlschweiß-anlage 45
Elektronenstrahlschweißen 44
Emission
    induziert 4
Emissionselektronenmikroskop 188
Emmision
    spontan 4
    stimuliert 4
EMS-Analyse 190
Energie
    nichtthermische 4
Energieausnutzung 86
Energieband
    instabiles 4
Energieniveaus
    breitbandig 16
Energieverteilung
    aufgeweiteten Laserstrahl 13
Erstarrung 134
Erstarrungsprozeß 134
Excimerlaser 28

F

Farben 142
Faser
    Biegekräfte 199
    Biegeradien 198
    Kerndurchmesser 198
    Kopplungssystem 201
    Strahlqualität 198
    Übertragungsleistung 197
    Verluste 200
Faserenden
    Zerstörschwelle 197
Faserkabel 194
Faserkern 195
Faserummantelung 198
Feinfokusverfahren 184
Feldelektronenmikroskop 188
Fernfeldabbildung 12
Festigkeitsprüfungen 191
Festkörperlaser 16
    dioden-gepumpt 26
Flüssigkeitskristall-Zellen 14
Flußmittel 151
Fokusdurchmesser 11
Fokuslage 77
    Strahldivergenzen 12
Fokussierung 7
        Nd:YAG-Laser 10
Folien 186

G

Galvanometerspiegel 204
Gas 139
Gasdruckes 95
Gasentladungslampen 20
Gaslaser 16
    Anregung 26
GGG-Laser 26
Glasfasern
    Justieren 198
Glasfaserstrang 194
Gleichgewicht
    thermisch 4
Gradientenindexfaser 196
Grundzustand 4

H

Halbleiterlaser 16
Härteprüfung 192
Hartlöten 49, 151
Hartlötverfahren 50
Heftnaht 97
Heißrisse 138

Heißrissen 108
Heißrißtemperaturbereich 139
HF-Anregung 27
Hochfrequenzanregung 27
Hochleistungslasern 16
Hochtemperaturlöten 151

I

Impulsfolgefrequenz 71
   Schwankungen 72
Impulsverlauf
   zeitlich 10
Infrarotlöten 155
Inkohärente
   Wellenzüge 3
Interferenzkontrast 187
Inversion 4
Ionisierungspotential
   Gase 92
Irisblende 175
Isolierlacke 79

K

Kalorimeter 171
Kaltrisse 139
Keramik 29
   Schweißen 150
Kerbwirkung 106
Kleben 50
Klebstoffe 50
Kohärenz 6
   räumlich 6
   zeitlich 6
Kondensatorbatterie 19
Konvektion 82
Kornverfeinerung 135
Kornvergröberung 135
Körperschallwellen 182
Kristallisation
   gerichtete 135
Kristallstrukturen 135
Kugelfotometer 58
Kunststoffe 35
   Kennwerte 149
   Schweißen 149
Kurzzeitversuch
   statisch 191

L

Langzeitversuch
   dynamisch 192
   statisch 192
Laser
   parallel 23

Laserauftragsschweißen 102
Laserbonden 120
Laserhartlöten 168
Laserhochtemperaturlöten 169
Laserimpulsverlaufsteuerung 72
Laserlötanlagen 152
Laserlöten 151
   Regelkreis 161
Laserschutzbeauftragter 210
Laserschutzbrille 214
Laserschweißanlagen 204
Laserschweißbarkeit
   Metallkombinationen 148
   NE-Metalle 143
Laserschweißeignung 142
Laserstrahl
   divergent 7
   kontinuierlich 23
Laserstrahlparameter 170
Laserstrahlqualität
   normiert 10
Laserweichlöten 152
LCCC 164
Legierung
   eutektische 140
Leistungsdichte 11, 70
Leistungsdichten 47
Leistungsdichteverlauf
   Fokus 9
Leistungsdichteverteilung 8
   gaußförmige 8
   Messung 174
Leistungsmessung 171
Leiterbahnen 119
Licht
   polarisiert 81
Lichtleitfaser 194
Lichtmikroskopie 186
Lichtquellen 16
Linsen
   Verschieben 204
Linsenfehler 14
   sphärisch 14
Linsenwerkstoffe 27
Linsenwirkung 19
Lochblende 175
Löten
   Leistungshalbleiterbauelementen
     167
   Regelung 161
Lotkugeln 162
Lotplattierung 159
Lunker 141
Lunkerbildung 93

M

Magnetpulververfahren 184
Martensitphasen 137
Massenspektrometer-Lecksuchgeräte
   100
Masseverlust 69
Mehrfachresonatoren 23
Metalldampfablösung
   Geschwindigkeit 68
Metallen
   ungleiche 145
Metallographie 185
Metallüberzüge 80, 142
Mikrofokusverfahren 190
Mikromaterialbearbeitung 25
Mikroplasma 67
Mikroporosität 140
Mikroschweißnähte 46
Mischbestückung 153
Moden 8
   rotationssymmetrischen 8
Modenausbildung
   unstabile 9
Modenblenden 19
Modenformen 8
Modenkopplung 72
Modenstruktur 8, 75
Modenzahl
   CO_2-Laser 10
Monomodefaser 196
Monomodelaser 8
   Einschwingvorgang 75
Monomodenlaser 75
Multi-rod-systems 22
Multimodebetrieb 27
Multimodelaser 8
Multimodelasern
   Spiking 11
Multiplexer 202
MZB-Wert 211

N

Nahfeldabbildung 12
Nahtschweißen 95
   Hochleistungs-Festkörperlaser
      100
   Überlappungsgrade 95
Nd-GSGG-Lasern 26
Nd-Laser 18
Neodym 18
Niveau
   energiearm 3
   metastabiles 4
Numerische Apertur 195

O

Oberfläche
   schräge 68
Oberflächen
   geschwärzt 79
Oberflächenabsorber 171
Oberflächenrauheit 79
Oberflächenschichten 80
   Absorption 58
Oberflächenspannung 110
Ofenlöten 154
Ölfilme 142
Optik
   Gaußsche 7
Optische
   Schalter 14
Oxidschichten 58, 80, 142

P

Paste 159
Phasenkontrastverfahren 187
Phasenübergänge
   Energien 83
Photomultiplier 172
Photonendragdetektor 173, 175
Physisorption 60
Planck'sches
   Wirkungsquantum 3
Plasma
   Partikelgröße 68
   Wegblasen 92
Plasmaausbildung 66, 182
   CO_2-Laserschweißen 66
   Nd-Laser 67
Plasmadynamik 180
Plasmaschweißen 42, 43
Plasmastrahlung
   Analyse 181
Plasmawolke
   Transparenz 69
Plättchen 114
Pockelszelle 14
Polarisation 25
Polarisiertes Licht 188
Polarisierung
   Laserlicht 61
Polieren 185
Porenbildung 102
Positioniersysteme- 204
Programmierung 206
Prozeßkontrolle 180
Prozeßregelung 180
Prozeßverlauf
   Laserschweißen 56

Prüfung
    optische 184
Prüfverfahren
    Kunststoffe 148
Pulsbetrieb 16
Pulsformung 74
Pulsleistungen
    CO_2-Laser 27
Pulveráuftragsschweißen 104
Punkt-zu-Punkt-Steuerungen 207
Punktschweißverbindungen 30

Q

Q-Switch 15
Qualitätskontrollkarten 184
Qualitätsplanung 177
Qualitätssicherung 177
Qualitätssicherungsmaßnahmen 178
Quarzglas
    Schweißen 150

R

Radiographie 190
Radiographische Untersuchung 184
Ramanstreuung 200
Rasterelektronenmikroskop 188
Rauhtiefen 78
Rechenmodelle 87
Reflektor 20
    halbkugelförmig 63
Reflexionsverfahren 191
Reproduzierbarkeit 78
Resonatoren
    instabil 19, 20
    quergeströmt 27
    stabil 19, 20
Reststrahlung 210
Roboter 206
Rotierende Hohlnadel 175
Rotierender Spiegel 172
Rubinlaser 17

S

Sammellinse
    Brennweite 11
Schälbeanspruchung 106
Schallemissionsanalyse 184
Schallwellen 182
Schalter
    elektrooptischer 75
Schaltungsträger
    flexible 167
Schärfentiefe 12
Scherzugbeanspruchung 106

Schichtdicken 104
Schichten
    anorganisch 58
Schliffoberflächen 185
Schlitzblende 175
Schmelzbrücke 113
Schmelze
    Oberflächenspannung 93
Schmelzenthalpie 82
Schmelzzonenformen 41
Schrumpfkräfte 108
Schrumpfspannungen 102
Schutzgas 91
    Ionisierungsenergie 91
    Plasma 91
    querströmend 68
    Versprödung 92
    Wärmeleitfähigkeit 91
    WIG 40
Schutzgasdüse
    Gestaltung 94
Schutzgaszuführung 93
Schwallöten 154
Schweißbarkeit
    Stahl 144
Schweißeignung
    Ultraschallschweißen 37, 38
    Widerstandsschweißen 34
Schweißen
    dünne Bleche 96
    Nichtmetalle 147
Schweißfehler 97
Schweißgeschwindigkeit 81, 95
Schweißpunkte
    überlappend 95
Schweißpunktoberfläche
    Aufwölben 93
Schweißqualität
    Einflüsse 181
Schweißverbindungen
    ungleiche Metalle 145
Schweißverfahren
    Vergleich 47
Schweißzone 135
Schwellwert
    Plasma 66
Schwellwertleistungsdichte 67
Sensoren
    akustisch 208
    induktiv 208
    interne 207
    kapazitiv 208
    pneumatisch 208
Sicherheitsmaßnahmen 209
Sicherheitsverriegelung 210
Sinterwerkstoffe 142
Slablaser 24

SMD 152
SMD-Chipträger 163
Solderballing 162
Sollwert 180
Sonotroden 36
Spannungen
    thermisch 22
Spiegel 20
Spikes 75
Spiking 10
Stanzbiegeteile 113
Stellgröße 180
Stengelkristallite 135
Stichloch 63, 101
Stichlochausbildung 63
Stichlocheffekt 64
Stichlochmodus 64, 136
Stoßarten
    Bleche 106
    Drähte 112
    rotationssymmetrische Bauteile
        107
Stoßtoleranzen
    Blech 109
Strahlablenkung 158
Strahlaufweitung 12
    Regelung 19
Strahldurchmesser
    Definition 8
Strahldurchmesserbestimmung 174
Strahlenfallen 80
Strahlenschutz 209
Strahlführungsrohre 207
Strahlkennzahl 10
Strahlqualität 7, 19
    Monomodelaser 9
    Multimodelaser 9
    Nd-Laser 10
Strahltaille 7
Strahlteiler 172, 202
Strahlteilung 203
Strahlübertragung 194
Strahlungssicherheit 209
Streuung
    optische 172
Strömung 92
Stufenindexfaser 196
Stumpfstoß
    Toleranzen 109
Stumpfstöße 105

T

TAB-Bonden 120
Teilchendichte 68
Temperaturgradienten beim
        Abkühlen 108 K / cm und der

des zeitlichen .i.Tempe-
    raturgradienten 134
Temperaturleitzahl 83
Thermische
    Einflüsse 19
Thermischer Zyklus 134
Thermoelemente 119
Thermokompressionsschweißen 38
Toleranzfelder 178
Totalreflexion 195
Transparenter Resonatorspiegel 172

U

Überlappstoß
    Spalt 110
Überlappstöße 105
Überzüge 80, 142
Ulbrichtsche Kugel 58
Ultraschallprüfung 191
Ultraschallschweißen 35
Ultraschallschwingung
    Resonanz 36
Umwandlung
    Lichtenergie 56

V

Vakuum 91
    Dampfdruck 95
Vakuumtest 100
Verdampfung 140
Verfahrensmerkmale
    Elektronenstrahlschweißen 46
    Hartlöten 49
    Kleben 51
    Laserauftragsschweißen 104
    Laserlöten 164
    Laserschweißen 30, 122
    Plasmaschweißen 44
    Weichlöten 50
Verspröden 137
Verstärkung 3
Verunreinigungen 79
Verweilzeit 3
Vicat-Erweichungstemperatur 148
Videokamera 69
    pyroelektrisch 176
Vielfachreflexion 64, 111
Vier-Niveau-Laser 17
Visuelle Inspektion 191
Volumenabsorber 171

W

Wärmeabfuhr
Wärmeeinflußzone 135

Wärmekonvektion 82
Wärmeleitung 83
Wärmeleitungsmodus 64, 136
Wärmestaubildung 108
Wärmestrahlung 82
Wechselwirkung
  Licht Materie 56
Weichlöten 50, 151
Wellenlöten 154
Werkstoffe
  Einteilung 87
Werkstoffparameter 78
Widerstandsschweißen 32

WIG 40
Wirbelstrukturen 145
Wirkungsgrad
  Nd-Laser 18

Y

YAG 18

Z

Zugentlastung 113
Zündimpuls 73